普通高等教育一流本科专业建设成果教材

化学工业出版社"十四五"普通高等教育规划教材

流体力学

郭仁东　温志梅　相　培　主编

化学工业出版社

北京·

内容简介

《流体力学》是一本适用于中、少学时的通用教材。全书共分十章，包括基本概念、基本原理和工程应用。基本原理包括不可压缩流体的基本性质、数学模型、运动学和动力学基本原理及相似原理。本书尽可能将流体力学基础知识、流体静力学知识、流体动力学基础知识、一元气体动力学、明渠流应用知识及渗流应用知识分成知识点模块以章节的形式呈现。各章配有典型例题、思考题与习题，并给出了部分习题答案，直接附于题后。

本书可作为高等学校建筑环境与能源应用工程专业、能源与动力工程专业、新能源科学与技术专业、道路桥梁与渡河工程专业、给水排水工程专业、环境工程专业以及大土木工程专业本科生的教材，还可作为考研用书、行业证书考试用书以及相关工程设计的参考书。

图书在版编目（CIP）数据

流体力学/郭仁东，温志梅，相培主编. —北京：
化学工业出版社，2024. 6（2025. 5 重印）
普通高等教育一流本科专业建设成果教材
ISBN 978-7-122-45297-9

Ⅰ.①流…　Ⅱ.①郭…　②温…　③相…　Ⅲ.①流体
力学-高等学校-教材　Ⅳ.①O35

中国国家版本馆 CIP 数据核字（2024）第 059110 号

责任编辑：满悦芝　　　　　文字编辑：罗　锦　师明远
责任校对：田睿涵　　　　　装帧设计：张　辉

出版发行：化学工业出版社
　　　　　（北京市东城区青年湖南街 13 号　邮政编码 100011）
印　　装：涿州市般润文化传播有限公司
787mm×1092mm　1/16　印张 15　字数 368 千字
2025 年 5 月北京第 1 版第 2 次印刷

购书咨询：010-64518888　　　售后服务：010-64518899
网　　址：http://www. cip. com. cn
凡购买本书，如有缺损质量问题，本社销售中心负责调换。

定　　价：49. 80 元　　　　　　　版权所有　违者必究

前　言

　　本书是山东华宇工学院建筑环境与能源应用工程省级一流本科专业建设成果教材，由校内外专家共同评审、山东华宇工学院教材编写委员会批准立项的本科专业教材之一。该书是一本为适应能源动力、土木工程、道路桥梁工程、市政工程和环境工程等专业不同学时需要而编写的专业基础课教材。

　　流体力学是一门专业基础课或技术基础课，高等数学、大学物理、工程力学是它的前修课程，它又是许多工程专业课的前修课程，它也可直接用于解决工程实际问题。因此它是一门非常重要的通用理工科课程。本书在吸收世界先进科学技术的同时也有机融入了我国流体力学在现代工程技术发展中的重大成果，包含了爱国主义内容和大国工匠典型工程案例。希望更多的理工科大学生和工程技术人员了解喜爱这本有趣的教材，从而更加喜欢流体力学课程。

　　本书的编写体系，与以前大多数流体力学教材体系有所不同。编写过程中，本书采用从一般到特殊的推理方法，即从自然界普遍适用的三维方程出发，再加以特定条件进行简化，直到常用的一维流动。对于流体静力学部分数学模型的建立则从三维流体平衡微分方程出发，推导各种静止或相对静止条件下的流体静力平衡方程式。

　　编者认为第一章绪论中流体的物理力学性质，特别是流体的密度及黏滞性对初学者比较难以掌握，又因为它们都是各专业必学内容，所以在本书中有针对性地增加了有关流体密度计算的新方法，讲解也更为详尽。并且把后续章节才学到的基本知识前置到绪论的一些例题中，以便激发初学者的好奇心与学习兴趣。

　　值得探讨的是计算机在流体力学中应用的问题，多年来有些教材插入了计算机程序，但是计算机的程序语言更新速度很快，这使所编教材的时效性受到了很大限制，因此本书不考虑编入计算机程序。

　　在此需要说明的是，为了减少读者学习阅读的困扰，使教材更加通俗易懂，本书只在特别提到某些物理量是矢量的情况下，该物理量用黑体表示，而后续内容不是专门提到该物理量是矢量时，该物理量用普通字体表示。习惯上，大多数流体力学教材中的矢量物理量也是采用普通字体表示，也算是约定从俗吧。

全书共分为十章，由山东华宇工学院郭仁东老师、山东华宇工学院温志梅老师、山东华宇工学院相培老师主编。山东华宇工学院刘春花老师、刘宝君老师、王雅静老师、李红老师、曲壮壮老师、高丽丽老师与沈阳城市建设学院的张云栗老师、武利老师参加了编写。郭仁东老师编写了第十章，温志梅老师编写了第五章、相培老师编写了第三章、刘春花老师编写了第六章、刘宝君老师编写了第四章、王雅静老师和李红老师编写了第二章、曲壮壮老师编写了第七章、高丽丽老师编写了第一章、张云栗老师编写了第八章、武利老师编写了第九章。全书由郭仁东老师统稿，课题组其他老师对全书的文字、公式、图表进行了校对修改。

本书承蒙沈阳建筑大学李亚峰教授主审，李亚峰老师提出了大量宝贵的修改意见，在此表示衷心的感谢。

本书的出版还要感谢化学工业出版社的大力支持，感谢山东华宇工学院、沈阳建筑大学、沈阳城市建设学院诸多老师的大力支持。

由于编者水平有限，书中不妥之处在所难免，恳请读者批评指正。

编者
2024 年 6 月
于山东德州

目 录

第3章　流体运动学　/40

第6章 流动阻力和能量损失 / 109

第7章　孔口、管嘴和管路流动　/ 135

第 1 章
绪论

第一节　流体力学的任务和地位

一、流体力学研究的对象和任务

流体力学是研究流体静止（相对静止）和运动的力学规律及其在工程实际中应用的一门学科。因此，流体力学研究的对象是流体，流体力学研究的任务是如何很好地、有效地把流体静止和运动的力学规律应用到各个实际工程领域中去，改造大自然，造福于人类。

（一）流体

简言之，流体是流动的物质，液体和气体统称为流体。具有代表性的液体是水，具有代表性的气体是空气（大气）。流体的基本特性是具有易流动性。所谓易流动性就是流体在静止时不能承受任何小的剪切力和拉力的性质。如果承受了剪切力和拉力，不管多么小，则静止状态就被破坏，易流动性是流体命名的由来。

（二）固体、液体、气体的不同点

1. 固体

固体有一定的体积和一定的形状，固体的运动方式只有平动和转动；固体按受力和变形关系分为塑性体和弹性体（给定一个力，使固体产生一定的变形，如果力撤除以后，产生永久变形的固体为塑性体；如果力撤除以后，变形立即消失的固体为弹性体）。

2. 液体

液体有一定的体积而无一定的形状，液体不易被压缩，有自由表面，具有界面现象——表面张力特性。

3. 气体

气体既无一定体积又无一定的形状，能够充满任意给定的空间，因而气体易于被压缩，没有自由表面，无界面现象——无表面张力特性。

4. 液体和气体的相同点

液体和气体的相同点是：无一定的形状，均具有易流动性，它们除有固体的平动和转动外，更重要的是具有变形运动（线变形和剪切角变形运动）。

二、流体力学的地位

概括地说，流体力学是从人类同自然斗争中发展起来又去指导人类更好地改造自然为人类创造幸福的一门学科。具体地说，流体力学的发展总是和尖端科学技术的发展联系在一起，它是涉及各个领域、应用极其广泛的技术基础学科。

自然界存在着的物质按集态分为三种状态——固态、液态和气态，这是理论力学的划分方法；而依热力学方法可把物质划分为两大类：流体和固体（非流体）。流体包括液体和气体。这就是说，流体力学这一门学科就研究了自然界存物三态中的两态。流体是人类永恒的伴侣，没有哪一个领域，哪一个部门，乃至个人能离开流体而存在的。所以研究流体静止和运动的力学规律及其应用的流体力学这门学科，在人类发展的历史长河中起着重要作用。航空航天技术的迅猛发展，人类征服宇宙空间事业的发展，都是以流体力学为基础。

同时，流体力学与许多学科是相互渗透的，这使这门古老的学科不断地获得新鲜血液，显得更富有青春和活力。

在高新技术蓬勃发展、知识经济如火如荼的今天，流体力学更加是暖通空调、流体机械、热能、建筑、环保、航海、宇航、兵器、化工、冶金、水利、发电、石油、采矿、农林、轻工、气象、纺织、生物工程等领域的重要专业基础理论课之一，而对于市政工程、环境工程、土木工程、道路和桥梁工程等专业更是基础中的基础。

综上所述，流体力学这一学科在我国科学研究、工程技术和经济发展中，将发挥着更加重要的作用。

三、关于学好流体力学这门课的几点意见

1. 掌握从一般到特殊的学习方法

学习任何一门自然科学，都要善于掌握从一般到特殊的学习方法，都要抓住它的纲。这个纲就是从物体机械运动的普遍规律出发，并考虑到所研究问题特点与规律所建立的一般形式基本方程组，再根据具体条件去分析具体问题。纲起着统帅的作用。这样学习，起点高，对问题认识深刻、全面。掌握了一般形态的基本方程组，其他的派生方程只是基本方程在不同的条件下的简化应用。如此，才能抓住要领，使知识条理化、系统化。

2. 在掌握"三基"上下功夫

要认真看书，在掌握基本原理、基本概念和基本方法上下功夫。对这"三基"要反复思考、理解。理解了的知识，才是自己的知识，才能应用。

3. 认真听课适当记笔记

对自己认为是重点、难点的地方，以及老师对重点、难点的处理方法，对典型课堂例题的讲解，老师分析问题的思路和解题的步骤，应该有所记录。这对学习大有好处。

4. 初步预习，有准备地听课

即使不能全面预习，但对关键的、较难的章节最好能预习，才能有准备地、主动地听课。要把70%以上的精力放在看书学习上。书看懂了、理解了，知识才易于记忆。

5. 解题规范化，加强基本功

对于任何一门自然学科所精选的习题及解题方法，都应该看作是该学科的精华。讲课的老师不搞题海战术，要分析题型，精选作业题；学生对所留的作业，应认真分析归类，明确考核的知识点，掌握解题的思路和方法步骤，达到触类旁通、举一反三的目的。

6. 要抄题做作业

一门自然学科的作业本，只有抄题做作业才能算是一本有价值的可参考的资料，这也是训练基本能力的手段之一。同时，要坚持用物理方法解题，尽力杜绝用算术方法解题的习惯。习题中所给的图要认真画在作业本上。解题时一定要注意各物理量的量纲和单位要和谐统一。

7. 重视实验，亲自动手做实验

认真做教学大纲规定的所有实验，每一个教学实验，都是对学过的基本理论的进一步理解、应用和升华；必须亲自动手做实验，一方面培养独立完成课业的能力，另一方面也为将来进行科学实验研究奠定基础。

第二节　流体力学模型与理论基础

所谓流体力学模型，是对所研究的实际流体的物理结构和物理性质进行科学结合与实际简化，以便推导出流体运动规律的数学表达式。

最基本的流体力学模型是连续介质力学模型，常用的还有不可压缩流体力学模型、理想流体力学模型和静止（相对静止）流体力学模型。

一、流体质点的连续介质模型

连续介质的假设（模型）是 1753 年瑞士物理学家欧拉首先提出的。他假设流体（液体和气体）充满着它所占据的一个空间体积，是不留任何间隙的（其中没有真空的地方，也没有分子间的间隙和分子的运动）连续体，这就是连续介质模型。这对流体的物质结构进行了简化。它是最基本的、贯穿流体力学始终的力学模型。

连续介质模型具有下列性质：

（1）流体是连续分布的物质，它可以无限分割为具有均布质量的宏观微元体。这个微元体在宏观上无限小，小到 $\Delta V \rightarrow 0$，作为空间的一点；微观上无限大，其内部包含着巨量分子（标准状况下每立方厘米气体中包含 2.69×10^{19} 个分子），满足数学统计平均量，具有宏观属性。

（2）在不发生化学反应和分解等非平衡过程的运动流体中，微元体内状态服从热力学关系。

（3）除了特殊面外，在一般情况下流体的力学和热力学状态参数在时空中是连续分布的，并且通常是无限可微的。

二、不可压缩流体的力学模型

对于液体和马赫数 $Ma < 0.3$ 的低速气流可忽略流体的压缩性和热胀性，认为其体积

（或密度）是不变的，这称为不可压缩流体力学模型。因不计压缩性，流体密度 ρ 等于常数，使问题得到简化。

不可压缩流体力学模型对流体的物理性质进行了简化，它是流体力学研究的主要对象。

三、理想流体力学模型

所谓理想流体就是不考虑黏滞性作用的流体，这种模型叫作理想流体力学模型，这也是对流体的物理性质进行的简化。欧拉于 1755 年在他的著作《流体运动的一般原理》中，首先提出了理想流体的概念并建立了理想流体运动微分方程——欧拉运动微分方程。

实际上，一切流体都具有一定程度的黏滞性。提出理想流体力学模型的意义在于研究流体诸方程中，不考虑复杂的黏性项，从而使问题大大简化。

四、静止（相对静止）力学模型

之所以要提出"静止"（相对静止）力学模型，是因为在讨论流体静力学这部分内容时，有人认为"研究流体静力学必然用无黏性（理想）流体的力学模型"，编者认为可直接使用静止（相对静止）力学模型这一提法。因为无论是实际流体还是理想流体，处于静止（相对静止）状态时，流体的黏滞性无从显示，作用在流体上的表面力只有压力。流体静力学一章理论分析和实验的结果是完全一致的。流体静力学是流体力学中独立完整，而又严格符合实际的一部分内容，这里的理论不需要实验修正。所得到的结论无论是对理想流体还是对实际流体，无论是对可压缩流体还是不可压缩流体，都是适用的。为了避免概念上的模糊，编者认为在"流体静力学"一章中，还是应用"静止（相对静止）力学模型"为好。

五、流体力学理论基础

自然界中所存在的一切物质的运动，毫无例外地都遵循着质量守恒定律和能量守恒定律这两个普适定律。因此，流体运动也必然遵守这些定律。流体力学是研究流体（包括液体和气体）宏观机械运动的学科，所以，还必然遵守牛顿力学定律；当考虑流体的压缩性时，还必然要遵循热力学第二定律。故而分析流体力学的理论基础是：

（1）质量守恒定律（连续性方程）；

（2）能量守恒定律——热力学第一定律（能量方程）；

（3）牛顿运动第二定律（由它导出动量守恒定理、动量矩守恒定理、动能定理等）。

上述这些定律既不以所讨论的流体的性质为转移，又与所考虑的具体流动过程无关，是一切流体、一切运动形式都必须遵循的。只要把上述定律应用于运动流体，并考虑到流体具有易流动性（变形）的特点，就得到了流体力学中的基本规律。再附加以流动的初始条件和流动区域边界上的边界条件，就完全确定了一个特殊而具体的问题。

第三节　作用在流体上的力

一切流体只有在力（外力）的作用下，才能产生一定的运动状态（当然也包括静止在内）。外力是流体产生机械运动的外因，流体自身的特性是运动状态的内因。因此，流体在做机械运动的同时，在流体的内部各个质点之间必然以一定的应力相互作用着。流体力学研究作用在流体上的力与运动状态的关系。本节介绍作用在流体上的力的分析方法和力的分类。

一、用截面分离体法分析作用在流体上的力

流体是连续介质，运动时，各流体质点之间以一定的应力相互作用着，在研究作用在流体上的力时，必须把所要研究的那部分流体从其他流体中分离出来。一般用假想的截面从图1-1所示的流体 b 点中分离出一小块流体，体积为 ΔV，根据等效力效应来分析流体 ΔV 上的力。外界作用在这块流体上的力按其作用方式不同，分为质量力和表面力两大类。

二、质量力

作用在所取流体 ΔV 体积微团上并且和质量 Δm 成正比的力叫质量力，用 ΔF_m 表示。ΔF_m 与 ΔV 以外的流体存在无关。

常接触到的质量力有重力、离心惯性力、直线运动惯性力、静电力等。这里所说的质量力，一般指保守的质量力（只和始末位置有关，而和路径无关的力）。

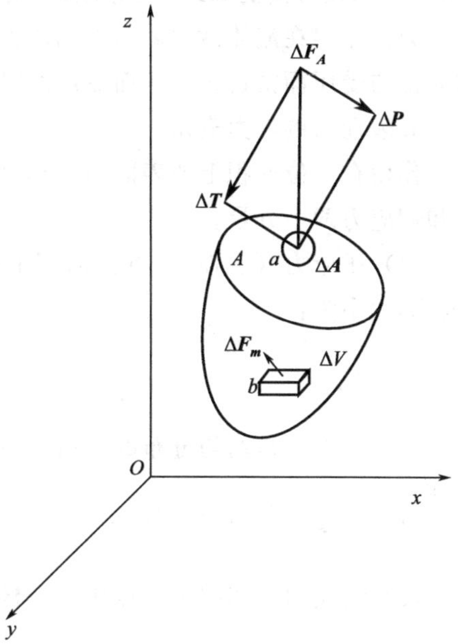

1. 单位质量力（质量力强度）

有度量价值的是作用在单位质量上的质量力（也称为质量力强度），用 f 表示。

$$f = \lim_{\Delta V \to 0} \frac{\Delta F_m}{\rho \Delta V} = \frac{\mathrm{d}F_m}{\rho \mathrm{d}V} \qquad (1\text{-}1)$$

对均质流体有

$$f = \frac{F_m}{\rho V} \qquad (1\text{-}2)$$

图 1-1 表面力和质量力

式中，$\Delta V(V)$ 为所有流体微团的体积，m^3；$\Delta m = \rho \Delta V$ 是所取流体微团所有的质量；ΔF_m（F_m）是作用在 $\rho \Delta V(\rho V)$ 质量上的力。

在直角坐标系中有 $\qquad\qquad \boldsymbol{f} = f_x \boldsymbol{i} + f_y \boldsymbol{j} + f_z \boldsymbol{k} \qquad\qquad\qquad (1\text{-}3)$

$$\left. \begin{array}{l} f_x = \lim\limits_{\Delta V \to 0} \dfrac{\Delta F_{mx}}{\rho \Delta V} = \dfrac{\mathrm{d}F_{mx}}{\rho \mathrm{d}V} \\[3mm] f_y = \lim\limits_{\Delta V \to 0} \dfrac{\Delta F_{my}}{\rho \Delta V} = \dfrac{\mathrm{d}F_{my}}{\rho \mathrm{d}V} \\[3mm] f_z = \lim\limits_{\Delta V \to 0} \dfrac{\Delta F_{mz}}{\rho \Delta V} = \dfrac{\mathrm{d}F_{mz}}{\rho \mathrm{d}V} \end{array} \right\} \qquad (1\text{-}4)$$

单位质量及其分量的单位是加速度单位，即 $\mathrm{m/s}^2$。

2. 质量力的合力和合力矩

质量力的合力： $\qquad\qquad\qquad F_m = \int_V f \rho \mathrm{d}V \qquad\qquad\qquad\qquad (1\text{-}5)$

质量力的合力矩：$M = \int_V rf\rho \mathrm{d}V$ （式中 r 为与作用力 f 垂直的力臂） $\qquad$ (1-6)

三、表面力

作用于分离体表面上且与表面积大小成正比的力，称为表面力，用 $\Delta \boldsymbol{F}_A (\boldsymbol{F}_A)$ 表示。表面力是接触力，可以是周围流体通过直接接触面而作用于分离体表面 A 上的力，也可以是作用于流体边界面（例如液体与固体或气体的接触面）上的力。如图 1-1 所示，在分离体表面上取包含 a 点在内的微元面积 ΔA，以 $\Delta \boldsymbol{F}_A$ 表示微元面积 ΔA 上的表面力（表面力 $\Delta \boldsymbol{F}_A$ 是矢量，因为表面面积 ΔA 是矢量，所以可称为表面积矢）。一般情况面积矢 $\Delta \boldsymbol{F}_A$ 可以与 ΔA 斜交。在流体力学的分析中为了研究方便，把 $\Delta \boldsymbol{F}_A$ 分解为两个分量：沿 ΔA 法线方向的 $\Delta \boldsymbol{P}$ 和沿切线方向的 $\Delta \boldsymbol{T}$。因为流体不能承受拉力，$\Delta \boldsymbol{P}$ 一定指向 ΔA 的内法线方向，故 $\Delta \boldsymbol{P}$ 为压力。作用在流体微团表面上的压力是有大小、有方向、有合力作用的矢量，它的大小和方向都与受压面密切相关。而 $\Delta \boldsymbol{T}$ 为切向力。

1. 表面力的应力表示

作用在单位面积上的表面力，称为表面力强度，在力学中称为应力。一般应力也有压应力和切应力两个分量。

（1）压应力（压强）：单位面积上承受的压力称为压应力（压强）。对均匀分布的表面力，其大小为：

$$\bar{p} = \frac{\Delta \boldsymbol{P}}{\Delta \boldsymbol{A}}$$

因为表面力是均匀分布的，所以 $\bar{p}$ 和 ΔA 的大小与位置无关。

对非均匀分布的表面力，则定义 $\qquad p = \lim_{\Delta A \to 0} \frac{\Delta \boldsymbol{P}}{\Delta \boldsymbol{A}}$ $\qquad$ (1-7)

（2）切应力：如同定义点压强一样，当 $\Delta A \to 0$ 时，$\dfrac{\Delta \boldsymbol{T}}{\Delta \boldsymbol{A}}$ 的极限即为 a 点切向力强度，也叫切应力。即

$$\tau = \lim_{\Delta A \to 0} \frac{\Delta \boldsymbol{T}}{\Delta \boldsymbol{A}} \qquad (1\text{-}8)$$

在国际单位制中，力的单位用牛顿（N），面积的单位为平方米（m^2），所以压强和切应力的单位用帕斯卡（Pa，$1\mathrm{Pa} = 1\mathrm{N/m}^2$）。

2. 表面力的合力和合力矩

（1）压力的合力和合力矩。在力学上，表面积是矢量，称面积矢。

$$\mathrm{d}\boldsymbol{A} = \boldsymbol{n}\,\mathrm{d}A$$

式中，$\boldsymbol{n}$ 是微元面积外法线方向上的单位向量。

所以合压力为

$$\boldsymbol{P} = -\int_A p\boldsymbol{n}\,\mathrm{d}A = -\int_A p\,\mathrm{d}\boldsymbol{A} \qquad (1\text{-}9)$$

合力矩

$$\boldsymbol{M} = -\int_A rp\boldsymbol{n}\,\mathrm{d}A = -\int_A rp\,\mathrm{d}\boldsymbol{A} \qquad (1\text{-}10)$$

（2）切力合力和合力矩。切力合力为

$$T = \int_A \tau \boldsymbol{n} \, \mathrm{d}A = \int_A \tau \, \mathrm{d}\boldsymbol{A} \tag{1-11}$$

切力合力矩为

$$M = \int_A r\tau \boldsymbol{n} \, \mathrm{d}A = \int_A r\tau \, \mathrm{d}\boldsymbol{A} \tag{1-12}$$

第四节　流体的主要物理性质

一、惯性

惯性是一切物体维持原有运动状态能力的性质，流体也不例外，也具有惯性。表征惯性的物理量是质量，用 m 表示。

密度是单位体积流体所具有的质量，它是描述流体质量在空间分布程度的物理量，用 ρ 表示。

均质流体

$$\rho = \frac{m}{V} \tag{1-13}$$

非均质流体

$$\rho = \lim_{\Delta V \to 0} \frac{\Delta m}{\Delta V} = \frac{\mathrm{d}m}{\mathrm{d}V} \tag{1-14}$$

式中，m 是体积为 V 的流体的质量；V 是包含质量 m 的体积；Δm 是体积为 ΔV 的微元的质量；ΔV 是包含质量 Δm 的流体微元体积；$\Delta V \to 0$ 表示微观上无限大，宏观上无限小的质点。

在国际单位制中，密度的单位是 $\mathrm{kg/m^3}$。

二、重力特性

重力特性是物体（包括流体）受地球地心引力作用的性质，表征重力特性的是重量，用 G 表示。

1. 容重（重度）

容重是单位体积流体所具有的重量，它是描述流体质量在空间分布程度的物理量，用 γ 表示。

对均匀流体

$$\gamma = \frac{G}{V} \tag{1-15}$$

对非均质流体

$$\gamma = \lim_{\Delta V \to 0} \frac{\Delta G}{\Delta V} = \frac{\mathrm{d}G}{\mathrm{d}V} \tag{1-16}$$

式中，γ 是流体的容重；G 是体积为 V 的流体所受的重量；V 是重量为 G 的流体的体积；ΔG 是微元体积为 ΔV 的流体所受的重量；ΔV 是具有重量为 ΔG 的流体的体积。

在国际单位制中，容重的单位为 N/m^3。

2. 密度和容重的关系

由于重量 $G = mg = \rho Vg$，$\gamma = \dfrac{G}{V}$

故有

$$\gamma = \rho g \tag{1-17}$$

三、流体的压缩性和膨胀性

流体受压，体积缩小、密度增大的性质称为流体的压缩性；流体受热，体积膨胀、密度减小的性质称为流体的膨胀（热胀）性。

流体之所以有压缩性和膨胀性，完全是由流体的微观物质结构所决定的。流体的内部分子的分布相对于固体来说疏松得多，分子之间有一定的距离，在常温常压下空气的分子平均自由行程约为几十纳米（10^{-8} m）量级，液体分子间的距离要比此值小得多。当作用于流体的压强增加时，可使流体分子间的距离减小，密度便增大；温度的升高可使流体分子间的距离增大，其密度便减小。但是由于气体和液体内部分子间距离大小差别很大，因此，气体和液体压缩性和膨胀性差别也很大。液体的压缩性和膨胀性都很小，压强每增加一个大气压，水的密度约增加两万分之一。在温度较低时（10～15℃），温度每增加 1℃，水的密度减小约万分之一点五，温度较高时（90～100℃），水的密度减小也只有万分之七，因为水的压缩性和膨胀性都很小，所以除水击、热水供暖等问题需要考虑水的压缩性和膨胀性外，一般均忽略水（液体）的压缩性和膨胀性，把其当作不可压缩流体处理。

1. 液体的压缩性

当液体压强增加一个单位时，其体积的相对减小值（率），叫液体的压缩性系数，用 α_p 表示

$$\alpha_p = -\frac{1}{V} \times \frac{\mathrm{d}V}{\mathrm{d}p} \tag{1-18}$$

式中，V 为液体原有的体积；$\mathrm{d}p$ 是压强的增加值；$\mathrm{d}V$ 是体积的减小值。因为压强增加，液体体积减小，式中 $\mathrm{d}V/\mathrm{d}p$ 永为负值，所以等号右侧取负号，使 α_p 为正值。

由于系统质量守恒，压缩前后其质量 $m = \rho V$ 不变，所以有

$$\mathrm{d}(\rho V) = \rho \mathrm{d}V + V \mathrm{d}\rho = 0,\ 即 \frac{\mathrm{d}V}{V} = -\frac{\mathrm{d}\rho}{\rho}$$

故压缩性系数还可写成

$$\alpha_p = \frac{1}{\rho} \cdot \frac{\mathrm{d}\rho}{\mathrm{d}p} \tag{1-19}$$

α_p 值愈大，说明液体的压缩性愈大。α_p 的单位是压强单位的倒数，即 m^2/N。

流体压缩性系数的倒数 $1/\alpha_p$ 称为流体的弹性模量（这是因为流体具有弹性，在涉及声波传播的流动问题中，表示密度随压强增加的变化，显示热力学特性，这个特性是体积弹性模量），用 E 表示，弹性模量的单位是 N/m^2。表 1-1 列出了水在 0℃ 时不同压强下的压缩性系数。

表 1-1　水的压缩性系数

压强/kPa	490	980	1960	3920	7840
$\alpha_p \times 10^9$	0.538	0.536	0.531	0.528	0.515

2. 液体的膨胀性

水的密度随温度变化实测数值在表 1-2 中列出，水的密度随温度变化的回归函数解析表达式如式（1-20）所示，其计算结果与表 1-2 所列数值相一致。

$$\rho = 1000 - 0.01357(t-4)^{1.76} \tag{1-20}$$

液体在一定压强下，温度增加单位温度时液体体积的相对变化值（率），叫液体的膨胀系数，用 α_t 表示，即

$$\alpha_t = \frac{1}{V}\frac{dV}{dT} = -\frac{1}{\rho}\frac{d\rho}{dT} \tag{1-21}$$

膨胀系数的单位是℃$^{-1}$。将式（1-20）密度 ρ 代入式（1-21），式（1-21）中分母 $dT = d(273.15+t) = dt$，式（1-20）微分后代入式（1-21）可得水的热膨胀系数解析公式。同理对式（1-21）设定初始温度到某一温度的定积分，也可以得到累积热膨胀系数表达式。读者可以根据具体的热膨胀工程状况选择适合的热膨胀系数计算公式。

液体的压缩性系数和膨胀系数在热水供暖和热电站、制冷空调系统中及水工系统中防止水箱溢水、散热器炸裂以及水击现象发生等方面有广泛的应用。表 1-3 给出了一个大气压下不同温度时水的膨胀系数。

表 1-2　水的重度和密度

温度/℃	重度/(kN/m³)	密度/(kg/m³)	温度/℃	重度/(kN/m³)	密度/(kg/m³)
0	9.806	999.9	35	9.749	994.1
1	9.806	999.9	40	9.731	992.2
2	9.807	1000.0	45	9.710	990.2
3	9.807	1000.0	50	9.690	988.1
4	9.807	1000.0	55	9.657	985.7
5	9.807	1000.0	60	9.645	983.2
6	9.807	1000.0	65	9.617	980.6
7	9.806	999.9	70	9.590	977.8
8	9.806	999.9	75	9.561	974.9
9	9.805	999.8	80	9.529	971.8
10	9.804	999.7	85	9.500	968.7
15	9.798	999.1	90	9.467	965.3
20	9.789	998.2	95	9.433	961.9
25	9.778	997.1	100	9.339	958.4
30	9.764	995.7			

表 1-3　水的膨胀系数

温度/℃	1～10	10～20	40～50	60～70	90～100
$\alpha_t \times 10^4/℃^{-1}$	0.14	0.15	0.42	0.55	0.72

为了便于应用，表 1-2 还给出了一个大气压下水在不同温度时的重度。

【例 1-1】 有一膨胀水箱水的初始温度为 $t_0 = 4℃$，其密度 $\rho_0 = 1000\text{kg/m}^3$，求从初始温度到 $t = 50℃$ 时的累积热膨胀系数 α_{4-50}，以及温度为 $50℃$ 时的微分热膨胀系数 α_{50}。

解 （1）求解水的累积热膨胀系数

对式（1-21）积分得公式如下

$$\alpha_t = -\frac{1}{\rho}\frac{\text{d}\rho}{\text{d}T} = -\frac{1}{\rho}\frac{\text{d}\rho}{\text{d}t}, \quad \alpha_t = \frac{1}{t-t_0}\ln\frac{\rho_0}{\rho}$$

将式（1-20）代入上式得累积膨胀系数公式

$$\alpha_{4-t} = \frac{1}{t-4}\ln\frac{1000}{1000-0.01357(t-4)^{1.76}}$$

$$\alpha_{4-50} = 25.049\times10^{-5}$$

（2）求水的微分膨胀系数

将式（1-20）微分代入式（1-21）得微分膨胀系数公式

$$\alpha_t = \frac{0.02388(t-4)^{0.76}}{1000-0.01357(t-4)^{1.76}}$$

$$\alpha_{50} = 44.330\times10^{-5}$$

3. 气体的压缩性与热膨胀性

气体与液体相比，具有很大的压缩性和热膨胀性。在常规的温度和压力范围内，气体密度、压力和温度三者之间的关系服从理想气体状态方程式控制的变化规律。即

$$\frac{p}{\rho} = RT \tag{1-22}$$

式中，R 为气体常数，单位为 J/(kg·K)，对于空气，$R = 287\text{J/(kg·K)}$；对于其他气体，在标准状态下，$R = 83147/n$，n 为气体的分子量。

（1）在温度不变的等温情况下，$T = C_1$ 为常数，所以 RT 等于常数。因此，状态方程简化为 $\frac{p}{\rho}$ 等于常数。写成常用形式

$$\frac{p}{\rho} = \frac{p_1}{\rho_1} \tag{1-23}$$

式中，p_1、ρ_1 为某特定状态的压强及密度；p、ρ 是其他某一状态下的压强及密度。式（1-23）表示在等温情况下压强与密度成正比。也就是说，压强增加，体积缩小，密度增大。根据这个关系，如果把一定量的气体压缩到它的密度增大一倍时，则压强也要增加一倍，相反，如果密度减小一半，则压强也要减小一半。这一关系与实际气体的压强和密度的变化关系几乎一致。但是，如果把气体压缩到压强增加到极大时，气体的密度也应该变得很大，并且根据公式，似乎可以计算出在某个压强下，气体可以达到水、汞等的密度。然而这是不可能的，因为气体有一个极限密度，对应的压强称极限压强。若压强超过这个极限压强时，不管这压强有多大，气体的密度再不能压缩得比这个极限密度更大。所以只有当密度远小于极限密度时，式（1-23）与实际气体的情况才一致。

【例 1-2】 图 1-2 为浮筒式气体流量测量设备简图，该设备为圆筒形的薄壁罐，其一端封闭，质量为 90kg。罐的开口端放入水中，罐的直径为 $D = 1\text{m}$，为了使罐体稳定在图示位

置，将罐体用绳索与密度为 $7840kg/m^3$ 的钢块连接。假设储气罐中的空气在恒定的温度下被压缩。如图 1-2 所示，已知罐顶至水面高度 h_1 为 0.6m，罐的高度 H 为 3.0m，求罐内外水面差 h_2 以及罐内水面到罐开口端高度 h_3。

解 根据理想气体压缩状态方程，温度 T 为恒定不变，则有

$$\frac{p_1}{\rho_1} = \frac{p_2}{\rho_2}$$

式中，p_1 为薄壁罐放入水中之前罐内空气压力；ρ_1 为薄壁罐放入水中之前罐内空气密度；p_2 为薄壁罐放入水中之后罐内空气压力；ρ_2 为薄壁罐放入水中之后罐内空气密度。

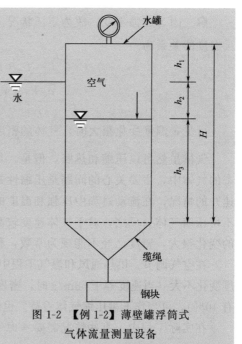

图 1-2 【例 1-2】薄壁罐浮筒式气体流量测量设备

$\dfrac{p_1}{\rho_1} = \dfrac{p_2}{\rho_2}$ 该式等于 $\dfrac{p_1}{\dfrac{m}{V_1}} = \dfrac{p_2}{\dfrac{m}{V_2}}$ 该式等于

$$p_1 V_1 = p_2 V_2$$

或 $\quad p_1 \dfrac{\pi D^2}{4} H = p_2 \dfrac{\pi D^2}{4} (H - h_3)$

简化该式后得

$$p_1 H = p_2 (H - h_3)$$

式中 $\quad p_1 = p_a$，$p_2 = p_a + \rho g (H - h_1 - h_3)$，代入上式化简得

$$p_a H = [p_a + \rho g (H - h_1 - h_3)](H - h_3)$$

将已知数据代入上式，化简后得标准一元二次方程式如下

$$0.097 h_3^2 - 1.522 h_3 + 0.696 = 0$$

解此一元二次方程得合理的根 $h_3 = 0.474m$，$h_2 = 1.926m$。

（2）在压强不变的定压情况下，$p = C_2$（常数），所以 $\dfrac{p}{R}$ 为常数。因此，状态方程简化为 ρT 等于常数。写成常用的形式

$$\rho_0 T_0 = \rho T \tag{1-24}$$

式中，ρ_0 是热力学温度 $T_0 = 273.16K \approx 273K$ 时的密度；ρ、T 是其他某一状态下的密度和温度。式（1-24）表示在定压情况下，温度与密度成反比。即温度增加，体积增大，密度减小；反之，温度降低，体积缩小，密度增大。这一规律对各种不同温度下的一切气体都适用，特别是在中等压强范围内，对于空气及其他不易液化的气体相当准确。只有在温度降低到气体液化的程度，才有比较明显的误差。

【例 1-3】 已知压强为一个标准大气压时，0℃时的烟气密度为 $1.34kg/m^3$，求 200℃时的烟气密度。

解 因为压强不变，故为定压状况。用 $\rho_0 T_0 = \rho T$ 计算气体密度。气体热力学温度与摄氏温度的关系为

$$T = T_0 + t = 273 + 200 = 473(\text{K})$$

$$\rho = \frac{\rho_0 T_0}{T} = \frac{1.34 \times 273}{473} = 0.77(\text{kg/m}^3)$$

可见，温度变化很大时，气体的密度也有很大的变化。

气体虽然可以压缩和热胀，但是，具体问题也要具体分析。在分析任何一个具有流动状态的气体中，主要关心的问题是压缩性是否起到显著的作用。对于气体速度较低（远小于声速）的情况，在流动过程中压强和温度的变化较小，密度仍然可以看作常数，这种气体称为不可压缩气体。反之，对于气体速度较高（接近或超过声速）的情况，在流动过程中其密度的变化很大，密度已经不能视为常数，称为可压缩气体。

在空气调节、供热通风和燃气工程中，所遇到的大多数气体流动，速度远小于声速，其密度变化不大（当速度等于 68m/s 时，密度变化为 1%；当速度等于 150m/s 时，密度变化也只有 10%），可当作不可压缩气体看待。也就是说，将空气认为和水一样是不可压缩流体。

在实际工程中，有些情况需要考虑气体的压缩性，例如燃气的远距离输送等。

四、流体的黏滞性

所谓流体的输运特性是指流体的黏度（黏性系数）、热导率和扩散系数。这是因为这三个系数分别同流体的动量、热量和质量的运动或输运有关。这三个系数的每一个都将通量同特性梯度联系起来。例如黏性系数将动量通量同速度梯度联系起来 $\tau = \mu \dfrac{\mathrm{d}u}{\mathrm{d}y}$ 或 $T = \mu A \dfrac{\mathrm{d}u}{\mathrm{d}y}$。热导率将热通量同温度梯度联系起来，即 $q = -k \nabla T$；扩散系数将质量通量（输运）同浓度梯度联系起来，即 $m_i = -D \nabla(\rho_i)$（式中 m_i 是 i 组分在浓度减少方向单位面积的质量通量，这是取负号的原因）。

动量、热量和质量通量问题的数学性质常常是相似的，有时可以进行真实的比拟。但是应当着重指出，这种比拟在多维问题中往往是不成立的，因为热量通量和质量通量是标量，而动量通量（应力）是二阶张量。

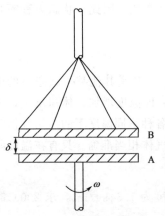

图 1-3 验证黏滞性实验

1. 流体黏滞性的例子

这里，通过一个简单的实验，观察一个黏滞性存在现象，如图 1-3 所示。圆盘 A 由马达带动，圆盘 B 通过具有一定弹性系数的金属丝悬挂在圆盘 A 的上面。A 盘和 B 盘都浸没在某种液体中。A 和 B 之间保持一定的距离 δ。马达开动后，A 盘开始以 ω 的转速转动，B 盘随着 A 盘也转动，当转到一定角度时就不再转动了。可想而知：这时，使 B 盘扭转的力矩与金属给予 B 盘的反向扭转力矩正好平衡。而当马达停止转动后，B 盘将回复到原来的位置，金属丝的扭转也随之消失。这样，由 B 盘的扭转角可以测出 B 盘转动的力矩值。

通过这个实验发现一个问题：A 盘与 B 盘并没有直接接触，为什么 B 盘也会随着 A 盘而转动呢？这只能是充填在 A 和 B 两盘间的液体层在起作用。即因为液体分子之间存在着内聚力，液体与固体圆盘之间存在着附着力。因此，A 和 B 两盘与液体接触的面上都附着一薄层液体，称为附面层。当 A 盘转动时，A 盘上附面层将随 A 盘以同样的速度转动。而紧靠着 A 盘附面层外的一层流体原来是静止的，此时与附面层之间出现了速度差，速度大的带动速度小的流体层。这样由下至上一层一层地带动，直到把 B 盘也带着转动一定角度。这说明流体产生相对运动时，有传递一定扭矩的能力。

2. 流体黏滞性的定义

流体内部质点间或流层间因相对运动而产生切向内摩擦力以抵抗其相对运动的性质叫流体的黏滞性。

流体的黏滞性是由流体内部存在的内聚力和流层间进行的动量交换造成的。当流体静止或各部分之间相对速度为零时，流体的黏滞性就表现不出来，内摩擦力也就等于零。

3. 流体黏滞性产生的机理

流体的黏滞性是组成流体的大量分子的微观作用的宏观表现。这是两方面共同作用的结果，即分子不规则的热运动动量交换和分子间的引力。但这两方面的作用不是对所有流体都是对等的，有的流体是以分子热运动动量交换产生的黏滞性为主，如气体，而有的流体则是以分子之间的引力产生的黏滞性为主的。必须明确同是气体和液体，由于种类的不同，其黏滞性也是各不相同的。

4. 黏滞性的度量——牛顿内摩擦定律

牛顿经过大量的实验研究，于 1686 年提出了确定流体内摩擦力的所谓"牛顿内摩擦定律"。

如图 1-4 所示，流体在管道中（或平行板间）缓慢流动时，紧靠管壁的流体质点，因有黏性黏附在管壁上，其流速为零。位于管轴线上的流体质点，由于离管壁最远，受管壁的影响最小，故而流速最大。在介于管壁和管轴线之间的流体质点，将以不同的流速向右流动，它们的速度将从管壁到轴线，由零增大到最大轴心流速。如图 1-4 中的(a)所示的圆管流速分布曲线，就是黏性流体在管中缓慢流动时，流速 u 随垂直于流速方向 y 而变化的速度函数曲线 $u = f(y)$，称为速度分布图。由于各个流层的速度不同，故而各层质点间产生了相对运动，便产生内摩擦力以抵抗相对运动。牛顿经过大量的试验证明，内摩擦力 T 的大小如下：

（1）与速度梯度 $\dfrac{\mathrm{d}u}{\mathrm{d}y}$ 成正比；

（2）与流层的接触面积 A 成正比；

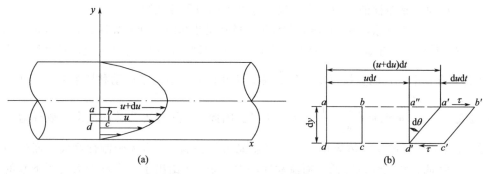

(a)　　　　　　　　　　　　　(b)

图 1-4　流体质点的速度分布和直角变形速度

（3）与流体的种类有关；

（4）黏度总是随压强的增加而增加。但在压强不太大时，T 与接触面压强无关。

这样，内摩擦力 T 的数学表达式可写作：

$$T = \mu A \frac{\mathrm{d}u}{\mathrm{d}y} \tag{1-25}$$

单位面积上的摩擦力（剪切应力）τ 为

$$\tau = \frac{T}{A} = \mu \frac{\mathrm{d}u}{\mathrm{d}y} \tag{1-26}$$

5. 牛顿内摩擦力定律各项的物理意义

（1）A——流层的接触面积，SI 制中单位为 m^2。

（2）$\dfrac{\mathrm{d}u}{\mathrm{d}y}$——速度梯度，表示沿垂直速度方向 y 的速度变化率 s^{-1}；在数值上等于流体微团直角变形速度（剪切变形速度），表示流场中剪切变形的快慢程度，证明如下：

在图 1-4（a）中垂直于速度方向的 y 轴上任取一边长为 $\mathrm{d}y$ 的流体小方块 $abcd$，放大于图 1-4（b）。由于小方块下表面速度为 u，上表面速度为 $(u+\mathrm{d}u)$。经过 $\mathrm{d}t$ 时间后，下表面所移动的距离为 $u\mathrm{d}t$，上表面所移动的距离为 $(u+\mathrm{d}u)\mathrm{d}t$。因而小方块 $abcd$ 变形为 $a'b'c'd'$，如图 1-4（b）所示，两流层间的垂直连线 ad 及 bc，在 $\mathrm{d}t$ 时间中变化了角度 $\mathrm{d}\theta$，由于 $\mathrm{d}t$ 很短，所以 $\mathrm{d}\theta$ 很小。故有

$$\mathrm{d}\theta \approx \tan\mathrm{d}\theta = \frac{\overline{a''a'}}{\overline{a''c'}} = \frac{\mathrm{d}u\,\mathrm{d}t}{\mathrm{d}y}$$

所以：

$$\frac{\mathrm{d}u}{\mathrm{d}y} = \frac{\mathrm{d}\theta}{\mathrm{d}t} \tag{1-27}$$

因此，速度梯度就是直角变形速度，内摩擦力 T（或 τ）与直角变形速度成正比。

（3）τ——剪切应力，常用单位是 $\mathrm{N/m}^2$，即 Pa。量纲为 $\mathrm{ML}^{-1}\mathrm{T}^{-2}$。剪切应力 τ 不仅有大小，而且具有方向。对相邻流层而言，作用在运动较快的流层上的剪切力与流速 u 方向相同，作用在运动速度较慢流层上的剪切力与流速 u 方向相反，参看图 1-4(b)。当 $\dfrac{\mathrm{d}u}{\mathrm{d}y} = \dfrac{\mathrm{d}\theta}{\mathrm{d}t} = 0$ 时，即流体处于静止或相对静止时，内摩擦力等于零。

（4）μ——动力黏度或黏度（黏性系数），单位 $\dfrac{\mathrm{N}}{\mathrm{m}^2} \cdot \mathrm{s}(\mathrm{Pa} \cdot \mathrm{s})$，量纲为 $\mathrm{ML}^{-1}\mathrm{T}^{-2}/\mathrm{T}^{-1} = \mathrm{ML}^{-1}\mathrm{T}^{-1}$ 反映了黏滞性的动力性质，故也称之为动力黏性系数。

（5）关于运动黏性系数 ν。在研究黏性流体的运动规律时，动力黏性系数 μ 和流体的密度 ρ 同时出现，是两个未知量，且 μ 的大小并不能直接反映不同种流体的易流动性程度，为把两个未知量变成一个，并能直接反映流体的易流动性程度，引入了运动黏性系数 ν，即 $\nu = \dfrac{\mu}{\rho}$，ν 的单位是 m^2/s，量纲是 $\dfrac{\mathrm{ML}^{-1}\mathrm{T}^{-1}}{\mathrm{ML}^{-3}} = \mathrm{L}^2\mathrm{T}^{-1}$。因此，$\nu$ 具有运动学的量纲，故称为运动黏性系数，ν 才真正反映了流体质点间互相牵制能力的强弱，ν 增大牵制性增大，而流动性降低；反之 ν 降低，牵制性也降低，而流动性增大。表 1-4 给出了一个标准大气压下水的物理性质。表 1-5 列出一个标准大气压下空气的物理性质。

表 1-4　一个标准大气压下水的物理特性

温度 t /℃	重度 γ /(kN/m³)	密度 ρ /(kg/m³)	黏度 $\mu \times 10^3$ /(Pa·s)	运动黏度 $\nu \times 10^6$ /(m²/s)	表面张力 σ/(N/m)	绝对汽化压强 p_v /(kN/m²)	体积模量 $E \times 10^{-6}$ /(kN/m²)
0	9.806	999.9	1.781	1.785	0.0756	0.16	2.02
5	9.807	1000.0	1.518	1.519	0.0749	0.87	2.06
10	9.804	999.7	1.307	1.306	0.0742	1.23	2.10
15	9.798	999.1	1.139	1.139	0.0735	1.70	2.15
20	9.789	998.2	1.002	1.003	0.0728	2.34	2.18
25	9.777	997.1	0.890	0.893	0.0720	3.17	2.22
30	9.764	995.7	0.798	0.800	0.0712	4.24	2.25
40	9.730	992.2	0.653	0.658	0.0696	7.38	2.28
50	9.689	988.0	0.547	0.553	0.0679	12.33	2.29
60	9.642	983.2	0.466	0.474	0.0662	19.92	2.28
70	9.584	977.8	0.404	0.413	0.0644	31.16	2.25
80	9.530	971.8	0.354	0.364	0.0626	47.34	2.20
90	9.466	965.3	0.315	0.326	0.0608	70.10	2.14
100	9.399	958.4	0.282	0.294	0.0589	101.33	2.07

表 1-5　一个标准大气压下空气的物理性质

温度 t/℃	密度 ρ /(kg/m³)	重度 γ /(kN/m³)	黏度 $\mu \times 10^5$ /(Pa·s)	运动黏度 $\nu \times 10^5$ /(m²/s)
−40	1.515	14.86	1.49	0.98
−20	1.395	13.68	1.61	1.15
0	1.293	12.68	1.71	1.32
10	1.248	12.24	1.76	1.41
20	1.205	11.82	1.81	1.50
30	1.165	11.43	1.86	1.60
40	1.128	11.06	1.90	1.68
60	1.006	10.40	2.00	1.87
80	1.000	9.81	2.09	2.09
100	0.946	9.28	2.18	2.31
200	0.747	7.33	2.58	3.45

【例 1-4】　在相同温度下 $\mu_水 > \mu_空气$，试论证在 20℃时，水和空气相比，哪种流体易于流动（用具体数据说明）。

解　在 20℃时，从表 1-4 和表 1-5 查得：

$$\rho_{水}=998.2\text{kg/m}^3 ; \rho_{空气}=1.205\text{kg/m}^3$$

$$\mu_{水}=1.002\times10^{-3}\text{Pa}\cdot\text{s}, \mu_{空气}=1.81\times10^{-5}\text{Pa}\cdot\text{s}$$

$$\nu_{水}=1.003\times10^{-6}\text{m}^2/\text{s}, \nu_{空气}=15.0\times10^{-6}\text{m}^2/\text{s}$$

$$\frac{\mu_{水}}{\mu_{空气}}=\frac{1.002\times10^{-3}}{1.81\times10^{-5}}=55.36(倍)$$

$$\frac{\rho_{水}}{\rho_{空气}}=\frac{998.2}{1.205}=828.38(倍)$$

$$\frac{\nu_{空气}}{\nu_{水}}=\frac{15.0\times10^{-6}}{1.003\times10^{-6}}=14.96(倍)$$

在相同温度下，$\nu_{水}<\nu_{空气}$，空气与水相比较，空气不易于流动。

【例 1-4】说明，在相同温度下，只从 μ 值的大小不能直接判别流体的易流动性，而由 ν 值的大小才能够直接判别流体的易流动性。这就是虽然有了动力黏性系数 μ，还要引入运动黏性系数的意义所在。

6. 温度对黏度的影响

前已述及，对于典型气体，例如空气，忽略黏度与压强的关系，认为气体的动力黏性系数 μ 与压强无关，只是温度的函数 $\mu(T)$；对液体，压强对 $\mu(T)$ 有一定的影响，在液压传动中要考虑传压液体介质的 $\mu(T)$ 随压强的变化，一般用经验公式计算。

在分析温度对流体的黏度影响时，应该根据流体黏度产生的物理机理对气体和液体分别进行分析：

对于气体，黏滞性主要以大量分子热运动动量交换产生的黏滞性为主，因此当温度升高时，气体的黏滞性也随之升高；

对于液体，黏滞性主要以液体分子间引力产生的黏滞性为主，因此当温度升高时，液体的黏滞性随之降低。

7. 牛顿流体与非牛顿流体

牛顿流体。凡满足牛顿内摩擦定律 $\left(\tau=\mu\dfrac{\mathrm{d}u}{\mathrm{d}y}\right)$ 的流体称为牛顿流体，例如水、酒精、汽油、煤油、空气、氢气等。

非牛顿流体。凡不满足牛顿内摩擦定律的流体称非牛顿流体。其中包括塑性流体，例如泥浆、污水、有机胶体等，它们基本满足下式：

$$\tau=\tau_0+\mu\frac{\mathrm{d}u}{\mathrm{d}y} \tag{1-28}$$

式中，τ_0 称为极限内摩擦应力或极限切应力。当 $\tau\leqslant\tau_0$ 时，流体保持静止，即 $\dfrac{\mathrm{d}u}{\mathrm{d}y}=0$；只有当 $\tau>\tau_0$ 时，流体才能开始运动。

其他非牛顿流体可用下式来表示：

$$\tau=\mu'\left(\frac{\mathrm{d}u}{\mathrm{d}y}\right)^m \tag{1-29}$$

当 $m<1$ 时，这种非牛顿流体称为假塑性体，例如油漆、纸浆液、高分子溶液等；当 $m>1$ 时，则称为胀塑性流体，例如悬浮纤维类流体，参见图 1-5 牛顿流体与非牛顿流体。

【例 1-5】 如图 1-6 所示，一圆锥体绕其铅直中心轴等角速度 ω 旋转，锥体与固壁间距离 $\delta=1\text{mm}$ 全部被润滑油充满，其动力黏性系数 $\mu=0.1\text{Pa·s}$，当旋转角速度为 $\omega=16\text{s}^{-1}$，锥体半径 $R=0.3\text{m}$，高 $H=0.5\text{m}$ 时。求作用于圆锥体上的主力矩 M。

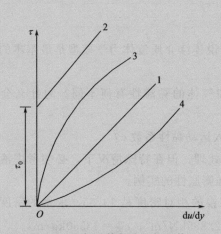

图 1-5　牛顿流体与非牛顿流体
1—牛顿流体；2—塑性流体；3—假塑性流体；4—胀塑性流体

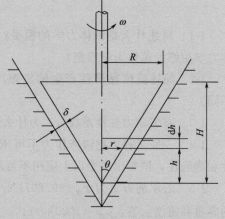

图 1-6　【例 1-5】图

解　此题属于牛顿内摩擦定律的应用。该题的特点是作用半径 r，液体和固壁接触面积 A 和锥体旋转线速度 u 都随锥体高度变化而变化，应逐一找出其变化规律并贯彻用物理方法解题的思想。

如图 1-6 所示，主力矩的微元表达式：

$$\text{d}M=r\tau\text{d}A=r\mu\frac{\text{d}u}{\text{d}y}\text{d}A \tag{1}$$

（1）锥体半径 r 的变化规律

$$r=h\tan\theta \tag{a}$$

（2）对应微元高度 $\text{d}h$ 范围内的 $\text{d}A$ 表达式

$$\text{d}A=2\pi r\frac{\text{d}h}{\cos\theta}=2\pi h\tan\theta\frac{\text{d}h}{\cos\theta} \tag{b}$$

（3）因为液层很薄，认为其间速度梯度为线性关系，即

$$\frac{\text{d}u}{\text{d}y}=\frac{u}{\delta}=\frac{\omega r}{\delta}=\frac{\omega}{\delta}h\tan\theta \tag{c}$$

式中，$\tan\theta=\dfrac{R}{H}=\dfrac{0.3}{0.5}=0.6$；$\theta=31°$；$\cos\theta=0.857$。

把式（a）、（b）、（c）代入式（1）并整理得

$$\text{d}M=r\mu\frac{\text{d}u}{\text{d}y}\text{d}A=\mu\cdot\frac{\omega}{\delta}\cdot2\pi\cdot\tan^3\theta\frac{1}{\cos\theta}h^3\text{d}h \tag{2}$$

（4）积分式（2）求总力矩

$$M=\int\text{d}M=2\pi\mu\frac{\omega}{\delta}\frac{\tan^3\theta}{\cos\theta}\int_0^H h^3\text{d}h=\frac{\pi\mu\omega}{2\delta}\frac{\tan^3\theta}{\cos\theta}H^4$$

$$=\frac{3.14\times0.1\times16\times(0.6)^3}{2\times0.001\times0.857}\times(0.5)^4=39.6(\text{N·m})$$

思考题与习题

1-1　简述什么是流体力学的模型？为什么说连续介质流体力学模型是最基本的贯穿流体力学始终的流体力学模型？

1-2　简述流体黏滞性产生的机理，液体和气体的黏滞性有何不同？为什么会有这种不同？

1-3　有了动力黏性系数 μ，为什么还要引入运动黏性系数 ν？

1-4　一般工程中把液体作为不可压缩流体处理，但在特殊情况下，必须考虑液体压缩性和膨胀性，试举出三个以上应用不可压缩性和膨胀性的实例。

1-5　若水的容重为 $\gamma_水 = 9.807\text{kN/m}^3$，水银的相对密度是 13.55，求水的密度及水银的容重和密度。答：$\rho_水 = 1000\text{kg/m}^3$；$\gamma_汞 = 132.885\text{kN/m}^3$；$\rho_汞 = 13550\text{kg/m}^3$。

1-6　已知体积为 500L 的水银，其质量 $m = 6795\text{kg}$，试求水银的密度 ρ、容重 γ 和相对密度 S。答：$\rho = 13590\text{kg/m}^3$；$\gamma = 13328\text{N/m}^3$；$S = 13.59$。

1-7　某种气体的比容是 $\nu = 0.72\text{m}^3/\text{kg}$，问它的重度（容重）$\gamma$ 是多少？答：$\gamma = 13.62\text{N/m}^3$。

1-8　图 1-7 为水暖系统，为了防止水温升高时体积膨胀将水管胀裂，在系统的顶部设置一膨胀水箱，使水有膨胀的余地。若系统内水的总体积 $V = 8\text{m}^3$，加温前后温差 $\Delta t = 50℃$，在其温度范围内水的膨胀系数为 $\alpha_t = 0.0009℃^{-1}$，试判别膨胀水箱容积为 400L 是否能满足要求？答：$\Delta V = 360\text{L} < 400\text{L}$，满足要求。

1-9　如图 1-8 所示，为了检查液压油缸的密封性，需要进行加压试验，试验前先将 $l = 1.5\text{m}$，$d = 0.20\text{m}$ 的油缸用水全部充满，然后开动试验泵向油缸加水加压，直到压强增加了 200atm（标准大气压，$1\text{atm} = 1.01325 \times 10^5\text{Pa}$），不出故障为止。假定水的压缩性系数的平均值 $\alpha_p = 0.5 \times 10^{-9}\text{m}^2/\text{N}$，忽略油缸变形，试求实验过程中液压缸又供应了多少水？答：$\Delta V = 0.477\text{L}$。

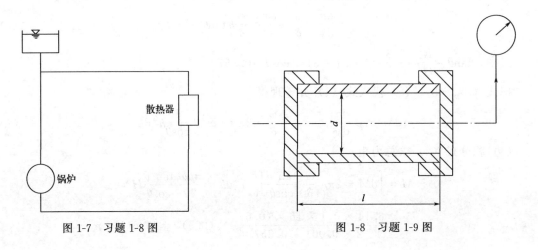

图 1-7　习题 1-8 图　　　　　　　　　　图 1-8　习题 1-9 图

1-10 海水在海面附近的密度 $\rho_1 = 1025\text{kg/m}^3$，在马里亚纳海沟海面下 $h = 8000\text{m}$ 处的压强为 $p_2 = 81.7\text{MPa}$，设海水的平均体积弹性模量为 $E = 23401\text{MPa}$（$1\text{MPa} = 1 \times 10^6\text{Pa}$），试求该深度处海水的密度 ρ_2。答：$\rho_2 = 1060.79\text{kg/m}^3$。

1-11 如图 1-9 所示，底面积 $A = 40\text{cm} \times 45\text{cm}$ 的矩形木板，质量 $m = 6\text{kg}$，以速度 $u = 1\text{m/s}$ 沿着 $30°$ 倾角的斜面向下做匀速运动，木板与斜面间的油层厚度 $\delta = 1\text{mm}$，求油的动力黏性系数 μ，若油的容重 $\gamma = 890\text{N/m}^3$，它的运动黏性系数 ν 为多少？答：$\mu = 0.163\text{Pa·s}$，$\nu = 1.84 \times 10^{-4}\text{m}^2/\text{s}$。

1-12 同心环形缝隙中的回转运动，如图 1-10 所示，直径为 d 的轴在与其接触长度为 l 的轴承内以转速 n r/min 或角速度 $\omega = \dfrac{\pi n}{30}$

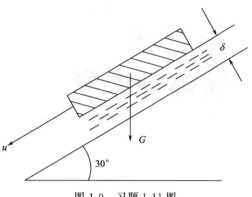

图 1-9 习题 1-11 图

rad/s 做回转运动，带动同心环形缝隙中液流也做回转运动。同心缝隙 $\delta \ll d$，速度分布 $u = u(v)$ 假定为直线规律。求证：轴克服摩擦所需的功率为：

$$N = T\omega = Fu = \frac{\pi \mu l d^3 \omega^2}{4\delta}$$

1-13 图 1-11 所示为一转筒式黏度计，它由内外两同心圆筒组成，外筒以角速度 $\omega = \dfrac{\pi n}{30}$ rad/s 旋转，即转速为 n r/min，通过两筒间的液体将力矩传至内筒。内筒挂在一金属丝下，该丝所受扭矩 M 可由其转角来测定。若两筒间的间隙 $\delta = r_1 - r_2$，底部对内筒的影响不计，试证明动力黏度 μ 的计算公式为：

$$\mu = \frac{15M\delta}{\pi^2 h n r_1^2 r_2}$$

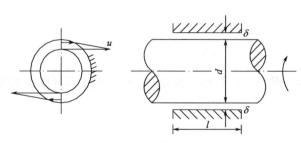

图 1-10 习题 1-12 图

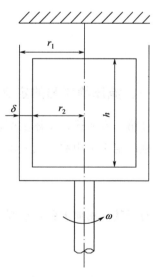

图 1-11 习题 1-13 图

第2章
流体静力学

流体静力学是研究流体在外力作用下，处于平衡状态的力学规律及其在工程上的应用的科学。这里的静止是指流体宏观质点之间没有相对运动，达到了相对平衡。流体的静止状态包括两种情况：一种是流体整体对于地球没有相对运动，叫绝对静止；另一种是流体整体相对于地球有相对运动，但流体各质点之间没有相对运动，叫相对静止，例如：沿直线等加速运动和做等角速度旋转运动容器内的流体。

流体处于静止状态时质点之间没有相对运动，所以流体内不存在切向应力，作用在流体表面上的只有压力。因此，研究流体在平衡状态下的力学规律，就是研究在流体内压力的分布规律及流体对固体壁面的作用力。

第一节　流体静压强

一、流体静压强的定义

如第一章所述，流体上所取某一 ΔA 表面上作用的力为 ΔP 时，静止状态下流体内某一点压强的定义可用数学式表示为：

$$p = \lim_{\Delta A \to 0} \frac{\Delta P}{\Delta A} = \frac{\mathrm{d}P}{\mathrm{d}A} \tag{2-1}$$

对于其作用面上各点压强不变的静止状态下的流体，流体内某一点的压强可以表达为：

$$p = \frac{P}{A} \tag{2-2}$$

式（2-2）中的流体静压强也可以解释为单位面积受压面上的压力，它与应力有相同的量纲。其国际单位为帕（Pa，$1\mathrm{Pa} = 1\mathrm{N/m}^2$）。

二、流体静压强的特性

流体静压强有两个重要的特性：

（1）流体静压强对作用面的特性：流体静压强的方向必沿作用面的内法线方向。这是由于静止流体中不存在切向力，只有法向力，同时流体不能承受拉力，只能承受压力，而压力只沿内法线方向作用于受压面上。

（2）流体静压强对作用点的特性：流体静压强的数值与作用面在空间的方位无关，即任一点的压力无论来自何方均相等。证明如下：

在静止流体中取出各边长为 dx，dy，dz 的微小四面体 $ABCD$，如图 2-1 所示。现在研究此四面体在外力作用下的平衡条件。

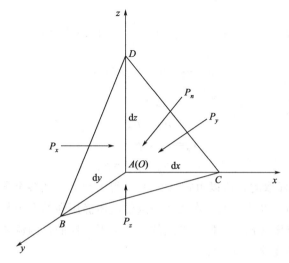

图 2-1　作用在微小四面体上的外力平衡

表面力中没有切向应力，作用在四个面上的力只有压力。因为流体静压强是坐标的函数，所以每一面上各点静压强各不相同。可以认为无限小表面上的流体静压强是均匀分布的，即各点压力相等。令 p_x，p_y，p_z 和 p_n 分别代表流体作用在 $\triangle ABD$，$\triangle ACD$，$\triangle ABC$ 和 $\triangle BCD$ 面上的压强，则每个三角形表面上所受的流体总压力分别为

$$P_x = \frac{1}{2} p_x \, dy \, dz$$

$$P_y = \frac{1}{2} p_y \, dx \, dz$$

$$P_z = \frac{1}{2} p_z \, dx \, dy$$

$$P_n = p_n \, ds$$

式中 ds 为 $\triangle BCD$ 的面积，P_x，P_y，P_z，P_n 又称四面体的表面力。

作用在微小四面体上的还有质量力，单位质量力在 x，y，z 各轴上的分量分别用 f_x，f_y，f_z 表示，由立体几何公式可知微小四面体的体积为 $\frac{1}{6} dx \, dy \, dz$，当流体密度为 ρ 时，则该四面体的质量 $dM = \frac{1}{6} \rho \, dx \, dy \, dz$，于是质量力在各坐标轴上的分量为 $\frac{1}{6} f_x \rho \, dx \, dy \, dz$，

$\frac{1}{6}f_y\rho\mathrm{d}x\mathrm{d}y\mathrm{d}z$ 和 $\frac{1}{6}f_z\rho\mathrm{d}x\mathrm{d}y\mathrm{d}z$。

由工程力学可知，如该单元体平衡，则作用在其上一切力在 x,y,z 轴上的投影的总和应当等于零，即 $\sum F_x=0, \sum F_y=0, \sum F_z=0$，于是可以写出微小四面体在 x 轴方向上力的平衡方程式为

$$\frac{1}{2}p_x\mathrm{d}y\mathrm{d}z - p_n\mathrm{d}s\cos(\boldsymbol{n},\boldsymbol{x}) + \frac{1}{6}f_x\rho\mathrm{d}x\mathrm{d}y\mathrm{d}z = 0$$

由于 $\mathrm{d}s\cos(\boldsymbol{n},\boldsymbol{x})=\frac{1}{2}\mathrm{d}y\mathrm{d}z$，即 $\triangle BCD$ 在 yOz 坐标面上的投影面积，所以

$$p_n\mathrm{d}s\cos(\boldsymbol{n},\boldsymbol{x})=\frac{1}{2}p_n\mathrm{d}y\mathrm{d}z$$

于是上式可简化为 $\qquad \frac{1}{2}\mathrm{d}y\mathrm{d}z(p_x-p_n)+\frac{1}{6}f_x\rho\mathrm{d}x\mathrm{d}y\mathrm{d}z=0$

即 $\qquad\qquad\qquad\qquad p_x-p_n+\frac{1}{3}f_x\rho\mathrm{d}x=0$

忽略无穷小量含有 $\mathrm{d}x$ 的项，则上式可写为

$$p_x=p_n$$

同理可证 $\qquad\qquad\qquad\qquad p_y=p_n, \ p_z=p_n$

故 $\qquad\qquad\qquad\qquad\qquad p_x=p_y=p_z=p_n \qquad\qquad\qquad\qquad\qquad (2\text{-}3)$

由于 p_n 的方向是任取的，所以由式（2-3）可得出结论：从各个方向作用于一点的流体静压强的大小是相等的，也就是说，作用在一点的流体静压强的大小与作用面在空间的方位无关。同一点的各方向压强相等，但不同点的压强是不一样的，因流体是连续介质，所以压力应是空间位置坐标的连续函数，即

$$p=p(x,y,z)$$

是 x,y,z 的连续函数。

第二节　流体平衡微分方程式

一、平衡微分方程式

为了研究流体静压力的具体分布规律，首先研究流体处于静止状态下所有的力应满足的条件，即推导出其平衡微分方程式。

在静止流体中取边长分别为 $\mathrm{d}x,\mathrm{d}y,\mathrm{d}z$ 的一个微小六面体，它的体积 $\mathrm{d}V=\mathrm{d}x\mathrm{d}y\mathrm{d}z$。其中心点为 a，该点的压力为 $p(x,y,z)$，如图 2-2 所示。

作用在平衡六面体上的力有表面力和质量力。现在分别讨论这些力的表示方法和由这些力组成的平衡方程式。

单位质量力 f 在一般情况下可能沿空间的任意方向。以 f_x,f_y,f_z 表示质量力在 x,y,z 轴上的投影。设该六面体的质量为 $\mathrm{d}M=\rho\mathrm{d}V$，则质量力在 x,y,z 轴上的三个分量为

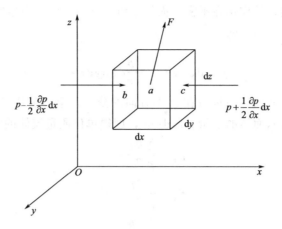

图 2-2 流体静压力六面体

$$F_x = \rho f_x \, \mathrm{d}x \, \mathrm{d}y \, \mathrm{d}z$$
$$F_y = \rho f_y \, \mathrm{d}x \, \mathrm{d}y \, \mathrm{d}z$$
$$F_z = \rho f_z \, \mathrm{d}x \, \mathrm{d}y \, \mathrm{d}z$$

在静止条件下，不存在切向力，因此，在表面力中，只有沿内法线方向作用在六面体上六个面的流体静压力。因为压力是空间坐标的函数，当六面体中心点 a 的压强设为 $p(x,y,z)$ 时，就可以根据坐标位置的不同，把六面体六个面上的压力表示出来。

现仅讨论沿 x 轴方向的流体静压力。用 $\dfrac{\partial p}{\partial x}$ 表示在 x 轴方向单位距离上压强的变化率。由 a 点的压强 $p(x,y,z)$ 可得 b 点的压强

$$p_b\left(x - \frac{1}{2}\mathrm{d}x, y, z\right) = p(x,y,z) - \frac{1}{2}\frac{\partial p}{\partial x}\mathrm{d}x$$

c 点的压强为

$$p_c\left(x + \frac{1}{2}\mathrm{d}x, y, z\right) = p(x,y,z) + \frac{1}{2}\frac{\partial p}{\partial x}\mathrm{d}x$$

由于六面体是无限小的，所以 b 点与 c 点的压强也就分别代表了作用在左、右两面上的平均压强；这样，作用在左、右两面上的总压力分别为

$$P_b = p_b \mathrm{d}y \, \mathrm{d}z = \left(p - \frac{1}{2}\frac{\partial p}{\partial x}\mathrm{d}x\right)\mathrm{d}y \, \mathrm{d}z$$

$$P_c = p_c \mathrm{d}y \, \mathrm{d}z = \left(p + \frac{1}{2}\frac{\partial p}{\partial x}\mathrm{d}x\right)\mathrm{d}y \, \mathrm{d}z$$

由此可得作用于微小六面体上沿 x 轴方向流体总压力为

$$P_x = P_b - P_c = \left(p - \frac{1}{2}\frac{\partial p}{\partial x}\mathrm{d}x\right)\mathrm{d}y \, \mathrm{d}z - \left(p + \frac{1}{2}\frac{\partial p}{\partial x}\mathrm{d}x\right)\mathrm{d}y \, \mathrm{d}z = -\frac{\partial p}{\partial x}\mathrm{d}x \, \mathrm{d}y \, \mathrm{d}z$$

同理可得作用于微小六面体上沿 y 轴和 z 轴方向流体总压力为

$$P_y = -\frac{\partial p}{\partial y}\mathrm{d}x \, \mathrm{d}y \, \mathrm{d}z$$

$$P_z = -\frac{\partial p}{\partial z}\mathrm{d}x \, \mathrm{d}y \, \mathrm{d}z$$

因为流体是静止的，故作用在平衡六面体上所有外力在任一坐标轴上的投影总和应等于零，对 x 轴则有 $\sum F_x = 0$，即

$$\rho f_x \, \mathrm{d}x \, \mathrm{d}y \, \mathrm{d}z - \frac{\partial p}{\partial x} \mathrm{d}x \, \mathrm{d}y \, \mathrm{d}z = 0$$

式中第一项代表该六面体质量力在 x 轴方向的分力，第二项代表总压力在 x 轴方向的分力。如果对上式除以六面体的质量 $\rho \mathrm{d}x \mathrm{d}y \mathrm{d}z$，即得单位质量流体的平衡条件

$$\left.\begin{aligned} f_x - \frac{1}{\rho}\frac{\partial p}{\partial x} = 0 \\ f_y - \frac{1}{\rho}\frac{\partial p}{\partial y} = 0 \\ f_z - \frac{1}{\rho}\frac{\partial p}{\partial z} = 0 \end{aligned}\right\} \tag{2-4}$$

式（2-4）称流体平衡微分方程式。它是欧拉（Euler）在 1755 年首先导出的，故称欧拉平衡微分方程式。他指出流体处于平衡状态时，单位质量流体所受的表面力与质量力彼此相等。流体静力学的压力分布规律是以欧拉平衡方程式为基础得到的，所以方程式在流体静力学中占有很重要的地位。在推导此方程过程中因所设质量力是空间任意方向，所以它既适用于绝对静止，也适用于相对静止。同时推导中也未涉及此微小六面体流体的密度 ρ 是否变化或如何变化，所以它不但适用于不可压缩流体，而且也适用于压缩流体。

式（2-4）分别乘以 $\mathrm{d}x, \mathrm{d}y, \mathrm{d}z$ 然后相加得

$$f_x \mathrm{d}x + f_y \mathrm{d}y + f_z \mathrm{d}z = \frac{1}{\rho}\left(\frac{\partial p}{\partial x}\mathrm{d}x + \frac{\partial p}{\partial y}\mathrm{d}y + \frac{\partial p}{\partial z}\mathrm{d}z\right)$$

当流体静压力 p 只是坐标的函数，即 $p = f(x, y, z)$ 时，由数学原理知该函数的全微分为

$$\mathrm{d}p = \frac{\partial p}{\partial x}\mathrm{d}x + \frac{\partial p}{\partial y}\mathrm{d}y + \frac{\partial p}{\partial z}\mathrm{d}z$$

代入上式得

$$\mathrm{d}p = \rho(f_x \mathrm{d}x + f_y \mathrm{d}y + f_z \mathrm{d}z) \tag{2-5}$$

这一公式由欧拉平衡方程式（2-4）推导而得，是一个综合表达式，便于积分，且对所有平衡流体都适用。对各种不同质量力作用下流体内压力的分布，都可以由它积分得出。

当流体为不可压缩流体时，密度 ρ 为常数。式（2-5）等号左边既然为压强 p 的全微分，则等号右边也必是某一个函数的微分。设此函数为 $-U(x, y, z)$，则有

$$\mathrm{d}p = -\rho \mathrm{d}U = -\rho\left(\frac{\partial U}{\partial x}\mathrm{d}x + \frac{\partial U}{\partial y}\mathrm{d}y + \frac{\partial U}{\partial z}\mathrm{d}z\right)$$

此式与式（2-5）比较，则有

$$f_x = -\frac{\partial U}{\partial x}, \; f_y = -\frac{\partial U}{\partial y}, \; f_z = -\frac{\partial U}{\partial z}$$

显然，这个函数 $-U(x, y, z)$ 对各坐标的偏导数等于该坐标方向的单位质量力，因此函数 $U(x, y, z)$ 称为质量力的势，满足这种条件的力称为有势力。由上述讨论可知，只有在有势的质量力作用下，不可压缩流体才能处于静止平衡状态。惯性力、重力等均为有势的质量力。

二、等压面概念

流体静压强是空间点坐标 (x,y,z) 的连续函数，在充满平衡流体的空间里，各点的流体压强都有它一定的数值。静止流体中凡压强相等的各点连接起来组成的面（平面或曲面）称为等压面。液体与气体的交界面（即自由表面），以及处于平衡状态下的两种液体的交界面都是等压面。

根据等压面的定义可知，在等压面上 $p=\mathrm{const}$，因而

$$\mathrm{d}p=0 \quad 或 \quad \rho\mathrm{d}U=0$$

由于流体的密度 $\rho\neq0$，则只有 $\mathrm{d}U=0$。于是从公式（2-5）可得等压面的微分方程为

$$f_x\mathrm{d}x+f_y\mathrm{d}y+f_z\mathrm{d}z=0 \tag{2-6}$$

将不同平衡情况下的 f_x,f_y,f_z 值分别代入式（2-4），再分别积分即可得各种平衡情况下的等压面。

由上式根据势力场（保守力场）定律可得出结论：作用于静止流体中任一点的质量力必然垂直于通过该点的等压面。这一特性是等压面的重要性质。

第三节　重力作用下流体平衡压强分布

一、重力作用下流体平衡压强分布规律

流体平衡微分方程式是一普遍规律，它在任何有势质量力作用下都是适用的。工程上最常见的情况是质量力只有重力，即绝对静止情况。本节研究质量力只有重力时静止流体中压力的分布规律。取坐标系如图 2-3 所示，则单位质量的质量力在各坐标轴上的分量为

$$f_x=0,f_y=0,f_z=\frac{-Mg}{M}=-g$$

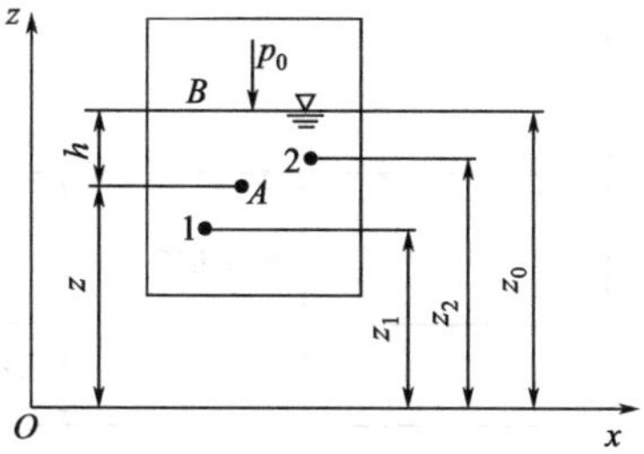

因为重力加速度的方向总是垂直向下而与坐标轴方向相反，故取负号。将此公式代入式（2-5），则有

图 2-3　重力作用下静止流体分布规律

$$\mathrm{d}p=-\rho g\mathrm{d}z$$

移项得
$$\mathrm{d}p+\rho g\mathrm{d}z=0$$

当流体密度为常数时，有

$$\mathrm{d}(\rho gz+p)=0$$

积分得
$$\rho gz+p=C \tag{2-7}$$

式中，C 为积分常数，可由边界条件决定。如图 2-3 所示，点 1 和点 2 如果是连续、均匀流体中的任意两点，点 1 的垂直坐标为 z_1，静压强为 p_1；点 2 相应为 z_2，p_2，则式（2-7）可写成

$$\left.\begin{aligned} \rho gz_1+p_1=\rho gz_2+p_2=\mathrm{const}\\ z_1+\frac{p_1}{\rho g}=z_2+\frac{p_2}{\rho g}=\mathrm{const} \end{aligned}\right\} \tag{2-8}$$

式 (2-8) 就是流体静力学基本方程式。它的适用条件是绝对静止状态下，连续的、均匀的流体。此公式表明，在质量力只有重力作用下的静止流体任一点的 $z+p/\rho g$ 均相等，即静止流体中任一点单位质量流体的位置势能（位置水头）（z）与压力势能（压力水头）（$p/\rho g$）之和为常数，该常数又称测压管水头。

如图 2-3 所示，取流体中任意点 A，其对基准面的高度为 z；自由表面上的一点 B 的高度为 z_0，压力为 p_0。对 A，B 两点列出静力学基本方程：

$$\rho g z + p = \rho g z_0 + p_0$$

移项后整理得

$$p = p_0 + \rho g (z_0 - z)$$

式中 $(z_0 - z)$ 为任一点 A 的垂直深度，称为淹没深度，以 h 表示，即 $z_0 - z = h$，则有

$$p = p_0 + \rho g h \quad \text{或} \quad p = p_0 + \gamma h \tag{2-9}$$

式 (2-9) 揭示了流体在重力作用下压力的分布规律，也称流体静力学基本方程式。分析此公式可知：

（1）流体中任一点的压强 p 由两部分组成：一部分为作用在自由表面上的压强 p_0；另一部分为流体自身重量引起的压强 γh。

（2）由 γh 可知流体重度 γ 为常数，当深度 h 增加时，压强 p 也随之增加，可见流体内的压强沿垂直方向是按线性规律分布的。

（3）深度 h 相同的点压强相等，故在绝对静止流体中，等压面为一系列水平面。

二、压强的表示方法

空气受地球引力必然产生压力，即大气压力 p_a。由于海拔高度不同，各地的大气压稍有不同。以标准状态下，海平面上大气所产生的压力为标准大气压，一个标准大气压在绝对压强体系中是 $101.325 \times 10^3 \text{Pa}$。

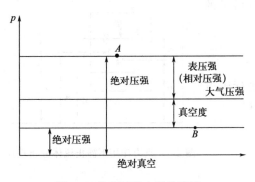

图 2-4　各种压强之间的关系

1. 绝对压强

当液体上作用的就是大气压强时，即 $p_0 = p_a$，则由公式 (2-9) 得任一点压强为

$$p' = p_a + \rho g h = p_a + \gamma h \tag{2-10}$$

这样表示的压强叫绝对压强。绝对压强是以绝对真空为基准起算的压强，如图 2-4 所示。

2. 相对压强

在工程上，通常大气压强自相平衡不起作用，所以常用相对压强表示。相对压强就是以大气压强为零起算的压强，又称表压强。根据定义，相对压强可用以下公式表示

$$p = \gamma h \tag{2-11}$$

3. 真空压强

假如某点压强小于大气压强，呈现真空状态，用真空压强来表示，真空压强就是不足大气压强的那部分数值，即

$$p_v = p_a - p' \tag{2-12}$$

式中，p' 是小于大气压强时的绝对压强。显然，绝对压强为零，即是完全真空。但实际上，当压强下降到液体的饱和蒸气压时，液体就开始沸腾而产生蒸气，使压强不再降低。

4. 压强的度量单位

在工程技术上，常用如下两种方法表示压强的单位。

（1）应力单位：采用单位面积上承受的力来表示。在国际单位制中为 Pa，即 N/m^2。

（2）液柱高单位：因为液柱高与压强的关系为 $\gamma h = p$ 或 $h = \dfrac{p}{\gamma}$，说明一定的压力 p 就相当于一定的液柱高 h，称 h 为测压管液柱高度。

（3）用大气压强的倍数表示。尽管现在通用国际单位制，但为了查阅过去的资料，需要了解各种压强单位的换算关系。表 2-1 列出了几种压强单位的换算关系。

表 2-1　压力单位换算表

压强单位	帕(Pa)	毫米水柱 (mmH_2O)	磅力/英寸^2 (lbf/in^2)	标准大气压 (atm)	工程大气压 (at)	毫米汞柱 (mmHg)
换算关系	101325	10.33	14.70	1	1.03	760
	98000	10	14.22	0.967	1	735

三、测压原理

压强的大小可以用液柱高来表示，因此量测流体压强或压差的仪器，很多是利用量测液柱高度或高差制成的，这就是通常所用的测压管或比压计。

1. 测压管

测压管是用液柱高度来测量液体静水压强的仪器。对于非 U 形管的直通立管，测压管内的测量介质与被测量介质相同。对于向下弯曲的 U 形管，测量介质采用比被测介质密度大的介质，如水银可作为测量介质用来测量水或气体的压力。如图 2-5 所示，为求 A 点的压强 p_A，先找 U 形管中的等压面 1—1，则根据平衡条件分别有

左侧 　　　　$p_{1左} = p_A + \gamma a$

右侧 　　　　$p_{1右} = \gamma_m h_m$

所以，$p_A + \gamma a = \gamma_m h_m$，则

$$\frac{p_A}{\gamma} = \frac{\gamma_m}{\gamma} h_m - a \qquad \gamma_m > \gamma \qquad (2\text{-}13)$$

当 $\gamma_m = \gamma$ 时

$$\frac{p_A}{\gamma} = h_m - a \qquad (2\text{-}14)$$

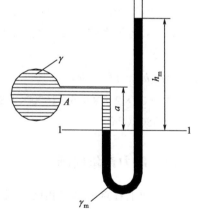

图 2-5　U 形测压管

2. 比压计

比压计又称压差计。图 2-6 为量测较大压差用的水银比压计，如 A 和 B 处的液体重度为 γ，水银重度为 γ_m，读得水银柱高差为 h_m，取 0—0 为基准面，先找出等压面 1—1，则根据平衡条件可以有

左侧 　　　　　　$p_{1左} = p_A + \gamma z_A + \gamma h_m$

右侧 　　　　　　$p_{1右} = p_B + \gamma z_B + \gamma_m h_m$

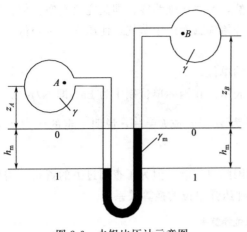

图 2-6 水银比压计示意图

则 $p_A - p_B = (\gamma_m - \gamma)h_m + \gamma(z_B - z_A)$

A，B 两处的测压管水头差为

$$\left(z_A + \frac{p_A}{\gamma}\right) - \left(z_B + \frac{p_B}{\gamma}\right) = \left(\frac{\gamma_m - \gamma}{\gamma}\right)h_m$$

$$(2\text{-}15)$$

如果 A，B 同高，则

$$p_A - p_B = (\gamma_m - \gamma)h_m \qquad (2\text{-}16)$$

可以看出，对于同样的压强差，如果采用水比压计读数为 h，采用水银比压计读数为 h_m，则

$$\gamma h = (\gamma_m - \gamma)h_m, \quad h = \frac{\gamma_m - \gamma}{\gamma}h_m$$

水银相对密度为 13.6，也就是 h_m 放大 $\dfrac{13.6-1}{1}=12.6$ 倍才是水柱表示的压差 h。这里应该注意用水比压计来量测 A 和 B 两点水的压差，必须将 A 和 B 两点的测压管与大气相通。

【例 2-1】 锅炉内的水因加热而生成饱和蒸汽，如图 2-7 所示。已知 $h=0.6m$，$a=0.2m$，$h_p=0.5m$。求锅炉内液面上的饱和蒸汽压强 p_5。

解 按流体静压强基本公式 $p=p_0+\gamma h$ 得炉内液面压强

$$p_5 = p_4 - \gamma h$$

按等压面关系得

$$p_4 = p_3$$

而

$$p_3 = p_2 - \gamma a \qquad p_2 = p_1 = \gamma_m h_p$$

式中，γ 为水的重度；γ_m 为水银的重度。代入得

$$\begin{aligned}p_5 &= \gamma_m h_p - \gamma(a+h)\\ &= 13600 \times 9.8 \times 0.5 - 1000 \times 9.8 \times (0.2+0.6)\\ &= 58800(\text{Pa})\end{aligned}$$

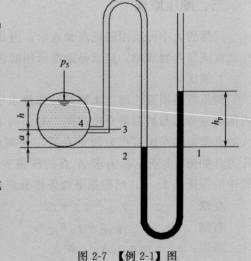

图 2-7 【例 2-1】图

四、静力奇象问题

水平面上各点的水深相同，因而各点的静压强相同，即

$$p = p_0 + \rho g h$$

如果一容器底平面面积为 A，则容器底平面所受液体总压力为

$$P = pA = (p_0 + \rho g h)A \qquad (2\text{-}17)$$

仅由液柱高度引起的总压力即相对压强的合力为

$$P' = \rho g h A = \gamma h A \qquad (2\text{-}18)$$

从式（2-18）可以看出，水平面上的压力只与液体的种类（密度）、液深及受力面积有

关。在图 2-8 中，虽然形状不相同，容器内所盛液体数量也不相同，但因上述三项 ρ、h 及 A 均相同，故底平面所受总压力均相同，这就是水力学中所谓的"静力奇象"。

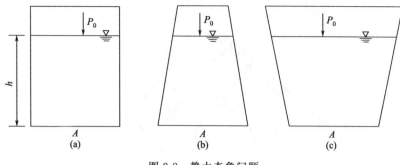

图 2-8　静力奇象问题

五、压力传递及帕斯卡定律

密封容器中的静止液体由于部分边界上承受外力而产生的液体静压强，将以不变的数值传递到液体内所有点上去。这是静压强的又一个重要特性——压力传递性，也就是著名的帕斯卡定律。很多水力机械和液压机械如锅炉、水压机、千斤顶等都是根据这一原理而设计的。

在静压强公式（2-17）中，当 $p_0 \gg \rho g h$ 时，亦即重量可以忽略不计时，则可以认为密封容器中的压强处处相等，即某壁面积 A 上的总压力为

$$P = p_0 A \qquad\qquad (2\text{-}19)$$

第四节　静止流体对壁面的压力

一、平面壁上的总压力

1. 解析法

假如平面 A 与自由表面成 α 角放置时，如图 2-9 所示，面上各点水深各不相同，故各点静压强亦不相同，无法直接求得总压力，但可以在某一水深处，取一微元面积 $\mathrm{d}A$，如果认为作用在微元面积上各点的压力 P 是相等的，则可以得到整个面积上的压力和作用点（作用中心）。

（1）总压力。$\mathrm{d}A$ 上的总压力为

$$\mathrm{d}P = p\,\mathrm{d}A = \rho g h\,\mathrm{d}A$$

作用在整个平面 A 上的总压力可以通过积分求得

$$P = \int_A \mathrm{d}P = \rho g \int_A h\,\mathrm{d}A$$

由 $h = y\sin\alpha$ 得

$$P = \rho g \sin\alpha \int_A y\,\mathrm{d}A$$

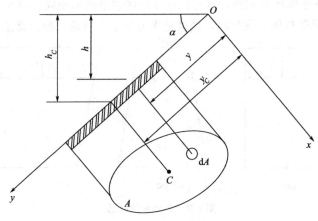

图 2-9 解析法求平面静水压力

积分式 $\int_A y\mathrm{d}A$ 为面积 A 对 Ox 轴的面积矩，由工程力学面积矩（静矩）公式得知，平面面积对某轴的面积矩等于该平面面积乘以该面积形心到同轴距离，该平面 A 形心为 C，并设 C 点距 x 轴的距离为 y_C，则

$$\int_A y\mathrm{d}A = Ay_C$$

将其代入上面公式得

$$P = \rho g y_C \sin\alpha A = \rho g h_C A = p_C A \qquad (2\text{-}20)$$

式中，P 即为作用在平面壁上的总压力。

（2）作用点（压力中心）。在求得总压力的大小时，应该知道总压力的作用点，这在流体静力学中是非常重要的。总压力 P 向量线与平面壁的交点，称为作用点。总压力 P 的作用点可通过工程力学中的定理，平行力系的各分力对某轴的力矩和等于合力 P 对该轴的力矩求得。

微元面积 ΔA 上诸分力 $\mathrm{d}P$，对 Ox 轴的力矩等于合力 P 对 Ox 轴的力矩，即

$$\int_A y\mathrm{d}P = Py_D$$

式中，y_D 为总合力 P 作用点的 y 坐标，将式（2-20）和 $\mathrm{d}P = p\mathrm{d}A = \rho g y \sin\alpha \mathrm{d}A$ 一并代入上式得

$$\rho g \sin\alpha \int_A y^2 \mathrm{d}A = \rho g y_C \sin\alpha A y_D$$

或

$$\rho g \sin\alpha J_x = \rho g y_C \sin\alpha A y_D$$

式中，$J_x = \int_A y^2 \mathrm{d}A$，为面积 A 对 Ox 轴的惯性矩。

因此得

$$y_D = \frac{\rho g \sin\alpha J_x}{\rho g y_C \sin\alpha A} = \frac{J_x}{y_C A}$$

再由工程力学中移轴定理

$$J_x = J_C + y_C^2 A$$

式中，J_C 为面积 A 对通过面积 A 形心 C 与 x 轴平行的轴线的惯性矩，得

$$y_D = \frac{J_C + y_C^2 A}{y_C A} = y_C + \frac{J_C}{y_C A} \qquad (2\text{-}21)$$

因为 $\dfrac{J_C}{y_C A} \geqslant 0$，故 $y_D \geqslant y_C$，即压力中心在面积形心 C 的下边，其距离为 $\dfrac{J_C}{y_C A}$，y_D 就是总压力作用点的 y 坐标。

一般还要求压力中心的 x 坐标，但如果平面壁图形是对称的，总压力的作用点一定在对称轴上。下面列出常用对称平面图形的 J_C，y_C 与面积 A，见表 2-2。

表 2-2　常用对称平面图形的惯性矩、形心及面积

图形	惯性矩 J_C	形心 y_C	面积 A
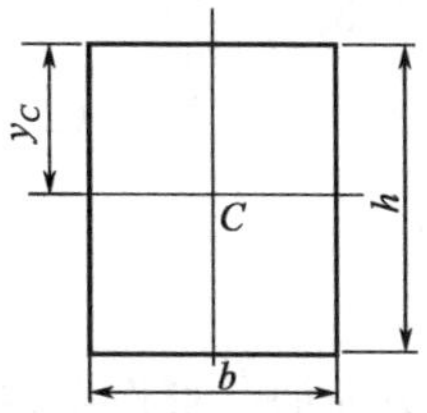	$\dfrac{1}{12}bh^3$	$\dfrac{1}{2}h$	bh
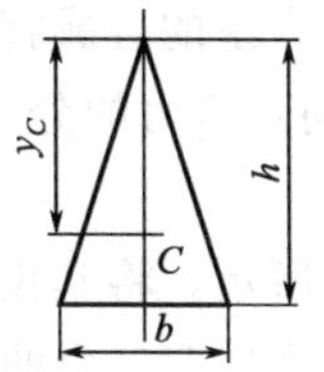	$\dfrac{1}{36}bh^3$	$\dfrac{2}{3}h$	$\dfrac{1}{2}bh$
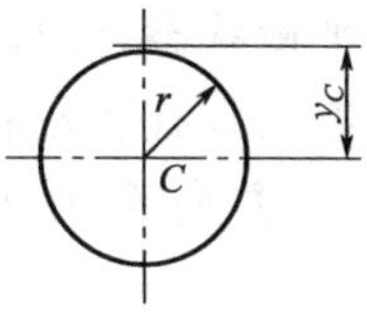	$\dfrac{1}{4}\pi r^4$	r	πr^2
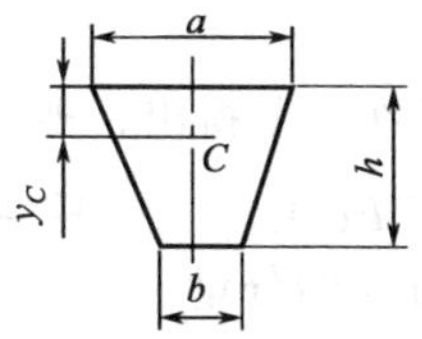	$\dfrac{h^3(a^2+4ab+b^2)}{36(a+b)}$	$\dfrac{h(a+2b)}{3(a+b)}$	$\dfrac{h(a+b)}{2}$

2. 图解法

当受压面为平行深度方向摆放在流体中的矩形时，用图解法求总压力更为方便。因静压强沿淹没方向是按线性分布的，压力图为三角形（或梯形），三角形底边为 γh，高为 h，如图 2-10 所示，平面上总压力即为此压力三角形组成的液体体积。当平板为矩形时，其宽设为 B，得总压力为

$$P = \frac{1}{2}\gamma h^2 B \qquad (2\text{-}22)$$

因重心 C 的淹深 h_C 为 h 的一半，淹深在水中的平面面积 $A = hB$，所以上式变为

$$P = \gamma h_C A = p_C A$$

可以验证图解法与解析法有同样的表达方式。

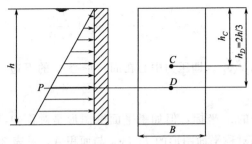

图 2-10　图解法求平面静水压力

设合力的作用点为 D，在平面为矩形时，亦可直接从压力分布图上确定，因压力图为三角形，故由几何学得知，合力作用点必在三角形重心处，即在液面以下 $\frac{2}{3}h$ 处。

$$h_D = \frac{2}{3}h \tag{2-23}$$

二、曲面壁上的总压力

曲面可以是任意形状的，因此作用在曲面上的液体总压力也是任意方向的。求作用在曲面壁上的总压力一般是求一个空间的力系的合力。任意曲面上的这种空间力系的合成将是十分复杂的。通常可采取求某一方向的总压力的方法，即求 x,y,z 三个方向总压力的分量。

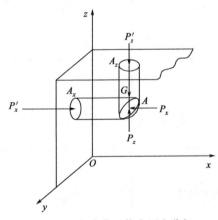

图 2-11　任意曲面静水压力分解

1. 求水平分力 P_x

设有一任意曲面 A 如图 2-11 所示，将其投影到 zOy 平面上得平面面积 A_x，很容易证明，由曲面 A 及平面 A_x 组成的圆柱液体处于平衡状态，因而其受力也平衡。在 x 轴方向上，该液柱只有受左右两端面的表面压力 P_x' 及 P_x，按 x 方向合力为零 $\sum F_x = 0$，得

$$P_x' = P_x$$

而作用在平面上的总压力已在上节得出，即

$$P_x = P_x' = \gamma h_C A_x = p_C A_x \tag{2-24}$$

同理可以求出总压力在 y 方向的分量。

2. 求垂直分力 P_z

将曲面 A 向液体表面投影，得平面 A_z。由曲面 A 及投影面 A_z 组成的液柱平衡，因而作用在液柱上的外力合力为零。在 z 轴方向上液柱受有表面作用力 P_z'，曲面所受向上作用力 P_z 及液柱本身重力 G。因此有

$$P_z' + G = P_z$$

当液柱表面为大气压时，按相对压强计算，有

$$P_z' = p_0 A_z = 0$$

液柱重量为

$$G = \rho g V = \gamma V$$

式中 V 为以曲面 A 向液体表面作垂直线所围成的体积，此体积称为压力体。于是得

$$P_z = \rho g V = \gamma V \tag{2-25}$$

此式表述为：作用在曲面上的液体总压力在垂直方向的分量 P_z 等于由该曲面与液体表面所围成的液柱的重量。因此，把求垂直分力问题变成了求压力体问题，只要求出压力体，则可得 P_z。

P_z 的方向可按下述方法确定：当液体与压力体在受力曲面同侧时，曲面所受垂直分力向下，如图 2-12 所示曲面 ab 的情况；当液体与压力体在受力曲面两侧时，曲面所受垂直分力向上，如图 2-12 所示曲面 $a'b'$ 的情况；当一物体完全淹没在流体中时，其闭合表面总压力的计算，只有其闭合体排开流体的重量，方向向上，其压力体符合阿基米德原理，即浮力原理。

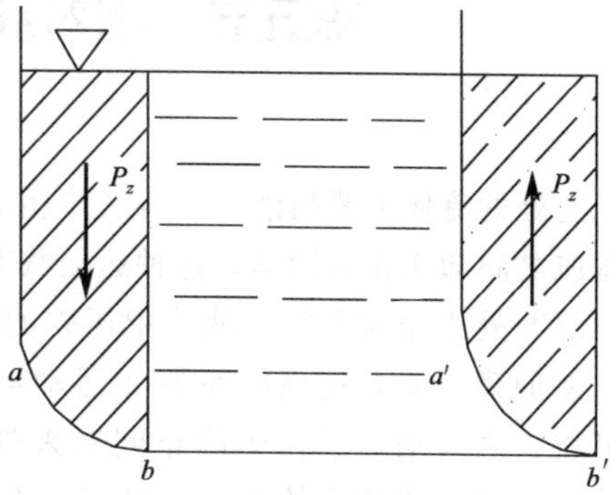

图 2-12　垂直压力表示法

3. 合力及作用力方向

曲面壁压力可以通过水平分力的作用点及作用方向、垂直分力的作用点及作用方向分别计算，也可以求水平分力 P_x 与垂直分力 P_z 的总合力 P，其计算公式为

$$P = \sqrt{P_x^2 + P_z^2} \tag{2-26}$$

其作用方向用其与水平分力的夹角 θ 来表示

$$\theta = \arctan\left(\frac{P_z}{P_x}\right) \tag{2-27}$$

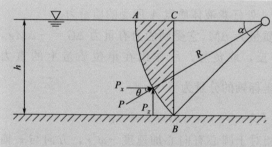

图 2-13　【例 2-2】图

【例 2-2】　如图 2-13 所示，弧形闸门 AB，宽度 $b = 4\text{m}$，角 $\alpha = 45°$，半径 $R = 2\text{m}$，闸门转轴刚好与门顶齐平，求作用于闸门上的静水总压力大小和方向。

解　门高 $h = R\sin 45° = 1.414\text{m}$，水平总压力 P_x 为

$$P_x = \frac{\gamma h}{2} hb = 9.8 \times 1000 \times 1.414^2 \times 4/2$$
$$= 39200(\text{N}) = 39.2(\text{kN})$$

垂直总压力等于面积 ABC 内的水重

$$P_z = \gamma b \left[\frac{1}{8}\pi R^2 - \frac{1}{2} \times \frac{\sqrt{2}}{2}R \frac{\sqrt{2}}{2}R \right] = \frac{1}{4}\gamma b R^2 \left[\frac{1}{2}\pi - 1 \right]$$

$$= \frac{9.8 \times 10^3}{4} \times 4 \times 4 \left[\frac{3.14}{2} - 1 \right]$$

$$= 22300(\text{N})$$

$$= 22.3(\text{kN})$$

所以　　　　　　$P = \sqrt{P_x^2 + P_z^2} = (39.2^2 + 22.3^2)^{1/2} = 45.1(\text{kN})$

通过闸门转轴的总压力向上倾角 θ 为

$$\theta = \arctan\left(\frac{P_z}{P_x}\right) = \arctan\left(\frac{22.3}{39.2}\right) = 29.6(°)$$

第五节　相对静止流体的压强分布规律

此处的流体主要指液体。若液体相对于地球虽是运动的，但各液体质点彼此之间及液体与器皿之间却无相对运动，这种运动状态称为相对平衡。

研究处于相对平衡的液体中压强的分布规律，最方便的方法就是采用理论力学中的达朗贝尔原理，就是把坐标系取在运动器皿之上，液体相对于这一坐标系是静止的，这样便可将这种运动问题作为静止问题来处理。处理这样的问题时，质量力除重力外，尚有惯性力。质点惯性力的计算方法是：先求出某质点相对于地球的加速度，将其反号并乘以该质点的质量。现以等角速度旋转器皿中液体的相对平衡为例，来详细分析其压强的分布规律。

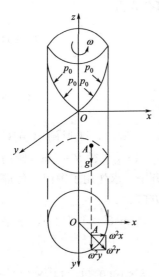

图 2-14　液体相对平衡

设盛有液体的直立圆筒容器绕其中心轴以等角速 ω 旋转，如图 2-14 所示。由于液体的黏滞性作用，开始时，紧靠壁筒的液体随壁运动，其后逐渐传至全部液体都以等角速 ω 跟着圆筒一起旋转，这就达到了相对平衡。可以看到，此时液体的自由表面已由平面变成了一个旋转抛物面。将坐标轴取在旋转圆筒上，并使原点与旋转抛物面的顶点重合，z 轴指向上，先分析距离 Oz 轴半径为 r 处任意液体质点 A 所受的质量力。

设质点 A 的质量为 ΔM，它受到的力有重力 $\Delta G = -\Delta M g$，因方向与 z 轴相反，取负号，故作用在单位质量上的重力 $\dfrac{\Delta G}{\Delta M} = -g$，对各坐标轴的分量为

$$f_{x1}=0, \quad f_{y1}=0, \quad f_{z1}=-g$$

由于质点 A 相对于圆心有向心加速度 $-\omega^2 r$，方向与 r 轴（极坐标系中）相反，取负号，故在运动坐标系中有离心惯性力 $\Delta F = \Delta M \omega^2 r$，而作用在单位质量上的离心惯性力 $\dfrac{\Delta F}{\Delta M} = \omega^2 r$ 对直角坐标轴的分量为

$$f_{x2}=\omega^2 r \frac{x}{r}=\omega^2 x, \quad f_{y2}=\omega^2 r \frac{y}{r}=\omega^2 y, \quad f_{z2}=0$$

根据力的叠加原理，作用在单位质量上的总的质量力在各轴上的分量为

$$f_x = f_{x1}+f_{x2}=\omega^2 x$$
$$f_y = f_{y1}+f_{y2}=\omega^2 y$$
$$f_z = f_{z1}+f_{z2}=-g$$

以此代入式（2-5）得

$$\mathrm{d}p = \rho(\omega^2 x \,\mathrm{d}x + \omega^2 y \,\mathrm{d}y - g \,\mathrm{d}z)$$

积分得

$$p = \rho\left(\frac{1}{2}\omega^2 x^2 + \frac{1}{2}\omega^2 y^2 - gz\right) + C$$

式中，积分常数 C 由边界条件决定。在原点$(x=0,y=0,z=0)$处，$p=p_0$，由此得 $C=p_0$。

以此代回原式，并注意到 $x^2+y^2=r^2$，$\gamma=\rho g$，化简得

$$p=p_0+\gamma\left(\frac{\omega^2 r^2}{2g}-z\right) \tag{2-28}$$

这就是在等角速旋转的直立容器中，液体相对平衡时压强分布规律的一般表达式。由式（2-28）可见，若 p 为一常数 C_1，则等压面族（包括自由表面）方程为

$$\frac{\omega^2 r^2}{2g}-z=C_1$$

可见，等压面族是一族具有中心轴的旋转抛物面。

对于自由表面，$p=p_a=p_0$，以式（2-28）得自由表面方程

$$z_0=\frac{\omega^2 r^2}{2g} \tag{2-29}$$

式中，z_0 为自由表面的垂直坐标，以此代入式（2-28）得

$$p=p_0+\gamma(z_0-z) \tag{2-30}$$

式中，z_0-z 是质点在自由液面以下的深度，若以 h 表示，则上式变化为

$$p=p_0+\gamma h$$

说明在相对平衡的旋转液体中，各点的压强随水深的变化仍是线性关系。但需指出，在旋转液体中各点的测压管水头却不等于常数。

【例 2-3】 一辆洒水车以等加速度 $a=0.98\text{m/s}^2$ 向前平驶，如图 2-15 所示。求水车内自由表面与水平面间的夹角 α；若 B 点在运动前位于水面下深为 $h=1.0\text{m}$ 处，距 z 轴为 $x_B=-1.5\text{m}$，求洒水车做等加速度运动时该点的静水压强。

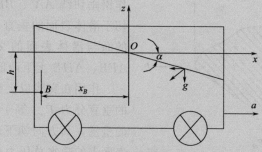

图 2-15 【例 2-3】图

解 重力的单位质量力为 $f_{x1}=f_{y1}=0$，$f_{z1}=-g$；惯性力的单位质量力为 $f_{x2}=-a$，$f_{y2}=f_{z2}=0$，总的单位质量力为

$$f_x=f_{x1}+f_{x2}=-a$$
$$f_y=f_{y1}+f_{y2}=0$$
$$f_z=f_{z1}+f_{z2}=-g$$

代入式（2-5）得

$$\mathrm{d}p=\rho(-a\,\mathrm{d}x-g\,\mathrm{d}z)$$

积分得

$$p=-\rho(ax+gz)+C$$

当 $x=z=0$ 时，$p=p_0$，得 $C=p_0$，代入上式得

$$p=p_0-\gamma\left(\frac{a}{g}x+z\right)$$

B 点的相对压强为

$$p=\gamma\left(\frac{a}{g}x_B+h\right)=9800\left(\frac{0.98}{9.80}\times1.5+1.0\right)=11270(\text{N/m}^2)=11.27(\text{kPa})$$

而自由液面方程为 $\qquad ax+gz=0$

即

$$\tan\alpha=-\frac{z}{x}=\frac{a}{g}=\frac{0.98}{9.80}=0.10$$

故得 $\qquad\qquad\qquad\qquad\qquad \alpha=5°43'$

第六节　浮力及物体的沉浮

在工程实践中，有时需要解决作用于潜体（即淹没于液体之中的物体）的静水总压力的计算问题。中国宇航员在太空中工作处于一种失重状态，利用潜体理论可以对太空失重状态进行物理模拟训练。这可用前面关于作用在平面上和曲面上静水总压力的分析方法来解决。

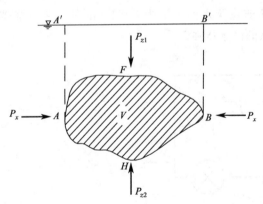

图 2-16　潜体的浮力计算

现有一潜体如图 2-16 所示。在潜体表面作铅垂切线 AA'、BB' 等等，这些切线便是切于潜体表面的垂直母线。垂直母线所构成的面与潜体表面的交线，把潜体表面分为 AFB、AHB 上下两部分。

作用在交线以上潜体表面的静水总压力的垂直分力 P_{z1} 等于曲面 AFB 以上压力体的重量，其方向朝下；作用在交线以下潜体表面上的静水总压力垂直分力 P_{z2} 等于曲面 AHB 以上的压力体重量，方向朝上。

作用在潜体整个表面上的静水总压力 P_z，应等于上、下两力之和，即

$$P_z=P_{z2}-P_{z1}=\gamma V=\text{潜体所排开液体的重量}$$

式中　V——潜体所排开液体的体积。

利用上述类似的方法作任意方位的水平柱面，其母线为与潜体相切的水平线。柱面与潜体表面的交线将潜体表面分为左右两部分。由作用面上流体静压力知，这两部分曲面上的静水总压力的水平分力，皆等于其垂直投影面上的静水总压力，而且方向相反。因此，潜体表面所受总压力的 x 方向水平分力 P_x 恰好是零。同理，潜体表面所受总压力的 y 方向水平分力 P_y 也恰好是零。

综上所述，物体在液体中所受的静水总压力，仅有铅垂向上的分力，其大小恰等于物体所排开的同体积的液体重量，这就是阿基米德（Archimedes）原理。

由于 P_z 具有把物体推向液体表面的倾向，故又称为浮力。浮力的作用点为浮心，浮心显然与排开液体体积的形心重合。

物体重量 G 与所受浮力 P_z 的相对大小，决定着物体的沉浮：

当 $G > P_z$，物体下沉至底。

当 $G = P_z$，物体潜没于液体中的任意位置而保持平衡。

当 $G < P_z$，物体浮出液体表面，直至液体下面部分所排开的液重等于物体的自重才保持平衡，这称浮体，船是其中最显著的例子。

思考题与习题

2-1　流体静压强的规律是什么？

2-2　流体静压强有几种表示方法？它们之间存在的相互关系是什么？

2-3　如图 2-17 所示，在盛有空气的球形密封容器上连有两根玻璃管，一根与水杯相通，另一根装有水银，若 $h_1 = 0.3\text{m}$，求 $h_2 = ?$ 答：$h_2 = 0.022\text{m}$。

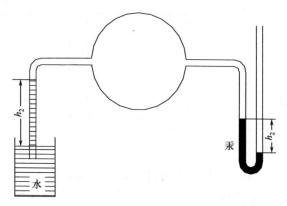

图 2-17　习题 2-3 图

2-4　水管上安装一复式水银测压计如图 2-18 所示。问 p_1, p_2, p_3, p_4 哪个最大？哪个最小？哪几个相等？答：$p_4 > p_3 = p_2 > p_1$。

2-5　为了量测锅炉中的蒸气压，采用量程较大的复式水银测压计如图 2-19 所示。已知各液面高程如下：$h_1 = 2.3\text{m}$，$h_2 = 1.2\text{m}$，$h_3 = 2.5\text{m}$，$h_4 = 1.4\text{m}$，$h_5 = 3.0\text{m}$，求 p_0 是多少？答：$p_0 = 264.98\text{kPa}$。

2-6　封闭容器水面压力绝对压强 $p_0 = 85\text{kPa}$，中央玻璃管是两端开口，如图 2-20 所示。求玻璃管伸入水面以下多深时，既无空气通过玻璃管进入容器，又无水进入玻璃管。

答：$h = 1.66\text{m}$。

2-7　图 2-21 中所示盛满水的容器，有四个支座，求容器底的总压力和四个支座的反力。答：总压力 $P = 352.8\text{kN}$；支座反力 $R = 274.6\text{kN}$。

2-8　一矩形闸门的位置与尺寸如图 2-22 所示。闸门上缘 A 处设有轴，下缘连接铰链，以备开闭。若忽略闸门自重及轴间摩擦力，试用解析法求开启闸门所需的拉力 T。答：$T = 84.87\text{kN}$。

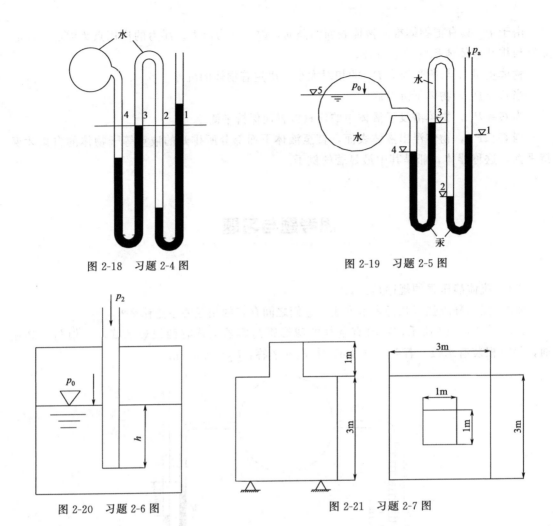

图 2-18　习题 2-4 图　　　　　　　　　　　图 2-19　习题 2-5 图

图 2-20　习题 2-6 图　　　　　　　　图 2-21　习题 2-7 图

2-9　如图 2-23 所示，有一矩形底孔闸门，高 $h=3$m，宽 $b=2$m，上游水深 $h_1=6$m，下游水深 $h_2=5$m。试用图解法求作用于闸门上的静水压力及其作用点。答：$P=58.84$kN；作用点距门底 1.5m。

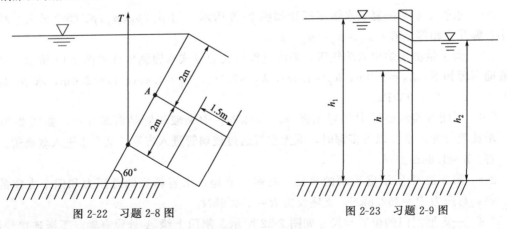

图 2-22　习题 2-8 图　　　　　　　　图 2-23　习题 2-9 图

2-10　如图 2-24 所示，圆柱体两侧有不同深度的液体，要求在图上绘出压力体并标出该力的方向。

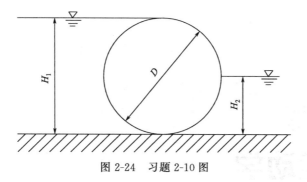

图 2-24 习题 2-10 图

2-11 如图 2-25 所示，用一圆锥体堵塞直径 $d=1$m 的底部孔洞。求作用于此圆锥体的静水压力。答：$P=1.2$kN。

2-12 如图 2-26 所示，为了测定运动物体的加速度，在运动物体上装一直径为 D 的 U 形管，测得管中水的液面差 $h=0.5$m，两管的水平距离 $l=0.3$m，求加速度 a。答：$a=16.35$m/s^2。

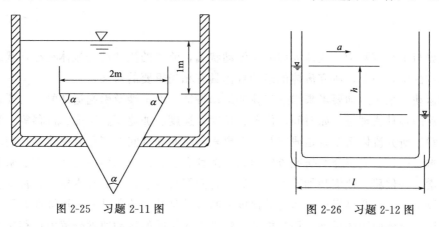

图 2-25 习题 2-11 图   图 2-26 习题 2-12 图

2-13 如图 2-27 所示，在 $D=30$cm，$H=50$cm 的圆柱形容器中盛水至 $h=30$cm，当容器绕中心轴等角速度旋转时，求使水恰好上升到 H 时的转速 ω。答：$\omega=18.7$s^{-1}。

2-14 一盛有水的容器，水面压强为 p_0，如图 2-28 所示。当容器在自由下落时，求容器内水的压强分布规律。答：$p=p_0$。

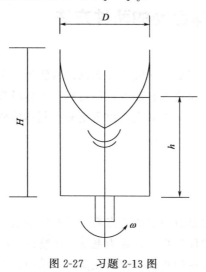

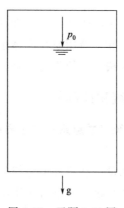

图 2-27 习题 2-13 图   图 2-28 习题 2-14 图

第 3 章
流体运动学

自然界与工程实际中，流体大多处于流动状态，流体的流动性是流体在存在状态上与固体的最基本区别，因此，研究流体的运动规律具有相当重要的意义。

流体运动学采用运动要素来描述流体的运动特征，而不涉及引起运动的动力要素。凡表征流体运动的各种物理量，如时间、位置、角度、速度、加速度、密度、位移等，都称流体的运动要素。研究流体运动就是研究其运动要素随时间和空间的变化以及建立它们之间的关系式。在本章中，首先将介绍研究流体运动的两种方法，以及如何用这两种方法来表达流体的运动要素——位移、速度和加速度；随后，将介绍流线、迹线的基本概念。根据流体流动中质量守恒定律，本章将提出流体运动速度之间应满足的制约条件——连续性方程。在本章中，还将讨论流体微团的运动，用分析的方法将流体微团的运动速度分解为位移速度、变形速度和旋转角速度，在此基础上，将建立起涡流运动与无旋运动的概念，以及涡量与环量的概念。本章的内容主要是为流体力学的进一步学习打好基础。

第一节　描述流体运动的两种方法

流体区别于固体的基本特性是易流动性，因此，研究流体运动的方法也与研究固体运动的方法不同，除了沿用研究固体运动方法——拉格朗日法外，还有针对流体易流动性的研究方法——欧拉法。为便于这两种研究方法的讨论，必须先给出系统和控制体的概念。

一、系统和控制体

（一）系统（质点系）和边界面

1. 系统的定义

质量、能量、动量守恒定律的原始形式都是对质点或质点系（系统）的表述，对于流体来讲就是流体系统。包含着确定不变的物质的任何集合，称为系统。系统以外的一切称为外界。系统的边界面是把系统和外界分开的真实或假想的表面。在流体力学中，系统就是指由确定的流体质点所组成的流体团。

2. 系统的性质

(1) 系统随流体质点一起运动，它的边界面的形状和体积都随时间变化；

(2) 质量体的边界面上没有质量输入或输出，所以系统所包含的流体质量是不变的，它犹如热力学中的封闭系统；

(3) 系统的边界面上有力的相互作用；

(4) 系统的边界面上可以有能量交换（热交换或外力功交换）。

（二）控制体和控制面

1. 控制体的定义

显然，如果使用系统来研究连续介质的运动，意味着采用拉格朗日法的观点，即以确定的流体质点所组成的流体团作为研究对象。采用欧拉法的观点，与此相应，须引进控制体的概念。被流体所流过的，相对于某个坐标系来讲，固定不变的任何体积称为控制体（可运动、变形的控制体不作介绍）。控制体的边界面称为控制面，它总是封闭表面。占据控制体的诸流体质点是随时间而改变的。

2. 控制体的性质

(1) 控制体的形状和体积一经取定都不变化；

(2) 与系统的边界面不同，控制体的边界面上可以有流体质点输入或输出，它相当于热力学中的敞开系统；

(3) 控制体的控制面上有力的相互作用；

(4) 控制体的控制面上可能有能量交换（热交换和外力功）。

在恒定流中，由流管侧表面和两端面所包围的体积即为控制体，占据控制体的流束即为流体系统。在一维流分析法中，常选取过流断面为控制面。

二、研究流体运动的拉格朗日法

拉格朗日法从分析流体质点的运动着手，设法描述出每一个流体质点自始至终的运动过程，即它们的位置随时间变化的规律。如果知道了所有流体质点的运动规律，那么整个流体运动的状况亦就清楚了。这种方法本质上就是一般力学中研究的质点系运动的方法，所以这种方法也称为质点系法。即跟踪各单个流体质点，观察其物理量（速度、加速度、密度等）随时间的变化，研究全部质点的运动规律，进而汇总起来总体归纳整个流体的运动规律。这种方法的基本思路首先是瑞士科学家 L.欧拉提出的，后经法国物理学家 J. L.拉格朗日作了独立的、完整的表达，并进行具体应用，故称其为拉格朗日法。

由于流体质点是连续分布的，要研究每一个质点的运动，首先要识别各个不同的质点。因为在每一时刻，每一质点都占有唯一的空间位置，因此通常采用的方法是以起始时刻 $t = t_0$ 各质点的空间坐标 (a, b, c) 作为区别不同质点的标志。很明显，不同的流体质点将有不同的 (a, b, c) 值。对所要研究的流体整体来说，每一个质点在任何时刻的空间位置将是 (a, b, c, t) 的单值函数。即

$$
\left.
\begin{array}{l}
x = x(a, b, c, t) \\
y = y(a, b, c, t) \\
z = z(a, b, c, t)
\end{array}
\right\}
\tag{3-1}
$$

这里用来识别不同流体质点的标志 a、b、c、t 都应看作是自变量，它们被称为拉格朗日变量。

由式（3-1）得出下列结论：

（1）当 t 为常数，(a,b,c) 是变数时，可得某一瞬时不同质点在空间位置的分布情况，式（3-1）表示的是某一瞬时由各质点所组成的整个流体的高倍摄影照相图案。

（2）当 (a,b,c) 是常数，t 为变数时，可得某个确定质点在任何时刻在空间所处的位置，式（3-1）表示的是该流体质点运动的轨迹方程。

（3）当 (a,b,c) 和 t 均为变数时，则可得任意流体质点在任何时刻的运动情况，式（3-1）所表达的是任意流体质点的运动轨迹方程。

并且由式（3-1）可知流体质点的运动速度，也就是 (a,b,c)、t 的函数，如果将起始坐标看作常数，取 x、y、z 对时间的偏导数，即可得到速度在 x、y、z 轴上的三个分量：

$$\left. \begin{array}{l} u_x = \dfrac{\partial x}{\partial t} = \dfrac{\partial x(a,b,c,t)}{\partial t} \\[2mm] u_y = \dfrac{\partial y}{\partial t} = \dfrac{\partial y(a,b,c,t)}{\partial t} \\[2mm] u_z = \dfrac{\partial z}{\partial t} = \dfrac{\partial z(a,b,c,t)}{\partial t} \end{array} \right\} \tag{3-2}$$

同理，流体质点在任意时刻的加速度，是在速度表达式的基础上，对时间 t 再次取偏导数，即

$$\left. \begin{array}{l} a_x = \dfrac{\partial u_x}{\partial t} = \dfrac{\partial^2 x(a,b,c,t)}{\partial t^2} \\[2mm] a_y = \dfrac{\partial u_y}{\partial t} = \dfrac{\partial^2 y(a,b,c,t)}{\partial t^2} \\[2mm] a_z = \dfrac{\partial u_z}{\partial t} = \dfrac{\partial^2 z(a,b,c,t)}{\partial t^2} \end{array} \right\} \tag{3-3}$$

在求得上述的偏导数之后，若 (a,b,c) 为常数，t 为变数，则式（3-2）及式（3-3）分别表示某一流体质点在任意时刻的速度与加速度的变化情况。反之，若 t 为常数，(a,b,c) 为变数，则上两式分别表示某一时刻流体内部各质点的流速分布及加速度分布情况。

流体质点的其他物理量如流体的密度、温度和压强等也可写成 (a,b,c,t) 的函数如

$$\rho = \rho(a,b,c,t) \text{、} T = T(a,b,c,t) \text{、} p = p(a,b,c,t)$$

拉格朗日法的物理意义较易理解。当表征流体运动规律的式（3-1）一经确定后，任意流体质点在任何时刻的速度和加速度即可确定。当加速度一经确定后，可以通过牛顿第二定律，建立运动和作用于该质点上的力的关系；反之亦然。因此，用拉格朗日法来研究流体运动，就归结为求出函数 $x(a,b,c,t)$、$y(a,b,c,t)$、$z(a,b,c,t)$。由于流体运动的复杂，要想求出这些函数是非常繁难的，常导致数学上的困难。其次，在大多数实际工程问题中，并不需要知道流体质点运动的轨迹及其沿轨迹的速度等的变化。再次，测量流体运动要素，要跟着流体质点移动测试，测出不同瞬时的数值，这种测量方法较难，不易做到。因此不常采用拉格朗日法，而采用欧拉法。这并不是意味着可以忽略拉格朗日法，在分析某些流体运动（如波浪运动）或在计算流体力学中计算某些问题时，就采用拉格朗日法。

【例 3-1】 已知用拉格朗日变数表示的流速场为

$$\left. \begin{array}{l} u_x = (a+1)\mathrm{e}^t - 1 \\[1mm] u_y = (b+1)\mathrm{e}^t - 1 \end{array} \right\} \tag{a}$$

式中 a，b 是 $t=0$ 时流体质点的直角坐标值。试求：

（1）$t=2$ 时刻流场中质点的分布规律；

（2）$a=1$，$b=2$ 时，这个质点的运动规律；

（3）加速度场。

解 （1）把已知速度代入速度公式式（3-2）有

$$u_x=\frac{\partial x}{\partial t}=(a+1)e^t-1$$

$$u_y=\frac{\partial x}{\partial t}=(b+1)e^t-1$$

积分上式得

$$\left.\begin{aligned}x=\int\left[(a+1)e^t-1\right]\mathrm{d}t=(a+1)e^t-t+c_1\\y=\int\left[(b+1)e^t-1\right]\mathrm{d}t=(b+1)e^t-t+c_2\end{aligned}\right\} \tag{b}$$

代入条件：$t=0$ 时刻，$x=a$，$y=b$，求出积分常数 c_1，c_2

$$\begin{cases}a=(a+1)e^0+c_1\\b=(b+1)e^0+c_2\end{cases}$$

于是 $c_1=-1$，$c_2=-1$

代入式（b）得各流体质点的一般分布规律为

$$\left.\begin{aligned}x=(a+1)e^t-t-1\\y=(b+1)e^t-t-1\end{aligned}\right\} \tag{c}$$

当 $t=2$ 时的流场中质点的分布规律为

$$x=(a+1)e^2-3$$

$$y=(b+1)e^2-3$$

（2）把 $a=1$，$b=2$ 的质点运动规律，代入式（c）得

$$x=2e^t-t-1$$

$$y=3e^t-t-1$$

（3）求加速场

$$a_x=\frac{\partial u_x}{\partial t}=\frac{\partial\left[(a+1)e^t-1\right]}{\partial t}=(a+1)e^t$$

$$a_y=\frac{\partial u_y}{\partial t}=\frac{\partial\left[(b+1)e^t-1\right]}{\partial t}=(b+1)e^t$$

综上所述，如果能够逐一地了解所有流体质点的速度、加速度规律，就可以对整个流体的运动过程和情况进行全面的了解。

三、欧拉法

运动流体布局的空间，称流场。欧拉法着眼于流体经过空间某个固定点时的运动情况，针对流体的易流动性、易变形性，它不过问这些流体运动情况是哪些流体质点表现出来的，也不管那些质点的运动历程。综合流场中足够多的空间点上所观测到的运动要素值及其变化

规律，可以获得整个流场的运动特性，所以欧拉法又称为空间点法或流场法。如果知道了所有空间点上流体质点的运动规律，那么整个流体运动的状况亦就清楚了。至于流体质点在未到达某空间点之前是从哪里来的，到达某空间点之后又将到哪里去，则不予研究，亦不能直接显示出来。这种方法是由欧拉提出的。

在直角坐标系中，因为欧拉法是研究流体流经整个流场的运动规律的，因此流场各个固定点上流体的各物理量（速度、加速度等）随时间 t 而变化；而且在某瞬时，流场中各个空间点流体的物理量是位置 (x,y,z) 的函数。因此，把用以识别空间点的坐标值 x、y、z 和时间 t 称为欧拉变数。所以，在任意时刻，任意空间点上流体质点的速度 u、空间坐标 (x,y,z) 和 t 的函数，即

$$u = u(x,y,z,t) \tag{3-4}$$

或用其速度场表示

$$\left. \begin{array}{l} u_x = u_x(x,y,z,t) \\ u_y = u_y(x,y,z,t) \\ u_z = u_z(x,y,z,t) \end{array} \right\} \tag{3-5}$$

同理流体的密度、温度和压强等也可写成 (x,y,z,t) 的函数如 $\rho = \rho(x,y,z,t)$、$T = T(x,y,z,t)$、$p = p(x,y,z,t)$。

在式（3-5）中：

（1）当 (x,y,z) 为常数（场中某指定点），t 为变数时，可以得到不同瞬时通过空间（场）相应某一固定点的流体质点的速度变化情况。

（2）当时间 t 为常数（某指定瞬时），(x,y,z) 是变数，则得到同一瞬时通过不同空间点的流体质点速度的分布情况。

（3）当 (x,y,z) 和 t 均为变数时，则可得任意流体质点在任何时刻的运动情况，式（3-5）所表达的是任意流体质点的运动轨迹方程。

应该指出，由式（3-5）确定的速度函数是定义在空间点上的，它们是空间点坐标 (x,y,z) 的函数，研究的是场，如速度场、压强场、密度场等，所以欧拉法又称流场法。采用欧拉法，就是利用场论的知识。在流体力学中，如果场的物理量不随时间变化，则称恒定流；随时间变化，则称非恒定流。如果场的物理量不随位置变化，则称均匀流；随位置变化，则称非均匀流。

值得指出的是，欧拉变数 x、y、z、t 不是各自独立的，因为流体质点在场中空间位置坐标 x、y、z 都应该与运动过程中的时间变量有关。不同时间 t，每个流体质点在场中应该有不同的空间坐标，所以对任一个流体质点来说，其位置变量 x、y、z 应该是时间 t 的函数，即

$$\left. \begin{array}{l} x = x(t) \\ y = y(t) \\ z = z(t) \end{array} \right\} \tag{3-6}$$

因此，欧拉变数 x、y、z、t 与拉格朗日变数 a、b、c、t 不同，后者是各自独立的，而欧拉变数中的 x、y、z 并非独立变量，它们是随时间 t 变化的中间变量，欧拉变数中真正独立的只有时间 t。

现讨论流体质点加速度的表达式。从欧拉法的观点来看，在流动中不仅处在不同空间点

位置上的质点可以具有不同的速度，就是同一空间点上的质点，也因时间的先后不同可以有不同的速度。如果只考虑同一空间点上，因时间的不同，由不同速度而产生的加速度，这个加速度并不代表质点的全部加速度。因为即使各空间点的速度都不随时间而变化，但如两个相邻空间点的速度大小不同，则质点也仍应有一定的加速度，否则当质点从前一空间点流到后一空间点时，就不可能改变它的速度。所以流体质点的加速度由两部分组成，一是由于时间过程而使空间点上的质点速度发生变化的加速度，称当地加速度（或时变加速度）；另一是流动过程中质点由于位移占据不同的空间点而发生速度变化的加速度，称迁移加速度（或位变加速度）。这两种加速度的具体含义，可举例说明如下。

设有一管路装置，其中管段断面变化如图 3-1 所示。如水箱中的水位和阀门的开度设法维持不变，则管内的流动情况不随时间而改变，即为恒定流。这时管段内各空间点上的流体质点速度都不随时间而增减，各点都没有当地加速度。在直径不变的管段内的点 A 与其同一流程上的邻点 A'，速度相同，即为均匀流段，点 A 既没有当地加速度，也没有迁移加速度。在断面收缩的管段内，

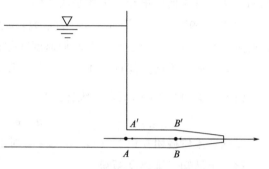

图 3-1　管路装置的管段断面变化

点 B 与其同一流程上的邻点 B'，因为点 B' 的速度比点 B 的速度大，即为非均匀流段，点 B 没有当地加速度，但有迁移加速度。如果阀门正在开启，则管段内各点速度都随时间而增大，即为非恒定流。这时，无论点 A 还是点 B，都有各自的当地加速度，而点 B 的迁移加速度仍然存在。

根据以上的讨论，由于研究的对象是某一流体质点在通过某一空间点的速度随时间的变化，在微小时段 dt 内，这一流体质点将运动到新的位置，即运动着的流体质点本身的坐标是时间 t 的函数，所以不能将 x、y、z 视为常数。因此，不能只取速度对时间的偏导数，而要取全导数。根据复合函数求导的原则，有：

$$\boldsymbol{a}=\frac{\mathrm{d}\boldsymbol{u}}{\mathrm{d}t}=\frac{\partial \boldsymbol{u}}{\partial t}+\frac{\partial \boldsymbol{u}}{\partial x}\frac{\mathrm{d}x}{\mathrm{d}t}+\frac{\partial \boldsymbol{u}}{\partial y}\frac{\mathrm{d}y}{\mathrm{d}t}+\frac{\partial \boldsymbol{u}}{\partial z}\frac{\mathrm{d}z}{\mathrm{d}t}$$

因为

$$\frac{\mathrm{d}x}{\mathrm{d}t}=u_x, \ \frac{\mathrm{d}y}{\mathrm{d}t}=u_y, \ \frac{\mathrm{d}z}{\mathrm{d}t}=u_z$$

所以

$$\boldsymbol{a}=\frac{\mathrm{d}\boldsymbol{u}}{\mathrm{d}t}=\frac{\partial \boldsymbol{u}}{\partial t}+u_x\frac{\partial \boldsymbol{u}}{\partial x}+u_y\frac{\partial \boldsymbol{u}}{\partial y}+u_z\frac{\partial \boldsymbol{u}}{\partial z} \tag{3-7}$$

流体质点加速度 $\boldsymbol{a}$ 在 x，y，z 轴上的分量为：

$$\left.\begin{aligned}
a_x&=\frac{\mathrm{d}u_x}{\mathrm{d}t}=\frac{\partial u_x}{\partial t}+u_x\frac{\partial u_x}{\partial x}+u_y\frac{\partial u_x}{\partial y}+u_z\frac{\partial u_x}{\partial z}\\
a_y&=\frac{\mathrm{d}u_y}{\mathrm{d}t}=\frac{\partial u_y}{\partial t}+u_x\frac{\partial u_y}{\partial x}+u_y\frac{\partial u_y}{\partial y}+u_z\frac{\partial u_y}{\partial z}\\
a_z&=\frac{\mathrm{d}u_z}{\mathrm{d}t}=\frac{\partial u_z}{\partial t}+u_x\frac{\partial u_z}{\partial x}+u_y\frac{\partial u_z}{\partial y}+u_z\frac{\partial u_z}{\partial z}
\end{aligned}\right\} \tag{3-8}$$

若用 $\boldsymbol{u}$ 表示速度矢量、$\boldsymbol{a}$ 表示加速度矢量，则上式可表示为

$$\boldsymbol{a}=\frac{\mathrm{d}\boldsymbol{u}}{\mathrm{d}t}=\frac{\partial \boldsymbol{u}}{\partial t}+(\boldsymbol{u}\cdot\boldsymbol{\nabla})\boldsymbol{u} \tag{3-9}$$

式中，$\boldsymbol{\nabla} = \boldsymbol{i}\dfrac{\partial}{\partial x} + \boldsymbol{j}\dfrac{\partial}{\partial y} + \boldsymbol{k}\dfrac{\partial}{\partial z}$ 称为哈密顿算符（Hamiltonian operator）。式中等号右边第一项 $\dfrac{\partial \boldsymbol{u}}{\partial t}$ 即为当地加速度，又称时变导数；右边其余各项 $(\boldsymbol{u} \cdot \boldsymbol{\nabla})\boldsymbol{u}$ 即为迁移加速度，又称位变导数；$\dfrac{\mathrm{d}\boldsymbol{u}}{\mathrm{d}t}$ 即为全加速度，又称随体导数或质点导数，即流体质点速度（物理量）随时间的变化率。这种运算方法的特点是跟随着质点的运动求速度的导数，即在求导过程中，保持同一质点不变，和物理学中的加速度意义一致。将随体导数分解为时变导数和位变导数之和的方法，对任何矢量和标量都是成立的。

由式（3-9）可知，若 (x, y, z) 为常数，t 为变数，可得不同的流体质点，在不同瞬时先后通过空间相应某一固定空间点的加速度变化情况；若 t 为常数，(x, y, z) 为变数，可得在同一瞬时，通过不同空间点流体质点的加速度分布情况。

【例 3-2】 已知一非恒定二维速度场的欧拉描述在直角坐标系中给出为

$$\boldsymbol{u} = \mathrm{e}^{xt}\boldsymbol{i} + \mathrm{e}^{yt}\boldsymbol{j}$$

试确定流体微团在位置 $(1, 2)$，$t = 2$ 时的加速度。

解 由已知二维速度场知

$$u_x = \mathrm{e}^{xt}, \ u_y = \mathrm{e}^{yt}$$

$$a_x = \frac{\partial u_x}{\partial t} + u_x \frac{\partial u_x}{\partial x} + u_y \frac{\partial u_x}{\partial y} = x\mathrm{e}^{xt} + \mathrm{e}^{xt}t\mathrm{e}^{xt} + \mathrm{e}^{yt} \times 0 = \mathrm{e}^{xt}(x + t\mathrm{e}^{xt})$$

当 $x = 1$，$y = 2$，$t = 2$ 时

$$a_x = \mathrm{e}^{1 \times 2}(1 + 2\mathrm{e}^{1 \times 2}) = \mathrm{e}^2(1 + 2\mathrm{e}^2)$$

$$a_y = \frac{\partial u_y}{\partial t} + u_x \frac{\partial u_y}{\partial x} + u_y \frac{\partial u_y}{\partial y} = y\mathrm{e}^{yt} + \mathrm{e}^{xt} \times 0 + \mathrm{e}^{yt}t\mathrm{e}^{yt} = \mathrm{e}^{yt}(y + t\mathrm{e}^{yt})$$

当 $x = 1$，$y = 2$，$t = 2$ 时

$$a_y = 2\mathrm{e}^{2 \times 2} + \mathrm{e}^{2 \times 2} \times 2\mathrm{e}^{2 \times 2} = \mathrm{e}^4(2 + 2\mathrm{e}^4) = 2\mathrm{e}^4(1 + \mathrm{e}^4)$$

所以全加速度 $\boldsymbol{a}_p$ 为

$$\boldsymbol{a}_p = [\mathrm{e}^2(1 + 2\mathrm{e}^2)]\boldsymbol{i} + [2\mathrm{e}^4(1 + \mathrm{e}^4)]\boldsymbol{j}$$

对于压强、密度而言，则分别为

$$\frac{\mathrm{d}p}{\mathrm{d}t} = \frac{\partial p}{\partial t} + u_x \frac{\partial p}{\partial x} + u_y \frac{\partial p}{\partial y} + u_z \frac{\partial p}{\partial z} \tag{3-10}$$

$$\frac{\mathrm{d}\rho}{\mathrm{d}t} = \frac{\partial \rho}{\partial t} + u_x \frac{\partial \rho}{\partial x} + u_y \frac{\partial \rho}{\partial y} + u_z \frac{\partial \rho}{\partial z} \tag{3-11}$$

设在流场中，某一瞬时占据各空间点的流体质点都具有一定的速度、加速度、压强等，各空间点的速度、加速度、压强等的综合体就分别构成一个速度场、加速度场、压强场等。如果求得各瞬时的速度场、加速度场、压强场等，就可对整个流体运动的过程和情况进行全面的了解。

在流体力学中常用欧拉法。因为在大多数的实际工程问题中，例如水从管中流出，空气从窗口流入等，并不需要知道每一个质点自始至终的运动过程，只要知道在通过空间任

意固定点时有关的流体质点诸运动要素随时间的变化。其次，在欧拉法中，数学方程的求解较拉格朗日法简单，因为在欧拉法中，加速度是一阶导数，运动方程是一阶偏微分方程组；而在拉格朗日法中，加速度是二阶导数，运动方程是二阶偏微分方程组。再次，测量流体运动要素，用欧拉法时可将测试仪表固定在指定的空间点上，这种测量方法是容易做到的。

四、欧拉变数和拉格朗日变数的互换

拉格朗日法和欧拉法是从不同角度去描述同一个流动过程物理量的变化规律的，因此拉格朗日变数和欧拉变数之间是可以互相转换的。

1. L-E 变换（把拉格朗日变数转换为欧拉变数）

首先根据式（3-1）求反函数，得：

$$\begin{cases} a = a(x,y,z,t) \\ b = b(x,y,z,t) \\ c = c(x,y,z,t) \end{cases} \tag{3-12}$$

然后将上式代入拉格朗日法表示的式子，如式（3-2）

$$\begin{cases} u_x = \dfrac{\partial x}{\partial t} = \dfrac{\partial x(a,b,c,t)}{\partial t} = \dfrac{\partial x[a(x,y,z,t),b(x,y,z,t),c(x,y,z,t),t]}{\partial t} \\[2mm] u_y = \dfrac{\partial y}{\partial t} = \dfrac{\partial y(a,b,c,t)}{\partial t} = \dfrac{\partial y[a(x,y,z,t),b(x,y,z,t),c(x,y,z,t),t]}{\partial t} \\[2mm] u_z = \dfrac{\partial z}{\partial t} = \dfrac{\partial z(a,b,c,t)}{\partial t} = \dfrac{\partial z[a(x,y,z,t),b(x,y,z,t),c(x,y,z,t),t]}{\partial t} \end{cases} \tag{3-13}$$

上式整理后就是用欧拉变数表示的速度函数。

【例 3-3】 给定拉格朗日位移描述式

$$x = a\exp(-2t/k), \; y = b\exp(t/k), \; z = c\exp(t/k)$$

求欧拉速度场。其中 k 是常数，(a,b,c,t) 是拉格朗日变数。

解 第一步，速度的拉格朗日表达式

$$\begin{cases} u_x = \dfrac{\mathrm{d}x}{\mathrm{d}t} = -\dfrac{2a}{k}\exp(-2t/k) \\[2mm] u_y = \dfrac{\mathrm{d}y}{\mathrm{d}t} = \dfrac{b}{k}\exp(t/k) \\[2mm] u_z = \dfrac{\mathrm{d}z}{\mathrm{d}t} = \dfrac{c}{k}\exp(t/k) \end{cases}$$

第二步，通过反函数式（3-12）求位移表达式的反函数

$$a = x\exp(2t/k), \; b = y\exp(-t/k), \; c = z\exp(-t/k)$$

第三步，把 a，b，c 代入速度表达式，则有

$$u_x = -\dfrac{2}{k}x, \; u_y = \dfrac{1}{k}y, \; u_z = \dfrac{1}{k}z$$

2. E-L 转换（将欧拉变数转换为拉格朗日变数）

首先根据欧拉表达式：

$$\begin{cases} u_x = \dfrac{\mathrm{d}x}{\mathrm{d}t} = u_x(x,y,z,t) \\[2mm] u_y = \dfrac{\mathrm{d}y}{\mathrm{d}t} = u_y(x,y,z,t) \\[2mm] u_z = \dfrac{\mathrm{d}z}{\mathrm{d}t} = u_z(x,y,z,t) \end{cases} \tag{3-14}$$

对 t 积分，可得：

$$\begin{cases} x = x(c_1,c_2,c_3,t) \\ y = y(c_1,c_2,c_3,t) \\ z = z(c_1,c_2,c_3,t) \end{cases} \tag{3-15}$$

式中，c_1、c_2、c_3 为积分常数。利用质点运动的边界条件：$t = t_0$ 时，x,y,z 分别为 a，b，c，即

$$\begin{cases} a = a(c_1,c_2,c_3,t_0) \\ b = b(c_1,c_2,c_3,t_0) \\ c = c(c_1,c_2,c_3,t_0) \end{cases} \tag{3-16}$$

由此可将 c_1,c_2,c_3 写为 a,b,c 的函数，最后可写作；

$$\begin{cases} x = x(a,b,c,t) \\ y = y(a,b,c,t) \\ z = z(a,b,c,t) \end{cases} \tag{3-17}$$

上式就是拉格朗日法的表达式。

例如，将【例 3-1】（1）中的式 $x = x(t)$、$y = y(t)$ 代入已知条件，可得

$$\begin{cases} u_x = (a+1)\mathrm{e}^t - 1 = x + t \\ u_y = (b+1)\mathrm{e}^t - 1 = y + t \end{cases}$$

这就是欧拉变数下的速度表达式。

还可以进一步求得欧拉变数下的加速度表达式为：

$$\begin{cases} a_x = \dfrac{\partial u_x}{\partial t} + u_x \dfrac{\partial u_x}{\partial x} + u_y \dfrac{\partial u_x}{\partial y} = x + t + 1 \\[3mm] a_y = \dfrac{\partial u_y}{\partial t} + u_x \dfrac{\partial u_y}{\partial x} + u_y \dfrac{\partial u_y}{\partial y} = y + t + 1 \end{cases}$$

第二节　流体运动的基本概念

用欧拉法研究流体运动规律即建立基本方程，涉及一些流体运动特有的基本概念，包括：迹线与流线，流管、流束、元流和总流，过流断面，流量与净通量，断面平均流速。

一、迹线、流线

（一）迹线

1. 迹线的定义

迹线是一个流体质点在一段连续时间内在空间运动的轨迹线，它给出同一质点在不同时刻的速度方向。

2. 迹线微分方程式

在拉格朗日法中，流体运动规律的数学表达式为式（3-1），它的几何表示即为该式的集合表示的迹线。从式（3-1）中消去时间 t 后，即得在直角坐标系中的迹线方程，为一迹线族。给定 (a,b,c) 就可以得到 x,y,z 表示的该流体质点 (a,b,c) 的迹线。

【例 3-4】 已知流体质点的运动，由拉格朗日法变数表示为

$$x = a\sin\frac{\alpha(t)}{a^2+b^2} + b\cos\frac{\alpha(t)}{a^2+b^2}$$

$$y = a\cos\frac{\alpha(t)}{a^2+b^2} + b\sin\frac{\alpha(t)}{a^2+b^2}$$

式中，$\alpha(t)$ 为时间 t 的某一函数。试求流体质点的迹线。

解 将以上两式等号两边均平方后相加，即可消去 t，得

$$x^2 + y^2 = a^2 + b^2$$

上式表示流体质点的迹线是一同心圆族，圆心 $(0,0)$，半径 $R=\sqrt{a^2+b^2}$；对于某一给定的 (a,b)，则为一确定的圆。

在欧拉法中，流体质点运动规律的数学表达式为式（3-5），是以欧拉变数给出的，亦可建立迹线方程。迹线微小段 $\mathrm{d}s$，即表示流体质点在 $\mathrm{d}t$ 时段内的位移，$\mathrm{d}x$、$\mathrm{d}y$、$\mathrm{d}z$ 代表 $\mathrm{d}s$ 在坐标轴上的投影，所以 $\mathrm{d}x = u_x\mathrm{d}t$，$\mathrm{d}y = u_y\mathrm{d}t$，$\mathrm{d}z = u_z\mathrm{d}t$。由此可得迹线的微分方程式为

$$\frac{\mathrm{d}x}{u_x(x,y,z,t)} = \frac{\mathrm{d}y}{u_y(x,y,z,t)} = \frac{\mathrm{d}z}{u_z(x,y,z,t)} = \mathrm{d}t \tag{3-18}$$

式中，t 是自变量，x,y,z 是 t 的函数。积分后在所得表达式中消去时间 t，即得迹线方程。

【例 3-5】 设在流体中任一点的速度分量，由欧拉变数给出为 $u_x = x+t$，$u_y = -y+t$，$u_z = 0$，试求 $t=0$ 时，通过点 A $(-1,-1)$ 流体质点的迹线。

解 迹线的微分方程是

$$\frac{\mathrm{d}x}{\mathrm{d}t} = x+t, \frac{\mathrm{d}y}{\mathrm{d}t} = -y+t$$

上两式是非齐次常系数的线性常微分方程，它们的解是

$$x = c_1\mathrm{e}^t - t - 1, y = c_2\mathrm{e}^{-t} + t - 1$$

当 $t=t_0=0$ 时，$x=a$，$y=b$，代入上两式得积分常数 $c_1=a+1$，$c_2=b+1$。因此可得

$$x = (a+1)\mathrm{e}^t - t - 1, y = (b+1)\mathrm{e}^{-t} + t - 1$$

上式即为流场中的迹线方程族，也就是质点坐标的拉格朗日表达式。当 $t=0$ 时，$x=-1$，$y=-1$。因此，通过点 A $(-1,-1)$ 质点的运动规律是

$$x = -t-1, y = t-1$$

消去上两式中的时间 t，得

$$x + y = -2$$

上式为直线方程，即迹线是一直线。

（二）流线

1. 流线的定义

流线是流场中某一固定时刻的光滑曲线，曲线上任一点的瞬时速度方向与该点的切线方向重合。流线是同一时刻不同质点所组成的曲线，它给出该时刻不同质点的速度方向。

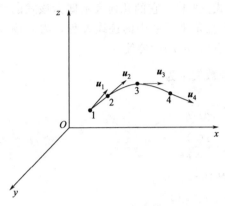

图 3-2　流线绘制示意图

徒手绘制流线的方法如图 3-2 所示，在流速为 $\boldsymbol{u}$ 的流场中，任取点 1 绘出 t 瞬时点 1 的速度 $\boldsymbol{u}_1$，在 $\boldsymbol{u}_1$ 矢量线上取与点 1 相距微小距离的点 2，绘出同一瞬时点 2 的速度矢量 $\boldsymbol{u}_2$，再在 $\boldsymbol{u}_2$ 矢量线上取与点 2 相距微小距离的点 3，绘出同一瞬时点 3 速度矢量 $\boldsymbol{u}_3$，以此类推就得到一条折线，当各点距离无限缩短，就得到一条光滑曲线。

流线也可以用现代流动可视化方法直观看到。如烟风洞实验或在水流中均匀投入适量的轻金属粉末，曝光时拍摄照片，则看到流场中由许多依次首尾相连的短线所组成的流线谱。

2. 流线微分方程

设流场中某点的质点速度矢量为

$$\boldsymbol{u} = u_x \boldsymbol{i} + u_y \boldsymbol{j} + u_z \boldsymbol{k}$$

流线上微元线段为

$$\mathrm{d}\boldsymbol{s} = \mathrm{d}x \boldsymbol{i} + \mathrm{d}y \boldsymbol{j} + \mathrm{d}z \boldsymbol{k}$$

由流线的定义 $\boldsymbol{u} /\!/ \mathrm{d}\boldsymbol{s}$，所以有：

$$\boldsymbol{u} \times \mathrm{d}\boldsymbol{s} = \begin{vmatrix} \boldsymbol{i} & \boldsymbol{j} & \boldsymbol{k} \\ u_x & u_y & u_z \\ \mathrm{d}x & \mathrm{d}y & \mathrm{d}z \end{vmatrix} = 0$$

即有

$$\frac{\mathrm{d}x}{u_x} = \frac{\mathrm{d}y}{u_y} = \frac{\mathrm{d}z}{u_z} \tag{3-19}$$

式（3-19）就是流线微分方程。

3. 流线的性质

（1）在恒定流动中流线的形状不随时间变化。流线与质点的迹线重合。

【**例 3-6**】　如【例 3-5】，设在流场中任一点的速度分量，由欧拉变数给出为 $u_x = x + t$，$u_y = -y + t$，$u_z = 0$。试求 $t = 0$ 时，通过点 $A(-1, -1)$ 的流线方程。

　解　此题是流线微分方程式的应用的类型题。写出微分方程

$$\frac{\mathrm{d}x}{x+t} = \frac{\mathrm{d}y}{-y+t}$$

上式中的 t 是参变量，当作常数，对上式积分，有

$$\ln(x+t) = -\ln(-y+t) + \ln c$$

上式可写为

$$(x+t)(-y+t)=c$$

由上式可知，在流体中任一瞬时的流线是一双曲线族。

当 $t=0$，$x=-1$，$y=-1$，代入上式，得 $c=-1$。因此，通过点 $A(-1,-1)$ 的流线为

$$xy=1$$

上式为等边双曲线方程，即流线是一等边双曲线，在第三象限。

比较【例 3-5】与【例 3-6】，可知非恒定流的流线与流线上流体质点的迹线不相重合。

【例 3-7】 如【例 3-6】，考虑的是恒定流，速度与时间无关，则 $u_x=x$，$u_y=-y$，$u_z=0$。试求通过点 $A(-1,-1)$ 流体质点的迹线。

解 迹线的微分方程为

$$\frac{\mathrm{d}x}{\mathrm{d}t}=x,\ \frac{\mathrm{d}y}{\mathrm{d}t}=-y$$

消去 $\mathrm{d}t$ 后得

$$\frac{\mathrm{d}x}{x}=-\frac{\mathrm{d}y}{y}$$

积分上式并将 $x=-1$，$y=-1$ 代入得

$$xy=1$$

比较【例 3-6】与【例 3-7】，可知恒定流的流线与流线上流体质点的迹线相重合。

（2）流线不能相交，也不能突然转折。因为一点处的质点瞬时速度只能有唯一一个大小和方向。若流线相交或突然转折，那么在交点或突然转折点上就一定要出现不同方向的瞬时速度，这与流线的定义（即一点上瞬时速度的唯一性）是相违背的。

图 3-3（a）和（b）所示的驻点和奇点是两个例外。例如图 3-3（a）所示，物体的前缘点 A 就是一个实际存在的驻点，驻点上流线是相交的，这是因为驻点的速度等于零，因为流体不能堆积，该点的速度方向是任意的，不同方向的流线都可以通过该点；图 3-3（b）所示的流体从 B 点流出或者向 B 点流入的流动一般称源或汇，B 点是流速趋于无穷大的奇点，这类点上流体的速度方向也是不定的，故是相交的。

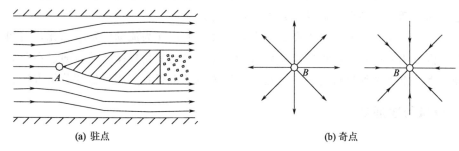

(a) 驻点　　　　　　　　　　　　　　　　(b) 奇点

图 3-3　驻点与奇点

二、流管、流束、过流断面、元流和总流

（一）流管和流束及其性质

在流场中取一不是流线且有流体通过的封闭曲线 l，过封闭曲线上每一点作适当长度的流线，这无数流线围成的管状曲面叫流管，如图 3-4 所示。流管内部全部流体（股）叫作流束，如图 3-4 所示。流束不论大小，它总是由流体组成，因而它有体积、有质量、有动量、有动

能。流管和流线则只是一种几何上的面和线，它们只有几何形状而没有任何体积和质量。

根据流线和流管的定义，流管壁面具有不可穿透性，即流体不可能穿过流管的侧面；流管的形状和位置，在恒定流中不随时间变化，非恒定流中，随时间变化。

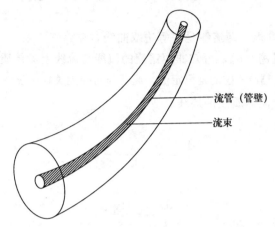

图 3-4　流管与流束

(二) 过流断面元流与总流

1. 流管截面和过流断面

流管被任一不与流管侧壁面平行的面所截取的那部分面积，称流管的截面；而处处与流束垂直的流管截面叫作过流断面；过流断面可能是平面，也可能是曲面。流束上流线互相平行时过流断面是平面；流线不平行时，过流断面是曲面。

2. 元流和总流

（1）元流：当流束的过流断面面积的极限 $\lim\limits_{\Delta A \to 0} \Delta A = \mathrm{d}A$ 缩为一点时，这样的流束称为元流。沿元流的流动要素（如速度、加速度、压强、密度、温度等）是沿流束设置的自然坐标的一元函数，同一过流断面上可认为是相等的。

（2）总流：若流束的过流断面面积为有限大称为总流，总流可以看作由无数并列的元流组成。总流同一断面上各点的运动要素不一定相等。

在研究总流运动规律时，可以在总流中取出微元流束作为流动的基本单元，运用一元函数的简单分析方法能很容易地得出流动参数沿微元流束的变化规律。然后通过在总流过流断面上积分，将结果扩展到总流上去，这是工程流体力学上很有实用价值的分析方法。

三、流量与净通量

1. 流量

（1）流量的定义

单位时间内流过某一控制面的流体的体积、质量或重量，分别称为该控制面的体积流量（m^3/s）、质量流量（$\mathrm{kg/s}$）、重量流量（$\mathrm{N/s}$），分别用 Q、Q_m、Q_g 表示，$Q_m = \rho Q$；$Q_g = \rho g Q = g Q_m$。

流量是标量不是矢量。下面以体积流量为例，写出流量的表达式。

（2）过流断面上的流量

在微元流束上过流断面面积 $\mathrm{d}A$ 各点的速度可认为均为 $\boldsymbol{u}$，且方向与过流断面垂直，所以

$$dQ = u\,dA \tag{3-20}$$

在总流同一过流断面上各点的速度不相等，且方向不一定与过流断面垂直，所以

$$Q = \int_A u\,dA \tag{3-21}$$

（3）非过流断面上的流量

当控制面不是过流断面时，其流量是速度矢量 u 与控制面上的微元面积矢量 dA 的点积。设控制面的微元面积矢 $dA = n\,dA$（n 为微元面积外法线单位矢量）与其上一点速度矢量 u 之间的夹角为 θ，则 $dA\cos\theta$ 就是微元过流断面面积，或者 $u\cos\theta$ 就是与控制面相垂直的速度。因此：

在微元流束上

$$dQ = u\,dA\cos\theta = u \cdot dA = u \cdot n\,dA \tag{3-22}$$

在有限控制面上

$$Q = \int_A u\,dA\cos\theta = \int_A u \cdot dA = \int_A u \cdot n\,dA \tag{3-23}$$

2. 净通量

（1）封闭控制面和净通量

所谓封闭控制面是指包围空间控制体全面的控制面。针对封闭控制面，一般会有两种情况：一方面流体经一部分控制面流入控制体，另一方面流体经另一部分控制面流出控制体。因此，所谓净通量是指流过全部封闭控制面 A 的流量，用 q 表示，则有

$$q = \oint_A u\,dA\cos\theta = \oint_A u \cdot dA = \oint_A u \cdot n\,dA \tag{3-24}$$

式（3-23）和式（3-24）形式基本相同，它们的区别是：前者是在非封闭曲面域上的曲面积分，而后者是在封闭曲面域的曲面积分，应注意两式中积分域 A 含义的不同。

（2）净通量含义的分析

净通量和流量一样都是两个矢量的点积，即标量，标量是有大小和正负的量。可用图 3-5 对净通量含义来说明。

流体经控制面流入控制体时，速度矢量与微元面积外法线矢量之间夹角为钝角，$\cos(u \cdot n) < 0$，故流入控制体的流量恒为负值；流体经控制面流出控制体时速度矢量与微元面积外法线矢量之间夹角为锐角，$\cos(u \cdot n) > 0$，因而从控制体流出的流量恒为正值。

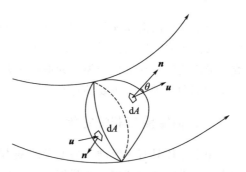

图 3-5　净通量的含义

因而，对于净通量来说，如果 q 大于零，则流量的流出部分大于流入部分，此时 q 的绝对值就是控制体的净流出流量；如果 q 小于零，则流出部分小于流入部分，q 的绝对值就是控制体的净流入流量；如果 q 等于零，那么就是经某一部分控制面流入控制体的流量刚好等于经另一部分控制面流出的流量，这时封闭曲面净通量等于零。净通量的概念，对理解欧拉法连续性方程的意义很有帮助。

四、断面平均流速

自然界中各种各样的流动都是由流体的物理性质和流体所处的边界条件决定的。一切流

体都具有黏性，因此靠近固体壁面的流速与远离壁面的流速是不一样的。从上面有关流量和净通量的计算公式看出，要计算流量，必须知道通流的过流断面上流速分布规律，然而由于流体黏滞性及其他流动因素的影响，这种规律是不易求出的；另外在工程实际的流体力学计算中往往并不需要知道过流断面上的详细流速分布规律，而是用过流断面各点流速大小的平均值代替实际流速对工程系统的影响，然后再加以必要的修正，这就引出断面平均流速的概念。

所谓断面平均流速，是这样一种假想的流速：总流有效过流断面上各点都以这个速度运动，其流量仍与各点以实际不同速度运动所得流量相等。

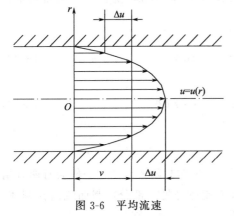

图 3-6　平均流速

简单地说，总流有效断面上的平均流速，就是实测获得总流过流断面上的流量 Q，除以该总流过流断面的面积，即

$$v = \frac{Q}{A} = \frac{\int_A u \, \mathrm{d}A}{A} \qquad (3\text{-}25)$$

过流断面上真实流速为 $u = v \pm \Delta u$，式中 Δu 可正可负，在管壁处 $\Delta u < 0$，在过流断面中心部位 $\Delta u > 0$，如图 3-6 所示。

第三节　流体运动的分类

自然界中的流动现象千差万别，在实际工程中也会遇到各种各样的流体运动问题。根据解决实际工程问题的需要，同时在满足各种工程问题要求的条件下，为了便于简化分析、研究，应将流体运动进行分类，弄清楚流体运动的类型及其特性，这对于正确地分析和计算实际工程问题有着十分重要的意义。

一、恒定流与非恒定流

由于流体具有易流动、易变形的基本特性而用欧拉法研究流体运动，因此，流场中流体质点的流动要素（速度、压强等）一般都是空间坐标和时间 t 的函数，根据流动要素与时间 t 的关系不同将流体划分为恒定流和非恒定流。下面以速度矢量 $\boldsymbol{u} = \boldsymbol{u}(x, y, z, t)$ 为例作详细解释。

1. 恒定流（稳定流）

流场中所有流动要素 $(\boldsymbol{u}, \rho, p, T)$ 不随时间变化时，该流场称为恒定流场，即其仅是坐标的函数。

工程实际中有恒定流的实例。如图 3-1 所示，如果水箱中水位保持不变，管中各点的速度和压强都不随时间变化，没有当地加速度，便是恒定流。

在恒定流中，无时间变量，对流体运动的分析比非恒定流简单得多。因此，在实际工程问题中，在能够基本满足精度要求的前提下把非恒定流按恒定流来处理。例如叶轮式流体机械的欧拉方程就是在恒定流的假设下推导出来的。

恒定流的重要性质是，位于流线上的所有质点，只能沿该流线运动，它们的迹线都与该流线重合。推而广之，因为流线不随时间变化，所以由流线组成的流管、流束的位置和形状也不会随时间变化。

2. 非恒定流（非稳定流）

流场中所有流动要素(u, ρ, p, T)随时间变化，这样的流场叫非恒定流场，即其是坐标与时间的函数。

图 3-1 所示的水箱中水位变化时，管内各点的流速等流动参数都随时间变化，具有当地加速度，是非恒定流。

非恒定流问题要比恒定流复杂得多，因为非恒定流的流线和流线上流体质点的迹线不相重合；流线、流管和流束的位置和形状都随时间变化。

二、均匀流和非均匀流

根据流动要素（主要是速度）与空间坐标(x, y, z)的关系不同将流体划分为均匀流和非均匀流。严格的定义是：流场中，在某给定的时刻，各点的速度都不随位置而变化的流体运动称为均匀流场，随位置而变化的流体运动称为非均匀流场。均匀流场各点都没有迁移加速度，表现为平行流动，流体质点做匀速直线运动，否则称为非均匀流场。

1. 均匀流的性质

（1）各质点的流速互相平行，所以过流断面为平面。

（2）均匀流流速大小和方向沿流程不变，所以位于同一流线上各个质点的流速相等。

（3）沿流程各个过流断面上流速分布相同，所以断面平均流速相等。如图 3-1 所示，在直径不变的长直管道内，离进口较远处的流体运动即为均匀流；但同一过流断面上各点上的流速并不相等。这就是与严格均匀流场的区别。

（4）各质点的迁移（位变）加速度皆为零，若流动既均匀又恒定，则全加速度等于零。

（5）均匀流过流断面上压强分布规律与流体静止时静压强分布规律相同。

（6）不同过流断面的测压管水头差等于两断面间的沿程阻力损失。

2. 非均匀流

不满足均匀条件的流动，即相应点流速不相等的流体运动称为非均匀流。显然，非均匀流不具备均匀流的性质。如图 3-1 所示，在直径变化的管道内的流体运动即为非均匀流动。

三、渐变（缓变）流和急变流

非均匀流是流体流速大小和方向沿程变化的流动。根据其沿程变化的程度，又分为渐变（缓变）流和急变流。

1. 渐变（缓变）流

（1）渐变流的定义

若流线并非严格的平行直线，但流线之间的夹角很小，流线的曲率半径很大，即流线是近乎平行直线的流段，叫渐变流（或缓变流）。例如流体在减缩管或渐扩管或渐弯管中的流动，或流体（多指液体）在断面形状或大小渐变的渠道内的流动都是渐变流的例子。渐变流流线不平行，但也绝不相交，因通流的进口截面或出口截面绝不会缩为一点。

（2）渐变流的性质

之所以引入渐变流的概念，是因为客观实际存在的均匀流并不多，而分析和解决工程实际问题又需要应用均匀流的性质。例如把均匀流的某些性质〔如性质（5）和（6）〕应用于上述定义的渐变流中能满足解决实际工程问题的精度要求。渐变流具有下列性质：

渐变流过流断面流体压强的分布规律基本符合流体静压强的分布规律；渐变流某两过流断面之间测压管的水头差，等于该两断面间的沿程阻力损失。

2. 急变流

流速大小和方向沿程变化很大，或者各流线之间夹角很大，或者各流线的曲率半径很小的流体运动称为急变流。例如通流管径突然扩大或突然缩小的流动、河流的急转弯等都是急变流的例子。

渐变流和急变流的分类没有绝对的界限，主要根据工程实际问题对计算结果所要求的精确程度而定。图 3-7 给出了均匀流、渐变流和急变流的例子。

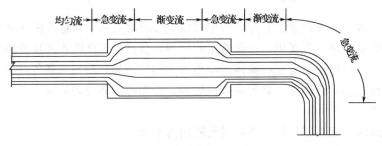

图 3-7　均匀流、渐变流和急变流

本节所阐述的流体运动的分类，它们之间既有区别又有联系，并且可相互组合。例如恒定流中有均匀流和非均匀流，非恒定流中同样有均匀流和非均匀流。在应用中应注意这一点。

第四节　连续性微分方程

流体运动亦必须遵循质量守恒定律。因为流体被视为连续介质，所以上述定律应用于流体运动，在工程流体力学中就称为连续原理，它的数学表达式即为流体运动的连续性方程。用理论分析方法研究流体运动规律时，需用到前面论述过的系统和控制体这两个概念。

一、连续性微分方程式的定义

流体运动的连续性微分方程式是把自然界普遍适用的质量守恒定律应用于运动流体的数学表达式。这句话的含义是：在流体运动过程中，只有物理变化，且不发生相变；没有化学变化，也不考虑相对论效应。

流体连续运动是客观存在的事实，不论采用系统方法还是控制体方法，也不论采取什么样的坐标系来描述流体连续方程式，尽管形式不同，但都是表达同一个客观事实，所以各种不同形式的连续性方程式，是有联系的、可以相互转换的。以下，只推导欧拉型连续性微分方程式，以一般形状、直角坐标系、柱坐标系三种微元控制体给出。

二、任意形状控制体下连续性微分方程

在流场中取任意形状的一个控制体，如图 3-8 所示。设其体积为 V，表面积为 A。在任何瞬时连续充满于控制体内的流体质量可用微元控制体的质量 ρdV 在控制体内的体积积分得到，即 $\int_V \rho dV$。

因为控制体是敞开系统，在流体流经控制面的过程中，经过单位时间，如果控制体内的流体质量发生了变化，那么单位时间内变化量应当记为 $\dfrac{\partial}{\partial t}\int_V \rho dV$（此处之所以采用偏微分符号，是因为控制体的形状和位置相对坐标系是固定不变的）。

根据自然界普遍适用的质量守恒定律，控制体内的质量不能无缘无故地自然生成或消灭（对流体力学而言），影响质量变化的唯一原因就是

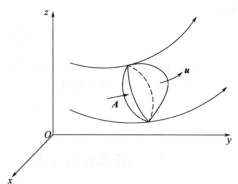

图 3-8　任意控制体

经过控制面的流动。所以质量守恒定律不但能定性地说明控制体中质量变化的原因，而且能够定量地表达控制体中质量变化的大小。因为控制体内质量不生不灭，要保持其中的流体呈连续状态，则控制体中流体质量对时间的变化率与流经全部控制面的净质量流量在数值上必然完全相等。即当控制体内的质量增加 $\dfrac{\partial}{\partial t}\int_V \rho dV > 0$ 时，则净质量流量 $\oint_A \rho \boldsymbol{u} \cdot d\boldsymbol{A} < 0$；反之当 $\dfrac{\partial}{\partial t}\int_V \rho dV < 0$ 时，则净质量流量 $\oint_A \rho \boldsymbol{u} \cdot d\boldsymbol{A} > 0$；若控制体内质量不变，即 $\dfrac{\partial}{\partial t}\int_V \rho dV = 0$，则 $\oint_A \rho \boldsymbol{u} \cdot d\boldsymbol{A} = 0$。因而有

$$\frac{\partial}{\partial t}\int_V \rho dV + \oint_A \rho \boldsymbol{u} \cdot d\boldsymbol{A} = 0 \tag{3-26}$$

由高斯散度定理

$$\oint_V \rho \boldsymbol{u} \cdot d\boldsymbol{A} = \int_V \boldsymbol{\nabla} \cdot (\rho \boldsymbol{u}) dV \tag{3-26a}$$

又由于控制体 V 与时间无关，因而偏微分 $\dfrac{\partial}{\partial t}$ 与控制体积分符号可以互换，所以有

$$\frac{\partial}{\partial t}\int_V \rho dV = \int_V \frac{\partial \rho}{\partial t} dV \tag{3-26b}$$

把式（3-26a）和式（3-26b）代入式（3-26），有

$$\int_V \left[\frac{\partial \rho}{\partial t} + \boldsymbol{\nabla} \cdot (\rho \boldsymbol{u}) \right] dV = 0$$

或

$$\frac{\partial \rho}{\partial t} + \boldsymbol{\nabla} \cdot (\rho \boldsymbol{u}) = 0 \tag{3-27}$$

结论：式（3-26）或式（3-27）就是根据质量守恒定律，保持流体连续流动状态而获得的连续性方程式的一般形式。它是一切流体运动所必须遵循的普遍原理。将式（3-27）在直

角坐标系中展开得：

$$\frac{\partial \rho}{\partial t} + \frac{\partial (\rho u_x)}{\partial x} + \frac{\partial (\rho u_y)}{\partial y} + \frac{\partial (\rho u_z)}{\partial z} = 0 \tag{3-28}$$

上式即为可压缩流体的连续性微分方程，对恒定和非恒定流均适用。它表达了流体运动所必须满足的连续性条件，即质量守恒条件。对于不可压缩均质流体，$\rho =$ 常数，上式可简化为：

$$\frac{\partial u_x}{\partial x} + \frac{\partial u_y}{\partial y} + \frac{\partial u_z}{\partial z} = 0 \tag{3-29}$$

上式是对恒定和非恒定不可压缩均质流体均适用的连续性微分方程。

在柱坐标系中，上式可写为

$$\frac{\partial u_r}{\partial r} + \frac{u_r}{r} + \frac{\partial u_\theta}{r \partial \theta} + \frac{\partial u_z}{\partial z} = 0 \tag{3-30}$$

三、恒定总流连续性方程式

在工程上和自然情况下的流体，多数是在某些边界面所限定的空间内沿某一方向流动，这一方向可称为流体流动的主流方向，主流流程不一定是直线，多数是曲线。属于这种单向流动的有元流和总流，它们的连续方程有较简单的形式。

假定取一流管，设流动为恒定流，流管的形状将不随时间而改变。因流管的四周都是由流线所组成的，故无流体穿越流管，流体只能由两端的过流断面流入和流出。根据式 (3-26)，在恒定流时 $\frac{\partial}{\partial t} \int_V \rho \mathrm{d}V = 0$，则有

$$\oint_A \rho \boldsymbol{u} \cdot \mathrm{d}\boldsymbol{A} = 0 \tag{3-31}$$

对于由流管组成的总流流体也只能由两端的过流断面流入和流出，由于流入断面流速矢量与断面面积矢量方向相反，流入断面（记为断面 1，流出断面记为断面 2）的流速与面积矢量的点乘为负值。公式 (3-31) 可写为如下形式

$$\int_{A_2} \rho_2 u_2 \mathrm{d}A_2 - \int_{A_1} \rho_1 u_1 \mathrm{d}A_1 = 0 \tag{3-32}$$

$$Q_m = \int_{A_1} \rho_1 u_1 \mathrm{d}A_1 = \int_{A_2} \rho_2 u_2 \mathrm{d}A_2 \tag{3-33}$$

采用断面平均流速 v 来代替断面上各点不相等的流速，可得

$$Q_m = \int_A \rho u \mathrm{d}A = v \int_A \rho \mathrm{d}A = \rho v A \tag{3-34}$$

由此类推，可改写前式

$$Q_m = \rho_1 v_1 A_1 = \rho_2 v_2 A_2 \tag{3-35}$$

上述总流的质量连续性方程在质量沿程不变的条件下，可写为体积流量连续方程

$$Q = v_1 A_1 = v_2 A_2 \tag{3-36}$$

【例 3-8】 写出下列特殊情况的连续性微分方程：

(1) yz 平面上的恒定可压缩流体；

(2) 在 xz 平面上的恒定不可压缩流体；

(3) 仅在 y 方向的非恒定可压缩流体；

（4）在平面极坐标上的恒定可压缩流体。

解

(1) $\dfrac{\partial(\rho u_y)}{\partial y}+\dfrac{\partial(\rho u_z)}{\partial z}=0$

(2) $\dfrac{\partial u_x}{\partial x}+\dfrac{\partial u_z}{\partial z}=0$

(3) $\dfrac{\partial \rho}{\partial t}+\dfrac{\partial(\rho u_y)}{\partial y}=0$

(4) $\dfrac{1}{r}\dfrac{\partial(\rho r u_r)}{\partial r}+\dfrac{1}{r}\dfrac{\partial(\rho u_\theta)}{\partial \theta}=0$ 或 $\dfrac{\partial(\rho r u_r)}{\partial r}+\dfrac{\partial(\rho u_\theta)}{\partial \theta}=0$

第五节　流体微团运动分析

流体微团运动的分析是流体运动学中重要组成部分，也是研究流体运动类型、特性的基础。流体运动与刚体不同：刚体运动只有平移和转动；而流体因其具有易流动性，极易变形，所以流体在运动时，除了具有类似刚体的移动和准刚体转动外，通常还伴有复杂的变形运动。因此，研究流体的运动规律要比研究刚体运动复杂。同时，流体微团的变形率和它的应力相应成正比例的密切关系，也为研究流体动力学奠定了基础。为此，必须对流体微团的运动过程进行详细的分析。

流体微团与流体质点是两个不同的概念：流体质点是可以忽略线性尺度效应（如涨、缩、变形、转动等）的最小单元，而流体微团是由大量流体质点组成的具有线性尺度效应的微元流体团。

在流场中，于时刻 t 任取一正交六面体流体微团，其三个轴向上，边长分别为 $\mathrm{d}x$，$\mathrm{d}y$，$\mathrm{d}z$，如图 3-9（a）所示，由于此微团上各点速度不同，所以在微小时段 $\mathrm{d}t$ 之后，该微团将运动到新位置，并且一般地讲，其形状和大小都将发生变化，即该正交六面体流体微团将变成斜平行六面体。

设在 xOy 平面内取一方形流体微团，如图 3-9（b）所示。图中 $v=u_y$，$u=u_x$，经过 $\mathrm{d}t$ 时段后，根据流体微团的位置和形状，可以归纳出下列四种基本运动形式：

（1）平移，若流体微团移动后形状和各边的方位都与原来的一样，这是一种单纯的平移运动；

（2）线变形运动，若流体微团由原来的方形变成矩形，而各边的方位不变，这是一种单纯的线变形运动；

（3）角变形运动，若流体微团各边的长度不变，原来互相垂直的两边各有转动，转动的方向相反，转角的大小相等，对角线没有转动，这是一种单纯的角变形运动；

（4）转动，若流体微团各边的长度不变，原来互相垂直的两边各有转动，转动的方向相同，转角的大小相等，这是一种单纯的转动运动。

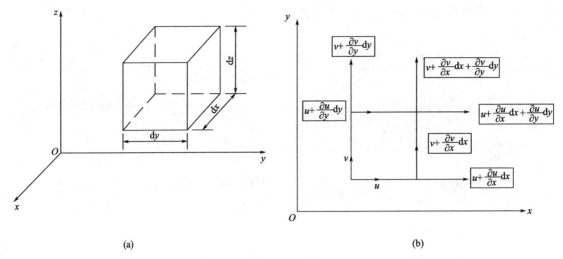

(a)   (b)

图 3-9　流体微团的点速度变化

上述四种基本运动形式中线变形和角变形又可归并为一种运动——变形运动。所以流体微团的基本运动形式只有平移、变形和转动三种。实际的流体运动可能同时具有三种形式，也可能只具有其中的两种或一种。

下面将分析线变形、角变形和转动的数学表达式。为了便于分析，先以图 3-10 中 $ABCD$ 流体平面为例，然后再将表达式推广到三维立体。

设 A 点的流速分量为 u_x 和 u_y，则 B、C 和 D 点的流速分量，如图 3-10 所示，因为边长都是微小量，故流速的增量按泰勒级数展开仅取一阶微小量。

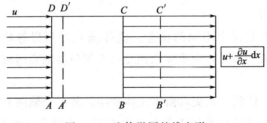

图 3-10　流体微团的线变形

一、线变形率（线变率）

从图 3-10 中可知 $u=u_x$，B 点和 D 点在 x 轴方向上的分速都分别比 A 点和 C 点快 $\dfrac{\partial u_x}{\partial x} \mathrm{d}x$（如 $\dfrac{\partial u_x}{\partial x} \mathrm{d}x$ 为正）或慢 $\dfrac{\partial u_x}{\partial x} \mathrm{d}x$（如 $\dfrac{\partial u_x}{\partial x} \mathrm{d}x$ 为负），故边长 AB 和 CD 在 $\mathrm{d}t$ 时间内沿 x 方向都将相应地伸长或缩短 $\dfrac{\partial u_x}{\partial x} \mathrm{d}x \mathrm{d}t$，这就是流体微团在 x 方向上的线变形。

单位时间单位长度的线变形称为线变形速率。x 方向以 ε_{xx} 表示，因此由定义

$$\varepsilon_{xx} = \frac{\partial u_x}{\partial x} \mathrm{d}x \mathrm{d}t / \mathrm{d}x \mathrm{d}t = \frac{\partial u_x}{\partial x} \tag{3-37}$$

同理，y 方向的线变率为：

$$\varepsilon_{yy}=\frac{\partial u_y}{\partial y} \tag{3-38}$$

z 方向的线变率为：

$$\varepsilon_{zz}=\frac{\partial u_z}{\partial z} \tag{3-39}$$

由不可压缩流体连续性方程可知：

$$\frac{\partial u_x}{\partial x}+\frac{\partial u_y}{\partial y}+\frac{\partial u_z}{\partial z}=0$$

于是：

$$\varepsilon_{xx}+\varepsilon_{yy}+\varepsilon_{zz}=0 \tag{3-40}$$

这表明对于不可压缩流体，三个方向的线变形速率之和（也就是体积变形速率）为零。

二、角变形率（角变率）

（1）角变形率的定义

微元流体面上任意两垂直线段夹角（即直角）在单位时间内减少量的一半称为该面的角变形率，用 ε_{ij} 表示，下标 $i \neq j$，表示两线段所在的平面。例 ε_{xy} 表示 xOy 平面上的角变形率。

（2）角变形率公式推导

如图 3-11 所示，AB 与 AD 两正交边长夹角的变化与该两边的转动有关。在 $\mathrm{d}t$ 时间内，由于 B 点在 y 方向上的分速比 A 点在 y 方向上的分速有增量，故 $BB'=\frac{\partial u_y}{\partial x}\mathrm{d}x\mathrm{d}t$，所以 AB 边将产生逆时针方向的转动，设在 $\mathrm{d}t$ 时段内转到 $A'B'$ 的位置，则 AB 的转角为 $\theta_1=\omega_1\mathrm{d}t=\frac{\partial u_y}{\partial x}\mathrm{d}x\mathrm{d}t/\left(\mathrm{d}x+\frac{\partial u_x}{\partial x}\mathrm{d}x\right)$，忽略分母中的二阶微量，得：$\theta_1=\omega_1\mathrm{d}t=\frac{\partial u_y}{\partial x}\mathrm{d}t$，式中 $\omega_1=\frac{\partial u_y}{\partial x}$ 称为 AB 边的旋转角速度（简称角转速）。同时，如

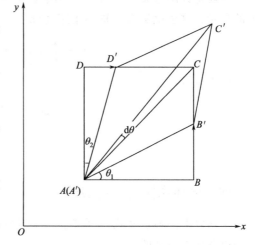

图 3-11　流体微团角变形、角速度的计算

AD 边做顺时针方向旋转，在 $\mathrm{d}t$ 时段内转到 $A'D'$ 的位置，其旋转角速度应为：$\omega_2=-\frac{\partial u_x}{\partial y}$（这里采用右手坐标系，角速度以顺时针为负，逆时针为正。如图 3-11 所示，当 $DD'=\frac{\partial u_x}{\partial y}\mathrm{d}y\mathrm{d}t$ 为正时，ω_2 应为负，故得在上式中添加负号），转角 $\theta_2=\omega_2\mathrm{d}t=-\frac{\partial u_x}{\partial y}\mathrm{d}t$。从图 3-11 中可以看到，当 AB 边按逆时针方向转动，即 ω_1 为正值时，夹角 $\frac{\pi}{2}$ 减小，反之，夹角增大，而 AD 边转动的效果恰与 AB 边相反。$\mathrm{d}t$ 时间内夹角的变形，就是原来夹角与变形后夹角之差，因此有：

$$\mathrm{d}\theta=\theta_1-\theta_2=(\omega_1-\omega_2)\mathrm{d}t \tag{3-41}$$

单位时间内夹角的变形为：

$$\frac{\mathrm{d}\theta}{\mathrm{d}t} = \omega_1 - \omega_2 \tag{3-42}$$

因所考虑的流体面平行于 xOy 平面，故称为 xOy 平面上的角变率，记作 ε_{xy} 或 ε_{yx}，由定义得

$$\varepsilon_{xy} = \varepsilon_{yx} = \frac{1}{2}\frac{\mathrm{d}\theta}{\mathrm{d}t} = \frac{1}{2}(\omega_1 - \omega_2) = \frac{1}{2}\left(\frac{\partial u_y}{\partial x} + \frac{\partial u_x}{\partial y}\right) \tag{3-43}$$

将上述分析推广到过 A 点的另外两个流体面，即垂直于 x 轴的平面和垂直于 y 轴的平面，就可得到流体微团在其他方向的角变形速率，写作：

$$\varepsilon_{yz} = \varepsilon_{zy} = \frac{1}{2}\left(\frac{\partial u_z}{\partial y} + \frac{\partial u_y}{\partial z}\right) \tag{3-44}$$

$$\varepsilon_{zx} = \varepsilon_{xz} = \frac{1}{2}\left(\frac{\partial u_x}{\partial z} + \frac{\partial u_z}{\partial x}\right) \tag{3-45}$$

三、转角速度（角转速）

流体力学中把流体面（此处为 $ABCD$）互相垂直的两边的角转速的平均值（可从几何上证明就是该两边夹角分角线的角转速），定义为流体微团的转角速度在垂直于该平面方向上的分量，这里就是绕 z 轴的角速度分量，用 ω_z 表示，即：

$$\omega_z = \frac{1}{2}(\omega_1 + \omega_2) = \frac{1}{2}\left(\frac{\partial u_y}{\partial x} - \frac{\partial u_x}{\partial y}\right) \tag{3-46}$$

同理可得：

$$\omega_x = \frac{1}{2}\left(\frac{\partial u_z}{\partial y} - \frac{\partial u_y}{\partial z}\right) \tag{3-47}$$

$$\omega_y = \frac{1}{2}\left(\frac{\partial u_x}{\partial z} - \frac{\partial u_z}{\partial x}\right) \tag{3-48}$$

四、流体微团的组合表达

根据以上的各定义式，可将空间流体微团中任一点的运动普遍地表示成平移运动、绕轴转动以及变形运动的叠加。

设流场中任一点 O 的流速分量为 u_{xo}，u_{yo}，u_{zo}。距 O 点 $\mathrm{d}s$（其在各轴向上投影为 $\mathrm{d}x$，$\mathrm{d}y$，$\mathrm{d}z$）处某点的流速分量为 u_x，u_y 及 u_z。设 $u_x = u_{xo} + \mathrm{d}u_{xo}$，$u_y = u_{yo} + \mathrm{d}u_{yo}$，$u_z = u_{zo} + \mathrm{d}u_{zo}$，将 u_{xo} 按泰勒级数展开，忽略二阶以上各项得：

$$\mathrm{d}u_{xo} = \left(\frac{\partial u_x}{\partial x}\right)_o \mathrm{d}x + \left(\frac{\partial u_y}{\partial y}\right)_o \mathrm{d}y + \left(\frac{\partial u_z}{\partial z}\right)_o \mathrm{d}z \tag{3-49}$$

将上式代入 u_x，并进行配项整理，即作 $\pm\frac{1}{2}\left(\frac{\partial u_y}{\partial x}\mathrm{d}y + \frac{\partial u_z}{\partial x}\mathrm{d}z\right)_o$ 运算，可得

$$u_x = u_{xo} + \left(\frac{\partial u_x}{\partial x}\right)_o \mathrm{d}x + \frac{1}{2}\left(\frac{\partial u_x}{\partial y} - \frac{\partial u_y}{\partial x}\right)_o \mathrm{d}y + \frac{1}{2}\left(\frac{\partial u_x}{\partial y} + \frac{\partial u_y}{\partial x}\right)_o \mathrm{d}y$$

$$+ \frac{1}{2}\left(\frac{\partial u_x}{\partial z} - \frac{\partial u_z}{\partial x}\right)_o \mathrm{d}z + \frac{1}{2}\left(\frac{\partial u_x}{\partial z} + \frac{\partial u_z}{\partial x}\right)_o \mathrm{d}z \tag{3-50}$$

将有关的定义式代入上式得：

$$u_x = u_{xo} + \varepsilon_{xx}dx - \omega_z dy + \varepsilon_{xy}dy + \omega_y dz + \varepsilon_{xz}dz$$
$$= u_{xo} + \omega_y dz - \omega_z dy + \varepsilon_{xx}dx + \varepsilon_{xy}dy + \varepsilon_{xz}dz \tag{3-51}$$

同理，对其他两个速度分量也可写出类似的表达式：

$$u_y = u_{yo} + \omega_z dx - \omega_x dz + \varepsilon_{yy}dy + \varepsilon_{yz}dz + \varepsilon_{yx}dx \tag{3-52}$$
$$u_z = u_{zo} + \omega_x dy - \omega_y dx + \varepsilon_{zz}dz + \varepsilon_{zx}dx + \varepsilon_{zy}dy \tag{3-53}$$

以上三式右边第一项为平移速度，第二、三项为转动产生的速度增量，第四、五、六项则为线变形和角变形引起的速度增量。所以，除平移外，流体微团的运动状态在一般情况下需要有九个独立的分量来描述，它们是 ε_{xx}、ε_{yy}、ε_{zz}、ε_{yz}、ε_{zx}、ε_{xy}、ω_x、ω_y、ω_z。

【例 3-9】 给定直角坐标系中速度场为

$$\boldsymbol{u} = (x^2 y + y^2)\boldsymbol{i} + (x^2 - xy^2)\boldsymbol{j} + 0\boldsymbol{k}$$

试求线变形率和角变形率；并判断该流场是否为不可压缩流场。

解 （1）首先求线变形率。由题意速度场各分速度如下

$$u_x = x^2 y + y^2 \; ; \quad u_y = x^2 - xy^2 \; ; \quad u_z = 0$$

$$\varepsilon_{xx} = \frac{\partial u_x}{\partial x} = 2xy \; ; \quad \varepsilon_{yy} = \frac{\partial u_y}{\partial y} = -2xy \; ; \quad \varepsilon_{zz} = 0$$

（2）求角变形率

$$\varepsilon_{xy} = \varepsilon_{yx} = \frac{1}{2}\left(\frac{\partial u_x}{\partial y} + \frac{\partial u_y}{\partial x}\right) = \frac{x^2 + 2y}{2} + \frac{2x + y^2}{2} = \frac{x^2 - y^2}{2} + x + y$$

$$\varepsilon_{yz} = \varepsilon_{zy} = \frac{1}{2}\left(\frac{\partial u_y}{\partial z} + \frac{\partial u_z}{\partial y}\right) = 0$$

$$\varepsilon_{zx} = \varepsilon_{xz} = \frac{1}{2}\left(\frac{\partial u_z}{\partial x} + \frac{\partial u_x}{\partial z}\right) = 0$$

（3）判别流场是否为不可压缩流场，计算 $\nabla \cdot \boldsymbol{u}$

$$\nabla \cdot \boldsymbol{u} = \frac{\partial u_x}{\partial x} + \frac{\partial u_y}{\partial y} + \frac{\partial u_z}{\partial z} = \varepsilon_{xx} + \varepsilon_{yy} + \varepsilon_{zz} = 2xy - 2xy + 0 = 0$$

所以该流场为不可压缩流场。

第六节　无涡流和有涡流

为了探讨各种流体运动的特殊规律，可以根据上述流体微团的基本运动形式将流体运动进行分类。按流体微团有无转动运动，可将流体运动分为有涡流和无涡流两类。流体微团的角转速等于零的流体运动，即凡是质点速度场不形成流体微团转动的流体运动称无涡流或无旋流。流体微团的角转速不等于零的流体运动，即凡是质点速度场形成流体微团转动的流体运动称有涡流或有旋流。实际工程和自然界中的流体运动，大多数是有涡流（有旋流），例如有压管流、明渠流、流体流经固体表面的边界层内的流动，以及大气中的台风、龙卷风等，其中，有的是肉眼能明显看出有涡流的，有的则不能看出有涡流。无涡流较有涡流的问题简单些，且有其实用意义。下面将分别介绍流体运动的一些最基本的概念和特征。

一、无涡流

无涡流的基本特征是每一流体微团的角转速等于零，即流速场必须满足

$$\left. \begin{aligned} \omega_z &= \frac{1}{2}\left(\frac{\partial u_y}{\partial x} - \frac{\partial u_x}{\partial y}\right) = 0 \ \text{或} \ \frac{\partial u_y}{\partial x} = \frac{\partial u_x}{\partial y} \\ \omega_x &= \frac{1}{2}\left(\frac{\partial u_z}{\partial y} - \frac{\partial u_y}{\partial z}\right) = 0 \ \text{或} \ \frac{\partial u_z}{\partial y} = \frac{\partial u_y}{\partial z} \\ \omega_y &= \frac{1}{2}\left(\frac{\partial u_x}{\partial z} - \frac{\partial u_z}{\partial x}\right) = 0 \ \text{或} \ \frac{\partial u_x}{\partial z} = \frac{\partial u_z}{\partial x} \end{aligned} \right\}$$ (3-54)

由高等数学知，上式是使 $u_x \mathrm{d}x + u_y \mathrm{d}y + u_z \mathrm{d}z$ 能成为某一函数 ϕ 的全微分方程的必要和充分条件。因此对无涡流必然存在下列关系

$$\mathrm{d}\phi = \frac{\partial \phi}{\partial x}\mathrm{d}x + \frac{\partial \phi}{\partial y}\mathrm{d}y + \frac{\partial \phi}{\partial z}\mathrm{d}z = u_x \mathrm{d}x + u_y \mathrm{d}y + u_z \mathrm{d}z$$ (3-55)

由上式可知

$$\frac{\partial \phi}{\partial x} = u_x, \ \frac{\partial \phi}{\partial y} = u_y, \ \frac{\partial \phi}{\partial z} = u_z$$ (3-56)

所以，在无涡流中必然存在一个标量场 $\phi(x,y,z)$；如果为非恒定流，这个标量场应为 $\phi(x,y,z,t)$，其中 t 为代表时间的参变量。由于这个标量场和速度场的关系为式（3-56），将其与物理学中引力场的势相比较，具有的同样形式，所以函数 ϕ 称为速度势（函数），亦即无涡流的速度矢量是有势的。所以无涡流又称有势流，简称势流。

二、有涡流

1. 研究旋涡运动的意义

旋涡运动是流体中最普遍存在的一种有旋运动形式。在流体力学研究中最先发展起来的无涡流的势流只不过是在特定条件下的简化，而有旋涡流运动的研究一直是流体力学理论和应用研究中最具有挑战性的课题之一。流体微团的旋转角速度在流场内不完全为零的流动称为有旋流动。自然界和工程中出现的流动大多是有旋流动，即涡流运动。例如龙卷风、管道内边界层的流动都是有旋涡流运动。

随着科学技术的迅猛发展，旋涡运动研究具有强大的生命力，旋涡运动与湍流、大气现象、环保工程、海洋物理、流动控制、气动噪声等方面都有十分密切的关系，同时对航空航天、动力机械、化学工程、海洋工程、仿生学等广泛的工程领域十分重要。

2. 涡量场及其性质

（1）涡量场

具有涡量$\left(\boldsymbol{\omega} = \frac{1}{2}\boldsymbol{\nabla} \times \boldsymbol{u} \neq 0\right)$的流场称为有涡流，故有涡流的区域既是速度场，又是涡量场。

与速度场相类似，涡量场中有涡线、涡面、涡管和涡通量等概念。

（2）涡量

涡量定义为流体微团绕通过自身的瞬时轴的准刚性旋转角速度的 2 倍，用 $\boldsymbol{\Omega}$ 表示。即

$$\boldsymbol{\Omega} = 2\boldsymbol{\omega} = \boldsymbol{\nabla} \times \boldsymbol{u} \tag{3-57}$$

应特别指出的是，判别流动是否有旋要看流体微团是不是在绕通过自身的瞬时轴自转，而不是看它是否绕某一中心做圆周运动。

（3）涡线、涡面、涡管与涡束

① 涡线：涡量场的某瞬时向量曲线称为涡线。此曲线上任意点处的切线，代表该点处涡矢量的方向。

与流线方程类似，涡线微分方程为

$$\frac{\mathrm{d}x}{\omega_x} = \frac{\mathrm{d}y}{\omega_y} = \frac{\mathrm{d}z}{\omega_z} \tag{3-58}$$

在任意给定时刻式（3-58）的积分曲线就是涡线。涡线是流体微团准刚性转动方向的连线，因此涡线像一根柔性轴把流体微团穿起来。如图 3-12 所示。

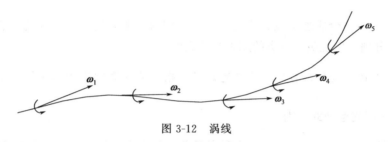

图 3-12　涡线

② 涡面：在给定瞬时，通过某一不是涡线的曲线的所有涡线所构成的曲面称为涡面。

③ 涡管：管状涡面称为涡管（或在给定瞬时，通过某一不是涡线的封闭曲线的所有涡线组成的管状曲面叫涡管）。

涡面、涡管和流面、流管相同，涡面、涡管对于涡量具有不可穿透性，即在涡面、涡管上有

$$\boldsymbol{\Omega} \cdot \boldsymbol{n} = 0$$

④ 涡束：涡管内部做有旋流动的全部流体叫作涡束。

（4）涡通量

在涡量场中，通过给定空间曲面涡量的总和称为涡通量，用 J 表示，即

$$J = \int_A \boldsymbol{\Omega} \cdot \boldsymbol{n} \mathrm{d}A = \int_A \boldsymbol{\Omega} \cdot \mathrm{d}\boldsymbol{A} \tag{3-59}$$

式中，$\boldsymbol{n}$ 是曲面 A 的外法线方向。$J > 0$，称为流出曲面的涡通量；$J < 0$ 是流进曲面的涡通量。

【例 3-10】　如图 3-13 所示的平面泊肃叶（Poiseuille）流动中，任一流体微团 P 沿 $y =$ 常数的直线以速度 $\boldsymbol{u} = \frac{3}{2}U_m\left(1 - \frac{y^2}{h^2}\right)\boldsymbol{i}$ 运动。其中 U_m 为中心线上的速度。试求该流动的准刚体旋转角速度矢量 $\boldsymbol{\omega}$。

解　因为 $\boldsymbol{\omega} = \omega_x\boldsymbol{i} + \omega_y\boldsymbol{j} + \omega_z\boldsymbol{k}$

$$\omega_x = \frac{1}{2}\left(\frac{\partial u_z}{\partial y} - \frac{\partial u_y}{\partial z}\right) = 0$$

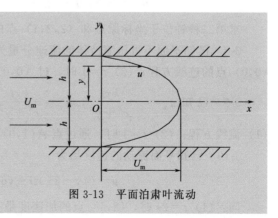

图 3-13　平面泊肃叶流动

$$\omega_y = \frac{1}{2}\left(\frac{\partial u_x}{\partial z} - \frac{\partial u_z}{\partial x}\right) = 0$$

$$\omega_z = \frac{1}{2}\left(\frac{\partial u_y}{\partial x} - \frac{\partial u_x}{\partial y}\right) = \frac{1}{2}\left[0 - (-3U_m y/h^2)\right] = \frac{3}{2}U_m y/h^2$$

所以
$$\boldsymbol{\omega} = \frac{3}{2}U_m y/h^2 \boldsymbol{k}$$

思考题与习题

3-1 把流体运动分成恒定流、非恒定流、均匀流、非均匀流、渐变流、急变流、有涡流和无涡流，分别举例说明其分类的原则是什么？

3-2 流体微团运动分析有什么重要的意义？指出流体微团准刚体旋转运动 $\boldsymbol{\omega} = \frac{1}{2}\boldsymbol{\Omega} = \frac{1}{2}\boldsymbol{\nabla} \cdot \boldsymbol{u}$ 微团做圆周运动的区别。

3-3 举例说明研究有旋流动的重要现实意义；并简述有旋运动的重要物理性质。

3-4 为什么把无旋流动也叫作有势流动？在线单连通域中，$\oint_L \boldsymbol{u} \mathrm{d}l = 0$ 与 $\boldsymbol{u}\mathrm{d}l = 0$ 含义相同吗？为什么？

3-5 已知流体质点的运动，由拉格朗日变数表示为 $x = a\mathrm{e}^{kt}$，$y = b\mathrm{e}^{-kt}$，$z = c$，式中 k 是不为零的常数。试求流体质点的迹线、速度和加速度。

3-6 试证明下列不可压缩均质流体运动中，哪些满足连续性方程，哪些不满足连续性方程。(1) $u_x = -ky, u_y = kx, u_z = 0$；(2) $u_x = -kx, u_y = kx, u_z = 0$；(3) $u_x = \dfrac{-y}{x^2 + y^2}$，$u_y = \dfrac{x}{x^2 + y^2}, u_z = 0$；(4) $u_x = ay, u_y = u_z = 0$；(5) $u_x = 4, u_y = u_z = 0$；(6) $u_x = 1, u_y = 2$。

3-7 已知速度场为

$$\boldsymbol{u} = (t + 3x)\boldsymbol{i} + (2t - 2y^2)\boldsymbol{j} + (4y - 3z)\boldsymbol{k} \quad (\mathrm{m/s})$$

求第二秒钟位于坐标原点和 (2,2,1) 点的速度。答：10.25m/s。

3-8 已知平面不可压缩液体的流速分量为 $u_x = 1 - y$，$u_y = t$。试求：(1) $t = 0$ 时，过 (0,0) 点的迹线方程；(2) $t = 1$ 时，过 (0,0) 点的流线方程。

3-9 已知 $u_x = -\dfrac{kyt}{x^2 + y^2}$，$u_y = \dfrac{kxt}{x^2 + y^2}$，$u_z = 0$，式中，$k$ 是不为零的常数。试求：(1) 流线方程；(2) $t = 1$ 时，通过点 $A(1,0)$ 流线的形状。

3-10 已知平面流动的速度场为

$$\boldsymbol{u} = (4y - 6x)t\boldsymbol{i} + (6y - 9x)t\boldsymbol{j} \quad (\mathrm{m/s})$$

问：(1) $t = 2\mathrm{s}$ 时，(2,4) 点的加速度是多少？答：$a = 7.21\mathrm{m/s}^2$。

（2）此流动是恒定流还是非恒定流？是均匀流还是非均匀流？答：非均匀流。

3-11 试求两平行平板间流体的单宽体积流量。其流速分布为

$$u=u_{\max}\left[1-\left(\frac{y}{b}\right)^2\right]$$

式中，$y=0$ 为中心线；$y=\pm b$ 为平板所在的位置；$u_{\max}$ 为常数。答：$Q=\dfrac{4}{3}u_{\max}b$。

3-12 已知水平圆管过流断面上的流速分布为 $u_x=u_{\max}\left(\dfrac{y}{r_0}\right)^{\frac{1}{7}}$，$u_{\max}$ 为管轴处最大流速，r_0 为圆管半径，y 为点流速 u_x 距管壁的距离。试求断面平均流速 v。

3-13 下列各速度场哪些流动能够实现？对能够实现者求线变形 ε_{ii}，剪切变形 $\varepsilon_{ij}(i\ne j)$ 和旋转角速度 $\omega_i(i=1,2,3)$：

（1）$\boldsymbol{u}=(x+y+z^2)\boldsymbol{i}+(x-y+z)\boldsymbol{j}+(2xy+y^2+4)\boldsymbol{k}$

（2）$\boldsymbol{u}=(xyzt)\boldsymbol{i}+(-xyzt^2)\boldsymbol{j}+\left[\dfrac{1}{2}z^2(xt^2-yt)\right]\boldsymbol{k}$

（3）$\boldsymbol{u}=(y^2+2xz)\boldsymbol{i}+(x^2yz-2yz)\boldsymbol{j}+\left(\dfrac{1}{2}x^2z^2+x^3y^4\right)\boldsymbol{k}$

答：（1）能够；（2）能够；（3）不能够。计算答案略。

3-14 已知不可压缩流体平面流动在 y 方向的速度分量为 $u_y=y^2-2x+2y$，求速度在 x 轴方向的速度分量 u_x。答：$u_x=-2xy-2x+f(y)$

3-15 送风管的断面面积为 $50\text{cm}\times50\text{cm}$，通过 A,B,C,D 四个送风口向室内输送空气，如图 3-14 所示。已知送风口断面面积均为 $40\text{cm}\times40\text{cm}$，气体平均速度均为 5m/s，试求通过送风管过流断面 1—1、2—2、3—3 的流量和流速。

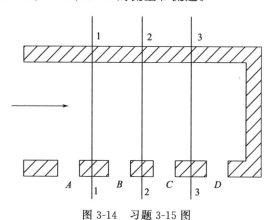

图 3-14　习题 3-15 图

3-16 如图 3-15 所示，蒸汽管道的干管直径 $d_1=50\text{mm}$，断面平均流速 $v_1=25\text{m/s}$，密度 $\rho_1=2.62\text{kg/m}^3$，蒸汽分别由两支管流出。支管直径 $d_2=45\text{mm}$，$d_3=40\text{mm}$，出口处蒸汽密度分别为 $\rho_2=2.24\text{kg/m}^3$，$\rho_3=2.30\text{kg/m}^3$，试求保证两支管质量流量相等的出流速度 v_2 和 v_3。答：$v_2=18.05\text{m/s}$，$v_3=22.26\text{m/s}$

3-17 引水器如图 3-16 所示。高速水流以速度 v_j 由喷嘴射出，带动管道内水体。已知断面①管道内的水流平均速度和喷嘴射出平均速度分别为 $v_1=3\text{m/s}$ 和 $v_j=25\text{m/s}$，管道和管嘴的直径分别为 0.3m 和 85mm，试求断面②处的平均流速 v_2。答：$v_2=4.77\text{m/s}$。

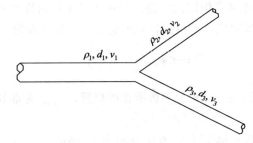

图 3-15　习题 3-16 图

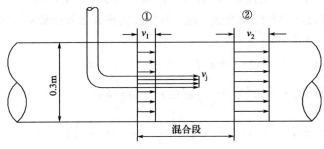

图 3-16　习题 3-17 图

第 4 章
流体动力学

流体动力学是研究流体运动中涉及的力的规律及其在工程中应用的科学。由于实际流体具有黏性，致使问题比较复杂，所以先介绍理想流体的动力学规律。虽然，实际上并不存在理想流体，但在有些问题中，如黏性的影响很小，可以忽略不计时，则对理想流体运动研究所得的结果可用于实际流体。所以研究理想流体运动还是很有实际意义的。

实际流体与理想流体的区别在于黏性。实际流体具有黏性，所以又称为黏性流体。在具有黏性的实际流体中，表面力中不但有压应力（法向应力），而且有切应力，情况复杂得多，以至于欧拉微分方程不能应用于实际（黏性）流体的流动，理想流体的伯努利能量方程等也不适用于实际流体。

第一节　欧拉运动微分方程

因为流体动力学的规律涉及力，所以在研究流体运动时，先介绍理想流体的应力。因为理想流体不具有黏性，所以流体运动时不产生切应力，在作用面上的表面力只有压应力，即动压强。理想流体的动压强与流体静压强一样亦具有两个特性。一是，动压强的方向总是沿着作用面的内法线方向；二是，理想流体中任一点的动压强大小与其作用面的方位无关，即一点上各方向的动压强大小均相等，只是位置坐标和时间的函数。

$$p = p(x, y, z, t) \tag{4-1}$$

在介绍了理想流体内部的应力特征以后，就可着手建立运动方程。流体运动亦必须遵循机械运动的普遍规律——牛顿第二定律。上述定律应用于流体运动，它的数学表达式在流体力学中习惯地称为运动方程。欧拉在 1755 年首次提出理想流体的运动微分方程，又称为欧拉运动微分方程。

设在理想流体的流场中，取一以任意点 M 为中心的微小平行六面体，如图 4-1 六面体的各边分别为 dx、dy、dz。现研究这一六面体内流体受力和运动情况。作用于六面体的力有两

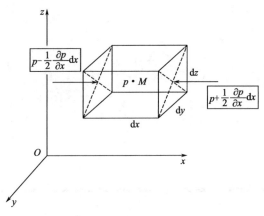

图 4-1　理想流体流场中的微小平行六面体

种：表面力和质量力。因为是理想流体，所以没有切应力，只有垂直于六面体的压力。设点 M 的压强为 $p=p(x,y,z,t)$。可得沿 x 轴方向作用于 $ABCD$ 和 $EFGH$ 面上的压力分别为 $\left(p-\dfrac{1}{2}\dfrac{\partial p}{\partial x}\mathrm{d}x\right)\mathrm{d}y\mathrm{d}z$ 和 $\left(p+\dfrac{1}{2}\dfrac{\partial p}{\partial x}\mathrm{d}x\right)\mathrm{d}y\mathrm{d}z$。同样可写出沿 y、z 轴方向作用于边界面上的压力为 $\left(p-\dfrac{1}{2}\dfrac{\partial p}{\partial y}\mathrm{d}y\right)\mathrm{d}x\mathrm{d}z$ 和 $\left(p+\dfrac{1}{2}\dfrac{\partial p}{\partial y}\mathrm{d}y\right)\mathrm{d}x\mathrm{d}z$、$\left(p-\dfrac{1}{2}\dfrac{\partial p}{\partial z}\mathrm{d}z\right)\mathrm{d}x\mathrm{d}y$ 和 $\left(p+\dfrac{1}{2}\dfrac{\partial p}{\partial z}\mathrm{d}z\right)\mathrm{d}x\mathrm{d}y$。

设作用于六面体内流体的单位质量力在 x、y、z 轴上的分量分别为 X、Y、Z，则作用于六面体的质量力在各坐标轴上的分量分别为 $X\rho\mathrm{d}x\mathrm{d}y\mathrm{d}z$、$Y\rho\mathrm{d}x\mathrm{d}y\mathrm{d}z$、$Z\rho\mathrm{d}x\mathrm{d}y\mathrm{d}z$。

根据牛顿第二定律，设点 M 的速度为 $\boldsymbol{u}$，在 x、y、z 坐标轴上的分量分别为 u_x、u_y、u_z 则沿 x 轴方向可得

$$\left(p-\frac{1}{2}\frac{\partial p}{\partial x}\mathrm{d}x\right)\mathrm{d}y\mathrm{d}z-\left(p+\frac{1}{2}\frac{\partial p}{\partial x}\mathrm{d}x\right)\mathrm{d}y\mathrm{d}z+X\rho\mathrm{d}x\mathrm{d}y\mathrm{d}z=\rho\mathrm{d}x\mathrm{d}y\mathrm{d}z\frac{\mathrm{d}u_x}{\mathrm{d}t}$$

同理，在 y、z 轴方向上可得

$$\left(p-\frac{1}{2}\frac{\partial p}{\partial y}\mathrm{d}y\right)\mathrm{d}x\mathrm{d}z-\left(p+\frac{1}{2}\frac{\partial p}{\partial y}\mathrm{d}y\right)\mathrm{d}x\mathrm{d}z+Y\rho\mathrm{d}x\mathrm{d}y\mathrm{d}z=\rho\mathrm{d}x\mathrm{d}y\mathrm{d}z\frac{\mathrm{d}u_y}{\mathrm{d}t}$$

$$\left(p-\frac{1}{2}\frac{\partial p}{\partial z}\mathrm{d}z\right)\mathrm{d}x\mathrm{d}y-\left(p+\frac{1}{2}\frac{\partial p}{\partial z}\mathrm{d}z\right)\mathrm{d}x\mathrm{d}y+Z\rho\mathrm{d}x\mathrm{d}y\mathrm{d}z=\rho\mathrm{d}x\mathrm{d}y\mathrm{d}z\frac{\mathrm{d}u_z}{\mathrm{d}t}$$

将上式各项都除以 $\rho\mathrm{d}x\mathrm{d}y\mathrm{d}z$，即对单位质量而言，化简移项后得

$$\left.\begin{aligned}\frac{\mathrm{d}u_x}{\mathrm{d}t}&=X-\frac{1}{\rho}\frac{\partial p}{\partial x}\\[4pt]\frac{\mathrm{d}u_y}{\mathrm{d}t}&=Y-\frac{1}{\rho}\frac{\partial p}{\partial y}\\[4pt]\frac{\mathrm{d}u_z}{\mathrm{d}t}&=Z-\frac{1}{\rho}\frac{\partial p}{\partial z}\end{aligned}\right\} \tag{4-2}$$

上式即为理想流体的运动微分方程，也即欧拉运动微分方程。它表示了流体质点运动和作用在它本身上的力的相互关系，适用于可压缩流体和不可压缩流体的恒定流和非恒定流、有势流和有涡流。当速度为零时，欧拉运动微分方程即为流体的平衡微分方程。

为了便于区分恒定流和非恒定流的微分方程，将上式等号左边按加速度表达式展开，欧拉运动微分方程可写为：

$$\left.\begin{aligned}\frac{\partial u_x}{\partial t}+u_x\frac{\partial u_x}{\partial x}+u_y\frac{\partial u_x}{\partial y}+u_z\frac{\partial u_x}{\partial z}&=X-\frac{1}{\rho}\frac{\partial p}{\partial x}\\[4pt]\frac{\partial u_y}{\partial t}+u_x\frac{\partial u_y}{\partial x}+u_y\frac{\partial u_y}{\partial y}+u_z\frac{\partial u_y}{\partial z}&=Y-\frac{1}{\rho}\frac{\partial p}{\partial y}\\[4pt]\frac{\partial u_z}{\partial t}+u_x\frac{\partial u_z}{\partial x}+u_y\frac{\partial u_z}{\partial y}+u_z\frac{\partial u_z}{\partial z}&=Z-\frac{1}{\rho}\frac{\partial p}{\partial z}\end{aligned}\right\} \tag{4-3}$$

当为恒定流时，上式中的 $\dfrac{\partial u_x}{\partial t}=\dfrac{\partial u_y}{\partial t}=\dfrac{\partial u_z}{\partial t}=0$。

理想流体的运动微分方程式中共有八个物理量。对于不可压缩均质流体来说，密度 ρ 为常数，单位质量力的分量 X、Y、Z 虽是坐标的函数，但通常是已知的。所以只有 u_x、u_y、u_z、p 四个未知函数。式（4-2）或式（4-3）只有三个方程式。所以还须有另一个方程式，才能使方程式的数目与未知函数的数目一致。这另一方程式即为不可压缩均质流体的连续性微分方程式：

$$\frac{\partial u_x}{\partial x}+\frac{\partial u_y}{\partial y}+\frac{\partial u_z}{\partial z}=0$$

上述四个方程式为求四个未知函数建立了必要而充分的条件。从理论上讲，任何一个不可压缩均质流体的运动问题，只要联立解这四个方程式而有满足该问题的起始条件和边界条件，就可求得解。但是，由于数学上的困难，目前还只能在一定条件下进行积分和求解。

第二节　理想流体恒定元流能量方程

运用欧拉运动微分方程研究理想流体流动问题时，常需要对微分方程式（4-2）进行积分，但目前在数学上尚不能将欧拉运动微分方程进行普遍积分，而必须在某些条件下才能积分。这些条件是不可压缩均质理想流体恒定元流，即设流动满足以下条件：理想流体，流体不可压缩，密度为常量，恒定流动，质量力为有势力以及沿流线积分。

下面在某种特定条件下，求解欧拉运动微分方程。这些特定条件为：

（1）恒定流，此时

$$\frac{\partial u_x}{\partial t}=\frac{\partial u_y}{\partial t}=\frac{\partial u_z}{\partial t}=\frac{\partial p}{\partial t}=0$$

因而

$$\frac{\partial p}{\partial x}\mathrm{d}x+\frac{\partial p}{\partial y}\mathrm{d}y+\frac{\partial p}{\partial z}\mathrm{d}z=\mathrm{d}p$$

（2）液体是均质不可压缩的，即 $\rho=$ 常数。

（3）质量力有势，即质量力的力场是保守力场，设 $U(x,y,z)$ 为质量力势函数，则：

$$X=\frac{\partial U}{\partial x},\ Y=\frac{\partial U}{\partial y},\ Z=\frac{\partial U}{\partial z}$$

对于恒定的有势质量力

$$X\mathrm{d}x+Y\mathrm{d}y+Z\mathrm{d}z=\frac{\partial U}{\partial x}\mathrm{d}x+\frac{\partial U}{\partial y}\mathrm{d}y+\frac{\partial U}{\partial z}\mathrm{d}z=\mathrm{d}U$$

（4）沿流线积分，在恒定流条件下沿流线积分也就是沿迹线积分，沿流线（亦即迹线）取微小位移 $\mathrm{d}s(\mathrm{d}x,\mathrm{d}y,\mathrm{d}z)$ 则有

$$\frac{\mathrm{d}x}{\mathrm{d}t}=u_x,\ \frac{\mathrm{d}y}{\mathrm{d}t}=u_y,\ \frac{\mathrm{d}z}{\mathrm{d}t}=u_z$$

上述积分条件称为伯努利积分条件。以在流线上所取的 $\mathrm{d}s$ 的三个分量 $\mathrm{d}x$，$\mathrm{d}y$，$\mathrm{d}z$ 分别乘欧拉运动微分方程式（4-2）中的三个方程式，然后将三个方程相加得

$$\left(X\,\mathrm{d}x+Y\,\mathrm{d}y+Z\,\mathrm{d}z\right)-\frac{1}{\rho}\left(\frac{\partial p}{\partial x}\mathrm{d}x+\frac{\partial p}{\partial y}\mathrm{d}y+\frac{\partial p}{\partial z}\mathrm{d}z\right)=\frac{\mathrm{d}u_x}{\mathrm{d}t}\mathrm{d}x+\frac{\mathrm{d}u_y}{\mathrm{d}t}\mathrm{d}y+\frac{\mathrm{d}u_z}{\mathrm{d}t}\mathrm{d}z$$

利用上述 4 个积分条件得

$$\mathrm{d}U-\frac{1}{\rho}\mathrm{d}p=u_x\,\mathrm{d}u_x+u_y\,\mathrm{d}u_y+u_z\,\mathrm{d}u_z=\frac{1}{2}\mathrm{d}(u_x^2+u_y^2+u_z^2)=\mathrm{d}\left(\frac{u^2}{2}\right)$$

因 ρ 为常数，故上式可以写为

$$\mathrm{d}\left(U-\frac{p}{\rho}-\frac{u^2}{2}\right)=0$$

积分得

$$U-\frac{p}{\rho}-\frac{u^2}{2}=常数 \tag{4-4}$$

式（4-4）即为欧拉运动微分方程的伯努利积分，它表明：对于不可压缩的理想流体，在有势质量力作用下做恒定流动时，在同一条流线上 $U-\dfrac{p}{\rho}-\dfrac{u^2}{2}$ 值保持不变，该常数值称为伯努利积分常数。对不同的流线，伯努利积分常数一般是不相同的。

当元流的过水断面面积 $\mathrm{d}A\to 0$ 时，元流便是流线。所以式（4-4）也适用于元流。

若作用在理想流体上的质量力只有重力，设 z 轴铅垂向上，则有

$$U=-gz$$

将它代入式（4-4）得

$$gz+\frac{p}{\rho}+\frac{u^2}{2}=常数 \tag{4-5}$$

将各项同时除以 g，并注意到 $\gamma=\rho g$，则有：

$$z+\frac{p}{\gamma}+\frac{u^2}{2g}=常数 \tag{4-6}$$

对元流任意两断面的中心点或一条流线上的任意两点 1 与 2，上式可改写为

$$z_1+\frac{p_1}{\gamma}+\frac{u_1^2}{2g}=z_2+\frac{p_2}{\gamma}+\frac{u_2^2}{2g} \tag{4-7}$$

式（4-6）或式（4-7）即为理想液体元流或流线的能量方程。该方程反映了重力场中理想元流做恒定流动时，其位置标高 z，动水压强 p 与流速 u 之间的关系。

上式即为不可压缩均质理想流体恒定元流的能量方程（伯努利方程），是伯努利（Bernoulli）首先用动能定理导出。

第三节　理想流体恒定元流能量方程的应用

理想流体恒定元流能量方程是一个很著名的方程，现说明它的物理意义和几何意义。

一、理想流体恒定元流能量方程的物理意义

能量方程中每一项都具有能量含义。方程式中的 z、$\dfrac{p}{\gamma}$ 和 $z+\dfrac{p}{\gamma}$ 分别是元流过流断面上单位重力的流体相对于某一基准面算起所具有的位置能（称为单位位能）、压能（称为单位

压能）和势能（称为单位势能）。

理想流体恒定元流能量方程的物理意义是：元流各过流断面上单位重力流体所具有的总机械能（位能、压能、动能之和）沿程保持不变；同时，能量方程也表明了元流在不同过流断面上单位重力流体所具有的位能、压能和动能之间可以相互转化，因此，能量方程是物质运动中普遍的能量既可转化又要守恒的原理在流体力学中的特殊表达形式。

二、理想流体恒定元流能量方程的几何意义

分析能量方程式中每一项物理量的量纲，发现都具有长度量纲。所以可以用几何作图法，以线段长短来表示每一项物理量的大小。方程式中的 z、$\dfrac{p}{\gamma}$、$z+\dfrac{p}{\gamma}$、$\dfrac{u^2}{2g}$ 项，在流体力学中的称呼分别为位置水头、压强水头、测压管水头和速度水头，当然也可正规地称呼为位置高度、压强高度、测管高度及流速高度。

对于流体来说，速度水头可形象地说明如下：设想在明渠流中 A 点处设置一测压管和一支弯曲成 90° 的玻璃测速管，如图 4-2 所示：

在速度 u 的作用下，测速管液面高出测压管液面一高度 h，如图所示，由物理学分析知，当不考虑任何阻力时，$h=\dfrac{u^2}{2g}$。从上述的现象中可以看到，h 即表示速度水头，也即液体所具有的做功的能力。

因此，理想流体恒定元流能量方程的几何意义是：对于流体来说，元流各过流断面上总水头 H（位置水头、压强水头、速度水头之和）沿程保持不变（守恒）；同时，亦表明了元流在不同过流断面上位置水头、压强水头、速度水头之间可以相互转化。这可以形象地用几何方法表示，如图 4-3。

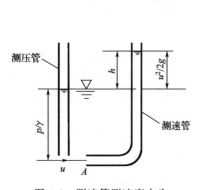

图 4-2 测速管测速度水头

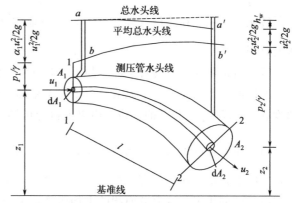

图 4-3 几何法表示各水头

图 4-3 中表示的是一段理想流体恒定元流。经过元流各过流断面上形心处作铅垂线，按比例分别量取 z、$\dfrac{p}{\gamma}$、$z+\dfrac{p}{\gamma}$ 线段，连接各测压管水头、总水头端点，可以得到测压管水头线 bb' 和总水头线 aa'，可以看到总水头线（虚线）为一水平线，与基准线平行，并沿流程保持不变；测压管水头线与总水头线不同，可以上升，亦可以下降。

三、毕托管

毕托管（Pitot tube）是常用的测量流体点速度的仪器之一，它具有可靠度高、成本低、

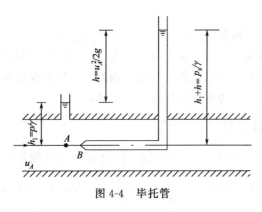

图 4-4　毕托管

耐用性好、使用简便等优点，下面介绍毕托管及其应用原理。

直接测量流体某点的速度大小是比较困难的，但是某点的压强可以比较容易地用测压计测出。毕托管就是应用能量方程，通过测量点压强的方法来间接地测出点速度的大小，它是由亨利·毕托（Henri Pitot）首创的，目前已有几十种类型，最简单的毕托管就是一根测压管和测速管组成的，如图 4-4 所示。

探头端点 B 处开一小孔与内套管相连，直通压差计的一肢；外套管侧表面沿圆周均匀地开一排与外管壁相垂直的小孔（静压孔），外管直通压差计的另一肢。测速时，将毕托管放置在欲测速度的恒定流中某点 A 处，探头对着来流，使管轴与流体运动的方向相一致。流体的速度接近探头时逐渐减低，流至探头端点处速度为零。速度为零处的端点称为驻点，该点的压强称驻点压强或滞止压强 p_s。由能量方程可得

$$\frac{p_A}{\gamma} + \frac{u_A^2}{2g} = \frac{p_s}{\gamma}$$

或

$$p_s = p_A + \frac{1}{2}\rho u_A^2$$

或

$$u_A = \sqrt{\frac{2(p_s - p_A)}{\rho}}$$

式中 p_A、u_A 分别为 A 点处在毕托管放入前的压强和速度。上式表明驻点处流体的动能全部转化为压能。在测量气体速度时，在专业中常称 p_A 为静压、$\frac{1}{2}\rho u_A^2$ 为动压、p_s 为全压或总压。

由以上讨论可知，内套管中的压强可反映驻点压强。流体在探头端点分叉后沿管壁向下流去，所以沿管壁 AB 是一条流线。由于管子很细，B 点处的速度、压强已基本恢复到与来流速度 u_A 和压强 p_A 相等的数值。由以上讨论可知，外套管中的压强可反映来流压强 p_A，因此，通过压差计读出的两管压差 h 就是 A 点的流速水头，即 $h = \frac{u_A^2}{2g}$，$u_A = \sqrt{2gh}$。如前所述，实际上，由于流体具有黏性，能量转换时有损失；此外，探头端点处小孔有一定的面积，它所反映的压强是这部分面积的平均压强，不是驻点一点的压强；B 点处的压强还未完全恢复到来流的压强；以及毕托管放入流体后会引起流场的扰动，这些原因都使得上式必须乘以校正系数 c，即：

$$u_A = c\sqrt{\frac{2(p_s - p_A)}{\rho}} = c\sqrt{2g\left(\frac{p_s - p_A}{\gamma}\right)}$$

式中 c 称为毕托管校正系数，它的值须对各毕托管进行专门率定才能确定，一般在 1～1.04 之间。在要求不是很严格的情况下可取 1.0。

【例 4-1】　设有一测量管内某点 A 速度的毕托管，如图 4-4 所示，已知压差计左右两肢水银柱液面高差 $h = 0.02\text{m}$，毕托管校正系数 $c = 1.0$，试求水流中 A 点的速度 u_A。

解　设在毕托管放入前 A 点处的压强为 p_A，放入后驻点的压强为 p_s。由压差计读数可得

$$p_A + \gamma h_1 + \gamma_{Hg} h = p_s + \gamma(h_1 + h)$$

$$\frac{p_s - p_A}{\gamma} = \frac{(\gamma_{Hg} - \gamma)h}{\gamma} = \frac{(133.28 \times 10^3 - 9.8 \times 10^3)h}{9.8 \times 10^3} = 12.6h$$

$$u_A = c\sqrt{2g\left(\frac{p_s - p_A}{\gamma}\right)} = \sqrt{2g \times 12.6h} = \sqrt{2 \times 9.8 \times 12.6 \times 0.02} = 2.22\ (\text{m/s}).$$

第四节　实际流体运动微分方程

在介绍实际流体运动微分方程之前，先简单地介绍一下实际流体中的应力。

设在实际流体的流场中取一任意点 M，通过该点作垂直于 z 轴的水平面，如图 4-5 所示。作用在该平面上 M 点的表面应力 p_n 在 x、y、z 三个轴上都有分量：一个与平面成法向的压应力 p_{zz}，即动压强；另两个与平面成切向的切应力 τ_{zx} 和 τ_{zy}。压应力和切应力的第一个下标，表示作用面的法线方向，即表示应力的作用面与哪一个轴垂直；第二个下标，表示应力的作用方向，即表示应力作用方向与哪个轴相平行。根据压强总是沿作用面内法线方向作用的特性，p_{zz} 亦可写成 p_s。显然，通过任一点在三个互相垂直的作用面上的表面应力共有九个分量，其中三个是压应力 p_x、p_y、p_z 和六个是切应力 τ_{xy}、τ_{xz}、τ_{yz}、τ_{yx}、τ_{zx}、τ_{zy}。若取一以该点为中心的运动的微小平行六面体，则可知该六面体除受表面应力外，还受质量力，设其速度、质量力、压应力和切应力分别为：u_x、u_y、u_z、X、Y、Z、p_x、p_y、p_z、τ_{xy}、τ_{xz}、τ_{yz}、τ_{yx}、τ_{zx}、τ_{zy}。根据牛顿第二定律，在 x、y、z 三个轴上可得

$$
\left.
\begin{aligned}
X + \frac{1}{\rho}\left(-\frac{\partial p_x}{\partial x} + \frac{\partial \tau_{yx}}{\partial y} + \frac{\partial \tau_{zx}}{\partial z}\right) &= \frac{\mathrm{d}u_x}{\mathrm{d}t} \\
Y + \frac{1}{\rho}\left(-\frac{\partial p_y}{\partial y} + \frac{\partial \tau_{xy}}{\partial x} + \frac{\partial \tau_{zy}}{\partial z}\right) &= \frac{\mathrm{d}u_y}{\mathrm{d}t} \\
Z + \frac{1}{\rho}\left(-\frac{\partial p_z}{\partial z} + \frac{\partial \tau_{xz}}{\partial x} + \frac{\partial \tau_{yz}}{\partial y}\right) &= \frac{\mathrm{d}u_z}{\mathrm{d}t}
\end{aligned}
\right\} \quad (4\text{-}8)
$$

根据切应力互等定律，可得 $\tau_{xy} = \tau_{yx}$、$\tau_{yz} = \tau_{zy}$、$\tau_{zx} = \tau_{xz}$，再由牛顿内摩擦定律知，在二维 xOy 平面上平行直线中的切应力与剪切变形角速度（角变率）之间的关系为

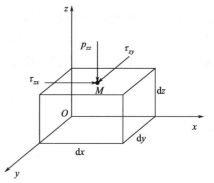

图 4-5　作用在水平面上的表面应力

$$\tau_{xy} = \mu\frac{\mathrm{d}u_x}{\mathrm{d}y} = \mu\frac{\mathrm{d}\alpha}{\mathrm{d}t}$$

这个结论可推广到三维流的情况。根据流体微团运动的基本形式知，角变率

$$\varepsilon_{xy} = \varepsilon_{yx} = \frac{1}{2}\left(\frac{\partial u_y}{\partial x} + \frac{\partial u_x}{\partial y}\right)$$

这是对于习惯上的角变形而言的。实际上的角变形是两倍习惯上的角变形，$d\alpha = 2d\phi$，所以

$$\tau_{xy} = \mu \left(\frac{\partial u_y}{\partial x} + \frac{\partial u_x}{\partial y} \right)$$

同理，对另两个平面也可得出类似式子，联立得

$$\left.\begin{array}{l} \tau_{xy} = \tau_{yx} = \mu \left(\dfrac{\partial u_y}{\partial x} + \dfrac{\partial u_x}{\partial y} \right) \\[3mm] \tau_{yz} = \tau_{zy} = \mu \left(\dfrac{\partial u_z}{\partial y} + \dfrac{\partial u_y}{\partial z} \right) \\[3mm] \tau_{zx} = \tau_{xz} = \mu \left(\dfrac{\partial u_x}{\partial z} + \dfrac{\partial u_z}{\partial x} \right) \end{array}\right\} \tag{4-9}$$

上式为实际流体中切应力的普遍形式，称广义的牛顿内摩擦定律，可以看出切应力等于流体的动力黏度与角变形速度的乘积。

因为实际流体运动时存在切应力，所以压应力的大小与其作用面的方位有关，三个互相垂直方向的压应力一般是不相等的，即 $p_x \neq p_y \neq p_z$。但在理论流体力学中可以证明，同一点上三个正交方向的压应力的平均值 p 是单值，与方位无关。在实际问题中，某点压应力各方向的差异并不大，在实际工程中，用平均值作为该点的压应力是允许的，即 $p = \dfrac{1}{3}(p_x + p_y + p_z)$。因此，实际流体的压应力也只是位置坐标和时间的函数，即 $p = p(x, y, z, t)$。各个方向的压应力可认为等于这个平均值加上一个附加压应力，即 $p_x = p + p_x'$，$p_y = p + p_y'$，$p_z = p + p_z'$。这些附加压应力可以认为是由于黏性所引起的相应结果，因而与流体的变形有关。因为黏性的作用，流体微团的法线方向上有相对的线变形速度 $\dfrac{\partial u_x}{\partial x}$、$\dfrac{\partial u_y}{\partial y}$、$\dfrac{\partial u_z}{\partial z}$，使法向应力（压应力）的大小与理想流体相比有所改变，产生附加压应力。在理论流体力学中可以证明，对于不可压缩均质流体来说，附加压应力与线变率之间有类似于式（4-10）的关系。将切应力的广义牛顿内摩擦定律推广应用，可得附加压应力等于流体的动力黏度与两倍线变形速度的乘积，即

$$\left.\begin{array}{l} p_x' = -\mu \times 2\varepsilon_{xx} = -2\mu \dfrac{\partial u_x}{\partial x} \\[3mm] p_y' = -\mu \times 2\varepsilon_{yy} = -2\mu \dfrac{\partial u_y}{\partial y} \\[3mm] p_z' = -\mu \times 2\varepsilon_{zz} = -2\mu \dfrac{\partial u_z}{\partial z} \end{array}\right\} \tag{4-10}$$

式中负号是因为当 $\dfrac{\partial u_x}{\partial x}$ 为正值时，流体微团伸长变形，周围流体对它的作用是拉力，p_x' 应为负值；当 $\dfrac{\partial u_x}{\partial x}$ 为负值时，流体微团压缩变形，周围流体对它的作用是压力，p_x' 应为正值。由上式可得压应力与线变率的关系为

$$\left.\begin{array}{l} p_x = p - 2\mu\, \dfrac{\partial u_x}{\partial x} \\[2mm] p_y = p - 2\mu\, \dfrac{\partial u_y}{\partial y} \\[2mm] p_z = p - 2\mu\, \dfrac{\partial u_z}{\partial z} \end{array}\right\} \tag{4-11}$$

对于理想流体来说，$\mu = 0$，$p_x = p_y = p_z = p$。对于实际不可压缩均质流体来说，因为有连续性方程

$$\frac{\partial u_x}{\partial x} + \frac{\partial u_y}{\partial y} + \frac{\partial u_z}{\partial z} = 0$$

所以得

$$p = \frac{1}{3}(p_x + p_y + p_z) = \frac{1}{3}\left[3p - 2\mu\left(\frac{\partial u_x}{\partial x} + \frac{\partial u_y}{\partial y} + \frac{\partial u_z}{\partial z}\right)\right] = p$$

这就验证了取某点压应力的平均值作为该点压强的合理性。

将式（4-9）和式（4-11）代入以应力形式表示的实际流体的运动微分方程式（4-8）得

$$\left.\begin{array}{l} X + \dfrac{1}{\rho}\left[-\dfrac{\partial}{\partial x}\left(p - 2\mu\,\dfrac{\partial u_x}{\partial x}\right) + \dfrac{\partial}{\partial y}\mu\left(\dfrac{\partial u_y}{\partial x} + \dfrac{\partial u_x}{\partial y}\right) + \dfrac{\partial}{\partial z}\mu\left(\dfrac{\partial u_x}{\partial z} + \dfrac{\partial u_z}{\partial x}\right)\right] = \dfrac{\mathrm{d}u_x}{\mathrm{d}t} \\[4mm] Y + \dfrac{1}{\rho}\left[-\dfrac{\partial}{\partial y}\left(p - 2\mu\,\dfrac{\partial u_y}{\partial y}\right) + \dfrac{\partial}{\partial x}\mu\left(\dfrac{\partial u_y}{\partial x} + \dfrac{\partial u_x}{\partial y}\right) + \dfrac{\partial}{\partial z}\mu\left(\dfrac{\partial u_z}{\partial y} + \dfrac{\partial u_y}{\partial z}\right)\right] = \dfrac{\mathrm{d}u_y}{\mathrm{d}t} \\[4mm] Z + \dfrac{1}{\rho}\left[-\dfrac{\partial}{\partial z}\left(p - 2\mu\,\dfrac{\partial u_z}{\partial z}\right) + \dfrac{\partial}{\partial x}\mu\left(\dfrac{\partial u_x}{\partial z} + \dfrac{\partial u_z}{\partial x}\right) + \dfrac{\partial}{\partial y}\mu\left(\dfrac{\partial u_z}{\partial y} + \dfrac{\partial u_y}{\partial z}\right)\right] = \dfrac{\mathrm{d}u_z}{\mathrm{d}t} \end{array}\right\}$$

整理后得

$$\left.\begin{array}{l} X + \dfrac{1}{\rho}\dfrac{\partial p}{\partial x} - \dfrac{\mu}{\rho}\left(\dfrac{\partial^2 u_x}{\partial x^2} + \dfrac{\partial^2 u_x}{\partial y^2} + \dfrac{\partial^2 u_x}{\partial z^2}\right) + \dfrac{\mu}{\rho}\dfrac{\partial}{\partial x}\left(\dfrac{\partial u_x}{\partial x} + \dfrac{\partial u_y}{\partial y} + \dfrac{\partial u_z}{\partial z}\right) = \dfrac{\mathrm{d}u_x}{\mathrm{d}t} \\[4mm] Y + \dfrac{1}{\rho}\dfrac{\partial p}{\partial y} - \dfrac{\mu}{\rho}\left(\dfrac{\partial^2 u_y}{\partial x^2} + \dfrac{\partial^2 u_y}{\partial y^2} + \dfrac{\partial^2 u_y}{\partial z^2}\right) + \dfrac{\mu}{\rho}\dfrac{\partial}{\partial y}\left(\dfrac{\partial u_x}{\partial x} + \dfrac{\partial u_y}{\partial y} + \dfrac{\partial u_z}{\partial z}\right) = \dfrac{\mathrm{d}u_y}{\mathrm{d}t} \\[4mm] Z + \dfrac{1}{\rho}\dfrac{\partial p}{\partial z} - \dfrac{\mu}{\rho}\left(\dfrac{\partial^2 u_z}{\partial x^2} + \dfrac{\partial^2 u_z}{\partial y^2} + \dfrac{\partial^2 u_z}{\partial z^2}\right) + \dfrac{\mu}{\rho}\dfrac{\partial}{\partial z}\left(\dfrac{\partial u_x}{\partial x} + \dfrac{\partial u_y}{\partial y} + \dfrac{\partial u_z}{\partial z}\right) = \dfrac{\mathrm{d}u_z}{\mathrm{d}t} \end{array}\right\}$$

由于不可压缩均质流体的连续性方程

$$\frac{\partial u_x}{\partial x} + \frac{\partial u_y}{\partial y} + \frac{\partial u_z}{\partial z} = 0$$

代入上式并展开加速度项后得

$$\left.\begin{array}{l} X + \dfrac{1}{\rho}\dfrac{\partial p}{\partial x} - \dfrac{\mu}{\rho}\boldsymbol{\nabla}^2 u_x = \dfrac{\partial u_x}{\partial t} + u_x\dfrac{\partial u_x}{\partial x} + u_x\dfrac{\partial u_x}{\partial y} + u_x\dfrac{\partial u_x}{\partial z} \\[4mm] Y + \dfrac{1}{\rho}\dfrac{\partial p}{\partial y} - \dfrac{\mu}{\rho}\boldsymbol{\nabla}^2 u_y = \dfrac{\partial u_y}{\partial t} + u_y\dfrac{\partial u_y}{\partial x} + u_y\dfrac{\partial u_y}{\partial y} + u_y\dfrac{\partial u_y}{\partial z} \\[4mm] Z + \dfrac{1}{\rho}\dfrac{\partial p}{\partial z} - \dfrac{\mu}{\rho}\boldsymbol{\nabla}^2 u_z = \dfrac{\partial u_z}{\partial t} + u_z\dfrac{\partial u_z}{\partial x} + u_z\dfrac{\partial u_z}{\partial y} + u_z\dfrac{\partial u_z}{\partial z} \end{array}\right\} \tag{4-12}$$

上式即为不可压缩均质实际流体的运动微分方程，称纳维-斯托克斯方程（N-S 方程）。与理想流体的欧拉运动微分方程相比较，N-S 方程增加了黏性项 $\mu\boldsymbol{\nabla}^2 u$，因此是更

为复杂的非线性偏微分方程。当然，在理论上，N-S方程加上连续方程共四个方程，完全可以求解四个未知量 u_x、u_y、u_z 及 p，但在实际流动中，大多边界条件复杂，所以很难求解。随着计算机和计算技术日新月异地发展，数值求 N-S 方程组的方法也具有了更广阔的道路。

第五节　实际流体元流与总流能量方程

为了应用能量方程来处理工程中的实际流体流动问题，应将元流的能量方程推广到总流，得出总流的能量方程。总流可以看作是由流动边界内无数元流所组成的，所以这里先分析元流的情况，然后再来推导总流的能量方程。

一、实际流体恒定元流的能量方程

实际流体都具有黏滞性，在流动过程中，流体质点之间的内摩擦阻力做功而消耗部分机械能，使之转化为热能耗散掉，因而流体的机械能沿程减小。如图 4-3 所示，设 h_w' 为元流中单位重力流体从过流断面 1—1 流到过流断面 2—2 所耗散掉的机械能，称为元流的水头损失。根据能量守恒原理式（4-7）加入损失项，实际流体恒定元流的能量方程可写为

$$z_1 + \frac{p_1}{\gamma} + \frac{u_1^2}{2g} = z_2 + \frac{p_2}{\gamma} + \frac{u_2^2}{2g} + h_w'$$

上式说明，单位重力流体断面上的各项能量在一定条件下可以互相转化，但前一个断面的机械能应等于后一断面的机械能加上两断面间的水头损失。实际流体在流动过程中，其总机械能是沿程逐渐减少的。

二、恒定总流过水断面上的压强分布

考察工程中的实际流体流动，有两种不同的情况，一种情况流线图形变化剧烈，流线曲率较大，流线间的夹角较大等，这种流动叫作急变流动。例如管道大转弯处的流动，以及溢流坝的进口处流动，就属于急变流动，急变流动的动水压强分布比较复杂，难以推导总流能量方程。另一种情况是流线图形变化极其缓慢，流线的曲率很小，几乎呈直线，流线间的夹角很小，几乎是平行的。这种流动叫作渐变流动。显然，渐变流是从近似于工程的角度来定义的一种流动，与均匀流相似，但所受的限定条件要宽松得多。均匀流的一般性质，渐变流都近似符合。

均匀流的特点是流线为平行的直线，其过流断面为一平面，在同一流线上流体质点的流速大小和方向是一致的。由于在过流断面上，流体没有惯性力存在，因此沿着过流断面，流体的压强满足静压强的规律分布，即

$$z + \frac{p}{\gamma} = c$$

而渐变流近似于均匀流，渐变流中的过流断面也可以看作是平面，其过流断面上动压强的分布也近似地符合静压强分布规律。

三、恒定总流的能量方程

了解了渐变流过流断面上动压强分布规律之后，就能够将实际流体恒定元流的能量方程推广到总流中去，从而得到用以分析和计算实际流体问题的总流能量方程。

1. 建立方程

设图 4-3 中过流断面 1—1、2—2 的速度和面积分别为 u_1、u_2、dA_1、dA_2，单位时间通过元流过流断面的流体重量为 γdQ，其中

$$dQ = u_1 dA_1 = u_2 dA_2$$

则实际流体元流的总能量方程为

$$\left(z_1 + \frac{p_1}{\gamma} + \frac{u_1^2}{2g}\right)\gamma u_1 dA_1 = \left(z_2 + \frac{p_2}{\gamma} + \frac{u_2^2}{2g}\right)\gamma u_2 dA_2 + h_w' \gamma dQ \tag{4-13}$$

将上式对总流的过流断面面积进行积分，得总流的能量方程

$$\int_{A_1}\left(z_1 + \frac{p_1}{\gamma} + \frac{u_1^2}{2g}\right)\gamma u_1 dA_1 = \int_{A_2}\left(z_2 + \frac{p_2}{\gamma} + \frac{u_2^2}{2g}\right)\gamma u_2 dA_2 + \int_Q h_w' \gamma dQ \tag{4-14}$$

或

$$\int_{A_1}\left(z_1 + \frac{p_1}{\gamma}\right)\gamma u_1 dA_1 + \int_{A_1}\frac{u_1^2}{2g}\gamma u_1 dA_1$$

$$= \int_{A_2}\left(z_2 + \frac{p_2}{\gamma}\right)\gamma u_2 dA_2 + \int_{A_2}\frac{u_2^2}{2g}\gamma u_2 dA_2 + \int_Q h_w' \gamma dQ \tag{4-15}$$

在上式中共有三种类型的积分，现逐一讨论。

2. 三种类型的积分

(1) $\int_A \left(z + \dfrac{p}{\gamma}\right)\gamma u dA$ 的积分

若取过流断面为渐变流。其断面上压强分布满足静压强分布，则在过流断面上 $\left(z + \dfrac{p}{\gamma}\right)$ 为常数，因而得

$$\int_A \left(z + \frac{p}{\gamma}\right)\gamma u dA = \left(z + \frac{p}{\gamma}\right)\gamma \int_A u dA$$

因为有

$$\int_A u dA = Q$$

得

$$\int_A \left(z + \frac{p}{\gamma}\right)\gamma u dA = \left(z + \frac{p}{\gamma}\right)\gamma Q \tag{4-16a}$$

上式表示总流重力流量 γQ 所具有的势能。

(2) $\int_A \dfrac{u^2}{2g}\gamma u dA$ 的积分

恒定总流过流断面中的各点的流速不同，且不易求出，所以这类积分很难准确地求出，但在实际工程中，重要的而且可以知道的是断面平均流速 v，显然

$$\int_A u^3 dA \neq \int_A v^3 dA$$

所以需要引入一个修正系数 α，以便能用断面平均流速来表示上述积分的结果。定义

如下：

$$\alpha = \frac{\displaystyle\int_A \frac{u^3}{2g}dA}{\displaystyle\frac{v^3}{2g}A} = \frac{\displaystyle\int_A u^3 dA}{v^2 Q}$$

则

$$\int_A \frac{u^2}{2g}\gamma u\,dA = \alpha\frac{v^2}{2g}\gamma Q \tag{4-16b}$$

上式表示总流重力流量所具有的动能，式中 α 称动能修正系数，它反映过流断面上的流速分布情况。如果断面速度是均匀的，则 $\alpha = 1.0$，显然，其值永远大于 1.0，实际流速越不均匀，其值越大，一般取 $\alpha = 1.05 \sim 1.10$。为简便起见，通常取 $\alpha = 1.0$。

(3) $\displaystyle\int_Q h'_w \gamma\,dQ$ 的积分

这类积分与第一、二类积分不同，它不是沿同一过流断面积分的量，而是沿流程积分的量。它的直接积分是很困难的，因为各单位重力流体沿不同流程的能量损失是不相等的。如果我们令 h_w 为单位重力流体由过流断面 1—1 移动到过流断面 2—2 时能量损失的平均值，则可以得到

$$\int_Q h'_w \gamma\,dQ = h_w \gamma Q \tag{4-16c}$$

根据式（4-16）的三个积分式，式（4-15）可化为

$$\left(z_1 + \frac{p_1}{\gamma}\right)\gamma Q + \frac{\alpha_1 v_1^2}{2g}\gamma Q = \left(z_2 + \frac{p_2}{\gamma}\right)\gamma Q + \frac{\alpha_2 v_2^2}{2g}\gamma Q + h_w \gamma Q \tag{4-17}$$

上式即为实际流体总能量方程。将各项同除以总流重力流量 γQ，即可得总流单位重力的能量表达式

$$z_1 + \frac{p_1}{\gamma} + \frac{\alpha_1 v_1^2}{2g} = z_2 + \frac{p_2}{\gamma} + \frac{\alpha_2 v_2^2}{2g} + h_w \tag{4-18}$$

上式就是实际流体恒定总流的能量方程，也称为伯努利方程。

实际流体总流的能量方程是流体力学中应用最广的一个基本关系式，它和连续方程一起是解决实际流体流动问题的两个最主要的方程。因此，必须深入领会这一方程式的适用条件、物理意义，并能正确掌握运用这一方程式。

根据上面的推导过程，可总结出如下适用条件供参考：

① 流体是不可压缩的；

② 流动是恒定的；

③ 作用于流体上的质量力只有重力；

④ 所取过流断面 1—1、2—2 都在渐变流或均匀流区域，但两断面之间不必都是渐变流动；

⑤ 所取两过流断面间没有流量汇入或流量分出，亦没有能量的输入或输出。

恒定总流能量方程中各项的物理意义和几何意义类似于实际流体元流伯努利方程式中的对应项，所不同的是各项取平均值。

恒定总流能量方程的物理意义是：总流各过流断面上单位重力流体所具有的总机械能沿流程减小，部分机械能转化为热能等而损失；同时，亦表示各项能量之间可以互相转化。

因为能量方程的每一项都是长度量纲，所以恒定总流能量方程也可以用几何线段表示，如图 4-3 所示。

总流能量方程的几何意义是：在实际流体中，由于有能量损失，总流各过流断面上平均总水头沿流程下降，所下降的高度即为平均水头损失，同时，方程也表明各项水头之间可以相互转化。平均总水头线沿流程下降，平均测压管水头线则可以上升，也可以下降。总水头线的坡度叫作水力坡度，它表示单位重力流体在单位长度的流程上所损失的平均水头，如以 H 代表总流的平均总水头，则水力坡度为

$$J = -\frac{\mathrm{d}H}{\mathrm{d}l} = \frac{\mathrm{d}h_\mathrm{w}}{\mathrm{d}l}$$

式中，负号表示水头总是下降的，$\dfrac{\mathrm{d}H}{\mathrm{d}l}$ 是负值，而 J 一般取正值。能量方程的这种几何图示可以清晰地表示总流的各项平均单位能量沿流程的转换关系，所以，它对于分析流动现象是很有帮助的。

能量方程是流体力学中最主要的方程之一，它与连续性方程联立可计算一元流动断面的压强和流速。通过总结，在应用总流能量方程中可参考如下步骤和方法：

① 分析流动现象。首先要弄清楚流体运动的类型，建立流体运动的流线集合图形，判断是否能应用总流的总流能量方程。

② 选取好过流断面。所取断面须在渐变流或均匀流区域；根据已知条件和求解的问题，尽可能使所取断面有较多的已知值和较少的未知值；对断面上的运动要素进行分析，忽略一些影响很小的要素。

③ 选择好计算点和基准面。在选择计算点和基准面时，要考虑计算时的简单和方便。计算点的选择，一般在有压管流时取在管轴线上，明渠流时取在自由表面上（因为压强为大气压强，可作已知值）；基准面的选择，一般使 z 值为正值。

④ 压强的表示方法，一般是以相对压强计，亦可用绝对压强计，但在同一方程中必须一致；所取单位要一致。

【例 4-2】 图 4-6 所示的为文丘里（Venturi）流量计的示意图与实际设备图，它是直接安装在管道上测量流量的。它由收缩段、喉部和扩散段组成，在收缩前部与喉部分别安装一测压装置。在恒定流情况下，只要已知两断面的压差，即可根据理论推导得出管道中的流量值。

解 在收缩段即最小的喉部断面取断面 1—1 及渐扩段后取断面 2—2，并认为其在渐变流区域，位能基准线与管轴线重合，两断面的计算点取在管轴线处如图所示。对断面 1—1、2—2 写总流能量方程，$z_1 = z_2 = 0$，如略去两断面间的能量损失，得

$$\frac{p_1}{\gamma} + \frac{\alpha_1 v_1^2}{2g} = \frac{p_2}{\gamma} + \frac{\alpha_2 v_2^2}{2g} \tag{1}$$

由测压管读数可得

$$\frac{p_1 - p_2}{\gamma} = h_1 - h_2 = \Delta h \tag{2}$$

根据连续性方程可得

$$v_1 = \frac{A_2 v_2}{A_1} = \frac{d_2^2}{d_1^2} v_2 \tag{3}$$

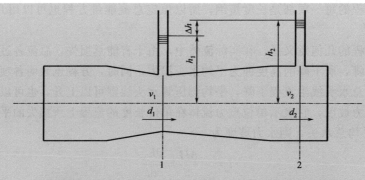

图 4-6　文丘里流量计

联立解（1）、（2）、（3）式，取 $\alpha_1 = \alpha_2 = 1.0$，所以得

$$v_2 = \frac{1}{\sqrt{1 - \left(\dfrac{d_2}{d_1}\right)^4}} \sqrt{2g\,\Delta h}$$

因为 $Q = A_2 v_2 = \dfrac{\pi}{4} d_2^2 v_2$，所以

$$Q = \frac{\pi d_1^2 d_2^2}{4\sqrt{d_1^4 - d_2^4}} \sqrt{2g\,\Delta h}$$

实际上水流从断面 1—1 流到断面 2—2 总会有些水头损失，所以实际上水流速度和流量都会比上述各式所得值小。因此在应用上式计算流量时，须乘以一修正系数 μ，即

$$Q = \mu \frac{\pi d_1^2 d_2^2}{4\sqrt{d_1^4 - d_2^4}} \sqrt{2g\,\Delta h}$$

式中，μ 称为文丘里管的流量系数，它随流体流动情况和文丘里管的材料性质、尺寸等变化，需对文丘里管进行专门率定才能确定，一般 $\mu = 0.98$。

四、有流量分流或汇流的能量方程

总流能量方程式在推导过程中流量是沿程不变的，如果在所取的两过流断面之间，出现了流量分流或汇流的情况，需要作以下的调整，然后才能继续使用恒定总流的能量方程。

设有一恒定汇流，如图 4-7 所示。我们设想在汇流处作出汇流断面 3—3（如图 4-7 所示），每股总流的流量是不变的，且满足连续方程

$$Q_1 + Q_2 = Q_3$$

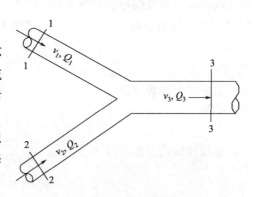

图 4-7　分流或汇流的能量方程

这样，根据能量守恒和转化定律就可分别写出如下每股总流的伯努利能量方程

$$
\left.
\begin{aligned}
z_1 + \frac{p_1}{\gamma} + \frac{\alpha_1 v_1^2}{2g} &= z_3 + \frac{p_3}{\gamma} + \frac{\alpha_3 v_3^2}{2g} + h_{w1-3} \\
z_2 + \frac{p_2}{\gamma} + \frac{\alpha_2 v_2^2}{2g} &= z_3 + \frac{p_3}{\gamma} + \frac{\alpha_3 v_3^2}{2g} + h_{w2-3}
\end{aligned}
\right\}
\tag{4-19}
$$

式中 h_{w1-2} 或 h_{w2-3} 有可能出现一个负值，负值的出现表明经过汇流点后有一股总流的流体能量将发生增值。这种能量的增值是两股总流流体能量交换的结果，并不表示汇流全部流体总机械能沿程增加。同理，上式也适用于分流情况。

五、有能量输入或输出的能量方程

在管路中若有水泵或水轮机等水力机械，水流通过水力机械的叶片时将发生能量变换，如水力机械为水泵，则叶片对水流做功，使水流的能量增加；若水力机械为水轮机，则水流对水轮机做功，从而使水流能量减少。现介绍水泵的情况。

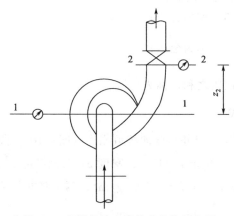

图 4-8　有能量输入或输出的能量方程

设有一水泵管路系统如图 4-8 所示，取断面 1—1 和断面 2—2，对于单位重力的水流而言，如这种能量的输入或输出为 H_{m}（水头），则总流能量方程应改写为

$$
z_1 + \frac{p_1}{\gamma} + \frac{\alpha_1 v_1^2}{2g} + H_{\mathrm{m}} = z_2 + \frac{p_2}{\gamma} + \frac{\alpha_2 v_2^2}{2g} + h_{w1-2}
\tag{4-20}
$$

对于水泵管路系统，上式 H_{m} 应取正号，对于水轮机管路系统，上式 H_{m} 则应取负号。因为 H_{m} 是单位重力的水流通过水泵后动力机械对它做了功而增加的能量，所以称之为水泵的扬程。

六、恒定气流能量方程式

当能量方程式（4-18）用于气体流动时，由于水头概念没有像液体流动那样显著，我们把用水头量纲的能量方程各项乘以流体的容重 γ，转换为压强的量纲，式（4-18）中相对压强 p_1，p_2 转换为绝对压强 p_1'，p_2'，则式（4-18）可改写为：

$$
p_1' + \gamma z_1 + \frac{\rho v_1^2}{2} = p_2' + \gamma z_2 + \frac{\rho v_2^2}{2} + p_{l1-2}
\tag{4-21}
$$

恒定气流能量方程式主要应用于高差较大，流动气体容重和空气容重不相等的气体流动的工程情况。在这种情况下，必须考虑大气压强因高差产生的压强差作用。如图 4-9 所示管道在高程 z_1 处断面的大气压强用绝对压强

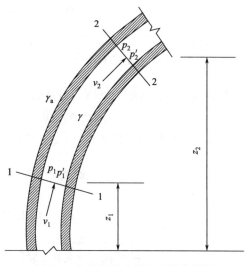

图 4-9　气体流动能量方程计算简图

符号表示，则用绝对压强表示的大气压强为 p'_{a1}；在高程为 z_2 的管道断面，考虑到大高差时大气压强的变化，绝对大气压强将减少到 $p'_{a2}=p'_{a1}-\gamma_a(z_2-z_1)$。式中 γ_a 为空气容重。因而，如果断面 1 绝对压强 $p'_1=p'_{a1}+p_1$，断面 2 绝对压强 $p'_2=p'_{a2}+p_2=p'_{a1}-\gamma_a(z_2-z_1)+p_2$，将断面 1 与断面 2 的这两个 p'_1,p'_2 的表达式代入式（4-21）得：

$$p'_{a1}+p_1+\gamma z_1+\frac{\rho v_1^2}{2}=p'_{a1}-\gamma_a(z_2-z_1)+p_2+\gamma z_2+\frac{\rho v_2^2}{2}+p_{l1-2}$$

上式两侧约掉 p'_{a1}，整理后得到式（4-22）：

$$p_1+(\gamma_a-\gamma)(z_2-z_1)+\frac{\rho v_1^2}{2}=p_2+\frac{\rho v_2^2}{2}+p_{l1-2} \tag{4-22}$$

式中

p_1、p_2——断面 1、2 的相对压强，专业上习惯称为静压；

$\dfrac{\rho_1 v_1^2}{2}$、$\dfrac{\rho_2 v_2^2}{2}$——专业中习惯称为动压；

$(\gamma_a-\gamma)(z_2-z_1)$——容重差与高程差的乘积，称为位压；

p_{l1-2}——1 断面到 2 断面的压强损失；

$p_s=p+(\gamma_a-\gamma)(z_2-z_1)$——静压和位压之和，称为势压；

$p_q=p+\dfrac{\rho v^2}{2}$——静压和动压之和，称为全压；

$p_z=p+\dfrac{\rho v^2}{2}+(\gamma_a-\gamma)(z_2-z_1)$——静压、动压和位压之和，称为总压。

上式即为用相对压强表示的气体流动能量方程式。

【例 4-3】 中国高铁隧道施工中因施工需要，修建一竖井与横向坑道相连（图 4-10），竖井高为 200m，坑道长为 300m，坑道和竖井内气温保持恒定 $t=15℃$，密度 $\rho=1.226\text{kg/m}^3$，坑外气温在清晨为 5℃，$\rho_{a5}=1.27\text{kg/m}^3$，中午为 20℃，$\rho_{a20}=1.205\text{kg/m}^3$，测定竖井与坑

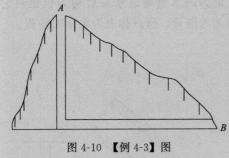

图 4-10 【例 4-3】图

道中产生的总流动损失为 $9\dfrac{\rho v^2}{2}$。求早上的气流速度、气流流向，以及中午的气流速度、气流流向。

解　（1）假定早上的坑道与竖井内的气流的流动方向为从坑道的入口 B 点流向竖井出口 A 点。

根据恒定气流方程式（4-22），取坑道进口外部大气处为 1—1 断面，竖井出口外部大气处为 2—2 断面。两断面处压强可视为相等，并且用相对压强表示为零，两断面处空气流速为零，即

$$p_1=p_2=0,\ v_1=v_2=0,\ z_2-z_1=200\text{m}$$

将以上处理后变量代入式（4-22）得：

$$g(\rho_{a5}-\rho)(z_2-z_1)=\frac{\rho v^2}{2}+9\frac{\rho v^2}{2}$$

$$v=\sqrt{0.2g\left(\frac{\rho_{a5}}{\rho}-1\right)(z_2-z_1)}$$

$$v=\sqrt{0.2\times9.807\times\left(\frac{1.27}{1.226}-1\right)\times200}=3.752(\text{m/s})$$

流动方向为从坑道的入口 B 点流向竖井的出口 A 点；所求流速为正数，说明流动假设方向正确。

（2）假定中午的坑道与竖井内气流的流动方向为从竖井入口 A 点流向坑道的出口 B 点。

根据恒定气流方程式（4-22），取竖井的进口外部大气处为 1—1 断面，坑道出口外部大气处为 2—2 断面。两断面处压强可视为相等，并且用相对压强表示为零，两断面处空气流速为零，即

$$p_1 = p_2 = 0, \ v_1 = v_2 = 0, \ z_2 - z_1 = -200\text{m}$$

将以上处理后变量代入式（4-22）得：

$$g(\rho_{a20} - \rho)(z_2 - z_1) = \frac{\rho v^2}{2} + 9\frac{\rho v^2}{2}$$

$$v = \sqrt{0.2g\left(\frac{\rho_{a20}}{\rho} - 1\right)(z_2 - z_1)}$$

$$v = \sqrt{0.2 \times 9.807 \times \left(\frac{1.205}{1.226} - 1\right) \times (-200)} = 2.592(\text{m/s})$$

流动方向为从竖井的入口 A 点流向坑道的出口 B 点；所求流速为正数，说明流动假设方向正确。

第六节　恒定总流动量方程和动量矩方程

自然界动量守恒定律应用于流体流动得到的数学表达式在流体力学中称为流体动量方程。动量方程以及前面阐述的连续性方程和能量方程，是分析流动问题、进行流体力学计算最基本、最常用的三个方程。动量方程反映了流体动量变化与作用力间的关系，工程中许多流体力学问题，例如求水流作用于闸门上的动水总压力、求流体作用于管道弯头上的总作用力，以及计算射流冲击力，计算溢流坝挑流鼻坎上的动水总作用力等，都需要应用动量方程。现用动量（冲量）定理来推导出恒定总流的动量方程。

一、恒定总流的动量方程

由物理学可知，动量定理是：物体在运动过程中，动量对时间的变化率等于作用在物体上各外力的合力矢量，或动量的变化量等于作用在物体上各外力的合力矢量和作用时间的乘积（称冲量），其数学表达式为

$$\sum \boldsymbol{F} = \frac{m\boldsymbol{v}_2 - m\boldsymbol{v}_1}{\Delta t} = \frac{\boldsymbol{M}_2 - \boldsymbol{M}_1}{\Delta t} \tag{4-23a}$$

或

$$\Delta \boldsymbol{M} = m\boldsymbol{v}_2 - m\boldsymbol{v}_1 \tag{4-23b}$$

上式是动量定理的一般表达式，适用于流体的动量方程有其特殊的形式，参见如下推导。

在一恒定总流中取断面 1—1、2—2 为控制面，如图 4-11 所示。为方便起见，过流断面 1—1、2—2 取在渐变流区域，面积为 A_1、A_2，流体由断面 1—1 流向断面 2—2，两断面没

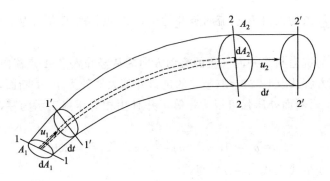

图 4-11　动量方程的推导

有汇流或分流。我们从分析元流开始。在上述总流段内任取一元流段，如图中虚线所示。元流在过流断面 1—1、2—2 上的面积、流速、密度分别为 dA_1、dA_2、u_1、u_2、ρ_1、ρ_2。因为是恒定流，且没有汇流和分流，所以经过 dt 时段后，元流段的动量增量即为 11' 段和 22' 段流体动量之差，即

$$d\boldsymbol{M} = \rho ds_2 dA_2 \boldsymbol{u}_2 - \rho ds_1 dA_1 \boldsymbol{u}_1 = \rho dQ dt (\boldsymbol{u}_2 - \boldsymbol{u}_1)$$

设 F 为 dt 时段内作用在所取元流段上所有外力（包括质量力和表面力）的合力矢量，根据动量定理，得

$$\boldsymbol{F} = \rho dQ (\boldsymbol{u}_2 - \boldsymbol{u}_1)$$

上式即为不可压缩均质实际流体恒定元流的动量方程。

总流可以看作是由无数元流所组成的，将上式对总流过流断面面积积分，即可得总流的动量关系为

$$\sum \boldsymbol{F} = \int_{A_2} \rho \boldsymbol{u}_2 u_2 dA_2 - \int_{A_1} \rho \boldsymbol{u}_1 u_1 dA_1$$

现分别讨论上式中的各项，以进一步简化方程。先讨论 $\int_A \rho \boldsymbol{u} u dA$ 的积分，与恒定总流能量方程推导过程类似，可用比较熟悉的断面平均流速 v 来代替上式中未知的 u 分布，由此产生的误差，通过引进动量修正系数 α'，来加以改正，即

$$\alpha' = \frac{\int_A \boldsymbol{u} u dA}{v^2 A} = \frac{\int_A \boldsymbol{u} u dA}{Qv}$$

由分析可知 α' 值永远大于 1.0，速度分布越不均匀，α' 值越大，在一般渐变流中，$\alpha' = 1.02 \sim 1.05$，为简单起见，常取 $\alpha' = 1.0$。

根据以上讨论，得

$$\int_{A_1} \rho \boldsymbol{u}_1 u_1 dA_1 = \alpha'_1 \rho v_1 v_1 A_1 = \alpha'_1 \rho v_1 Q$$

$$\int_{A_2} \rho \boldsymbol{u}_2 u_2 dA_2 = \alpha'_2 \rho v_2 v_2 A_2 = \alpha'_2 \rho v_2 Q$$

下面再讨论 $\sum \boldsymbol{F}$ 项。由于流体内部质点间的相互作用力（内力），如压应力、切应力等总是成对出现，属于作用力与反作用力，所以这些力就相互抵消了。剩下来的只有作用在所取总流段的外力，如过流断面 1—1、2—2 上的动压力 $\boldsymbol{P}_1$、$\boldsymbol{P}_2$，以及固体边界给予总流段的摩擦力 $\boldsymbol{T}$ 和反力 $\boldsymbol{R}$，还有质量力重力 $\boldsymbol{G}$。这些外力的合力以 $\sum \boldsymbol{F}$ 表示。因此，实际流体

恒定总流的动量方程为

$$\sum \boldsymbol{F} = \rho Q(\alpha'_2 \boldsymbol{v}_2 - \alpha'_1 \boldsymbol{v}_1) \tag{4-24}$$

或

$$\sum \boldsymbol{F} = \frac{\gamma}{g} Q(\alpha'_2 \boldsymbol{v}_2 - \alpha'_1 \boldsymbol{v}_1) \tag{4-25}$$

上式表明，单位时间内流出控制面（过流断面 2—2）和流入控制面（过流断面 1—1）的动量矢量差，等于作用于所取控制体内流体总流段上的各外力的合力矢量。

在研究离心水泵及风机的理论扬程与流量的关系时，若从不可压缩均质流体恒定元流的动量方程开始取矩，即

$$r\boldsymbol{F} = \rho \mathrm{d}Q(r_2 \boldsymbol{u}_2 - r_1 \boldsymbol{u}_1)$$

经过类似的积分处理可得

$$\sum r\boldsymbol{F} = \rho Q(\alpha'_2 r_2 \boldsymbol{v}_2 - \alpha'_1 r_1 \boldsymbol{v}_1) \tag{4-26}$$

式（4-26）称为总流的动量矩方程，它表明，单位时间内从控制面流出的动量矩减去从控制面流入的动量矩，等于作用在控制体上所有的外力矩之和。

上述的恒定总流动量方程和总流的动量矩方程是一个矢量方程，为了计算方便，通常将它投影在三个坐标轴上分别计算，即

$$\left. \begin{aligned} \sum F_x &= \rho Q(\alpha'_2 v_{2x} - \alpha'_1 v_{1x}) \\ \sum F_y &= \rho Q(\alpha'_2 v_{2y} - \alpha'_1 v_{1y}) \\ \sum F_z &= \rho Q(\alpha'_2 v_{2z} - \alpha'_1 v_{1z}) \end{aligned} \right\} \tag{4-27}$$

$$\left. \begin{aligned} \sum rF_x &= \rho Q(\alpha'_2 r_2 v_{2x} - \alpha'_1 r_1 v_{1x}) \\ \sum rF_y &= \rho Q(\alpha'_2 r_2 v_{2y} - \alpha'_1 r_1 v_{1y}) \\ \sum rF_z &= \rho Q(\alpha'_2 r_2 v_{2z} - \alpha'_1 r_1 v_{1z}) \end{aligned} \right\} \tag{4-28}$$

式中 v_{1x}、v_{1y}、v_{1z} 和 v_{2x}、v_{2y}、v_{2z} 分别为断面 1—1 和断面 2—2 的平均流速在 x、y、z 轴方向上的分量。总流的动量方程和总流的动量矩方程，不需要知道所取总流段内部的内力数据，而这些数据往往是不易知道的。解决这类工程流体问题时，用总流的动量方程比较方便。

二、恒定总流动量方程和总流动量矩方程的应用

从以上总流动量方程和总流动量矩方程的推导过程可知，总流动量方程和总流动量矩方程的应用条件，基本上与总流能量方程的应用条件是一样的，即：

（1）流体是不可压缩的；

（2）流动是恒定的；

（3）紧接有动量变化的急变流段的两端断面应选择在渐变流区域。

应用总流动量方程和总流动量矩方程的步骤和方法可以参考如下几点：

（1）分析流动现象。首先弄清楚流体运动的模型，建立流线集合图形，判断是否能应用总流的动量方程和总流的动量矩方程。

（2）选好控制体位置。为计算方便，使上下两端断面，既紧接动量变化的急变流段，又

都在渐变流区域，以便计算动水压力。

（3）全面分析作用于控制体的一切外力，注意不要遗漏，同时要考虑哪些外力可忽略不计。

（4）注意方程式中动量变化是指流出的动量减去流入的动量，动量矩变化是指流出的动量矩减去流入的动量矩，不可颠倒。

（5）正确取好外力与流速的正负号。对于已知的外力和流速方向，凡是与选定的坐标轴方向相同者取正号，相反者取负号。对于未知待求量，则可先假定为某一方向，并按上述原则取好正负号，代入总流动量方程或总流的动量矩方程中进行求解。如果最后求得的结果为正值，说明假定的方向即为实际的方向，如果为负值，则说明假定的方向为实际的相反方向。

（6）动量方程或总流的动量矩方程只能求解一个未知数，当有两个以上未知数时，常需与连续方程及能量方程联合求解。

【例 4-4】 设有一水平射流以流量 Q 和流速 v 沿 x 轴方向作用在某一固定平板上。水流随即在平板上转一个 90°后向四周流出，如图 4-12（a）所示，求解射流对平板的冲击力 R。若射流冲击的是一固定凹面板，如图 4-12（b）所示，求解射流对平板的冲力。

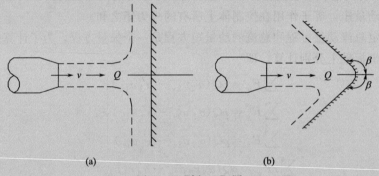

图 4-12 【例 4-4】图

解 如图 4-12 所示，取射流管嘴出口处为 1—1 过流断面，水流撞击平板后转向流动末端为 2—2 断面，水流与空气、水流与平板相接触的表面所围体积为控制体，与来流方向一致的水平方向为 x 轴，写出总流流动的动量方程为

$$\rho Q(\alpha_{02} v_{2x} - \alpha_{01} v_{1x}) = P_{1x} + P_{2x} + T_x + G_x + R_x$$

因为不计能量损失，由能量（伯努利）方程可得 $v_1 = v_2 = v$，在 x 轴上的分量分别为 $v_{1x} = v$、$v_{2x} = 0$；作用在控制体内流体的外力，以相对压强计，压强 $P_1 = P_2 = 0$，在 x 轴上的分量 $P_{1x} = P_{2x} = 0$；水流与空气、水流与平板的摩擦阻力可忽略不计，$T = 0$，$T_x = 0$；重力 G 在 x 轴上的分量 $G_x = 0$；平板作用于水流的反作用力在 x 轴上的分量为 $R_x = -R$。取 $\alpha_{01} = \alpha_{02} = 1.0$。所以得

$$R' = \rho Q v$$

因为求得的 R' 为正值，说明假定的方向即实际方向。射流作用在平板上的冲击力 R 值与 R' 值大小相等，而方向相反，即 R 的方向与射流的速度方向一致。

若射流中冲击的是凹面板，则取由过流断面 1—1 和断面 2—2 和水流与空气、水流与凹面板相接触的表面所组成的控制体，对水平 x 轴的总流动量方程为

$$R' = -\rho \frac{Q}{2} \times 2v \cos(180° - \beta) - \rho Q v$$

$$R' = \rho Q v (1 - \cos\beta)$$

射流作用在凹面板上的冲击力 R 值与 R' 大小相等，而方向相反，即 R 的方向与射流的速度方向一致。因为 $\beta > \dfrac{\pi}{2}$，$\cos\beta$ 为负值，所以作用在凹面板上的冲击力大于作用在平板上的冲击力。特别当 $\beta = \pi$ 时，有

$$R = -2\rho Q v$$

【例 4-5】 水流以速度 $v = 5\text{m/s}$ 流入直径 $d = 10\text{cm}$ 的 $60°$ 水平弯管，如图 4-13 所示，弯管进口端的压强 $p = 10000\text{Pa}$。如不计损失，求水流对弯管的作用力。

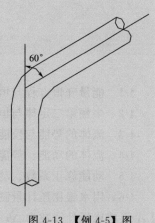

图 4-13 【例 4-5】图

解 在弯管的前后端取断面 1—1 和断面 2—2，先用连续性方程和能量方程求出进口端的压强。根据连续性方程，由断面面积一致可得，进出口流速相等 $v_1 = v_2 = 5\text{m/s}$；根据能量方程，由流速一致、位置高度不变可得，进出口的压强一致，即 $p_1 = p_2 = 10000\text{Pa}$。作用在控制体两断面的压力

$$P_1 = P_2 = p_1 A_1 = 10000 \times 3.14 \times 0.1^2 \times \frac{1}{4} = 78.5(\text{N})$$

方向垂直于作用面。

由于弯管是水平放置的，重力在水平方向上不起作用。取控制体断面 1—1 和断面 2—2 和弯管的侧表面构成的体积，建立动量方程：

$$\sum F_x = \rho Q (\alpha_{02} v_{2x} - \alpha_{01} v_{1x})$$
$$\sum F_y = \rho Q (\alpha_{02} v_{2y} - \alpha_{01} v_{1y})$$

取 $\alpha_{01} = \alpha_{02} = 1.0$，得

$$P_1 - P_2 \cos 60° - F \cos\alpha = \rho Q (v_2 \cos 60° - v_1)$$
$$F \sin\alpha - P_2 \sin 60° = \rho Q v_2 \sin 60°$$

得

$$F \cos\alpha = 78.5 - 78.5 \times \frac{1}{2} - 10^3 \times 5 \times \frac{1}{4} \times 3.14 \times 0.1^2 \times \left(\frac{1}{2} - 1\right) \times 5 = 137.38(\text{N})$$

$$F \sin\alpha = 10^3 \times 5 \times \frac{1}{4} \times 3.14 \times 0.1^2 \times 5 \times \frac{\sqrt{3}}{2} + 78.5 \times \frac{\sqrt{3}}{2} = 237.94(\text{N})$$

联立解得：$F = 274.75\text{N}$，$\alpha = 60°$。水流的作用力与 $\boldsymbol{F}$ 大小相等，方向相反。

【例 4-6】 如图 4-14 是一种洒水器，流量为 $2Q$ 的水从转轴流入转臂，再从喷嘴流出，喷嘴与圆周切向的夹角为 θ，喷嘴面积为 A。当水喷出时，水流的反推力使洒水器转动。不计摩擦力作用，求该洒水器的转速。

解 由于不计摩擦力作用，转臂所受的外力矩为零。取半径为 R 的圆周为控制面，流入控制体的动量对于转轴的矩为零，因此流出控制体的动量对转轴的矩也为零。流出控制体的流速由牵连速度 ωR（切向）和相对速度 $v = Q/A$ 组成，由动量矩方程式（4-28）得

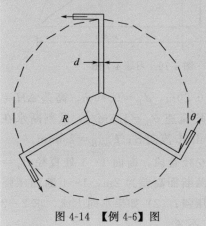

图 4-14 【例 4-6】图

$$2\rho Q(VR\cos\theta - \omega R^2) = 0$$

即得

$$\omega = \frac{V}{R}\cos\theta$$

思考题与习题

4-1 能量守恒方程与恒定流能量方程有何关系？

4-2 牛顿第二定律与恒定流动量方程有何关系？

4-3 流体的势能与位能在某一断面上有何变化？

4-4 流体的动能、势能、位能在两断面间有何变化？

4-5 动能修正系数、动量修正系数的定义是什么？

4-6 用水银比压计量测管中水流的流速，过流断面中点流速为 u，如图 4-15 所示。测得 A 点的比压计读数为 $\Delta h = 0.06\text{m}$。试求：（1）该点的流速 u；（2）若管中的流体不是水，而是相对密度为 0.8 的油，Δh 不变，该点的流速又为多少？答：（1）$u_A = 3.85\text{m/s}$；（2）$u_A = 4.34\text{m/s}$。

4-7 中国某大型水电站泄洪洞落差很大，为了避免尾流巨大动力对河床冲刷产生的深坑危及坝体的安全，工程师们采用高低泄洪洞对冲碰撞消能，在实验室设立如图 4-16 所示的实验水箱，该水箱有上、下两个出水孔，如果射流落地的水平距离皆为 8m，水深 $H = 10\text{m}$，孔口出流的阻力不计，试求 h_1 和 h_2 的值。答：$h_1 = h_2 = 2\text{m}$。

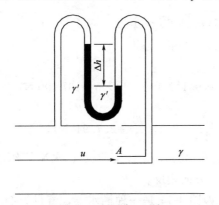

图 4-15　习题 4-6 图

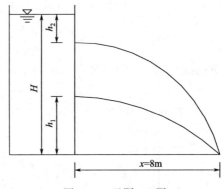

图 4-16　习题 4-7 图

4-8 如图 4-17 所示一变直径的管段 AB，直径 $d_A = 0.20\text{m}$，$d_B = 0.40\text{m}$，高差 $\Delta H = 1.5\text{m}$，今测得 $p_A = 70\text{kPa}$，$p_B = 40\text{kPa}$，B 点处断面平均流速 $v_B = 1.5\text{m/s}$，试判断水在管中流动方向；并计算水流经两断面间的水头损失。答：由 A 流向 B；$h_{wAB} = 2.83\text{m}$。

4-9 流量为 $0.06\text{m}^3/\text{s}$ 的水流流经如图 4-18 所示的变径管段，断面 1—1 处直径 $d_1 = 250\text{mm}$，断面 2—2 处管直径 $d_2 = 150\text{mm}$，1—1、2—2 两断面高差为 2m，1—1 断面压强 $p_1 = 260\text{kPa}$，试求：（1）如果水向下流，求 2—2 断面的压强；（2）如果水向上流，求 2—2 断面的压强。（不计损失）答：（1）$p_2 = 134.63\text{kPa}$；（2）不变。

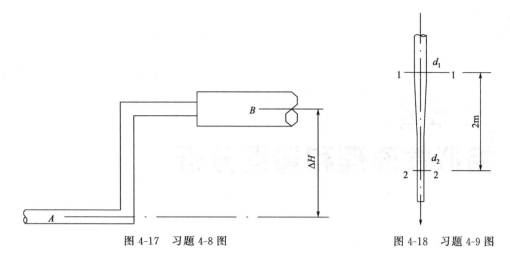

图 4-17 习题 4-8 图   图 4-18 习题 4-9 图

4-10 图 4-19 为消防管路及喷嘴，管路直径 $D=200\text{mm}$，喷嘴出口直径 $d=50\text{mm}$，喷嘴和管路通过法兰盘用四个螺栓连接。略去水头损失，当流量 $Q=0.10\text{m}^3/\text{s}$ 时，试求每个螺栓上所受的拉力。答：$35.84\text{kN}/4$。

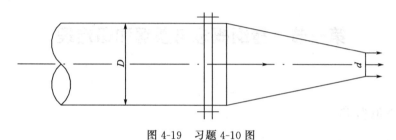

图 4-19 习题 4-10 图

4-11 如图 4-20 所示，有一直径 $D=0.20\text{m}$ 的 90°弯头，其后端连接一出口直径 $d=0.12\text{m}$ 的喷嘴，水由喷嘴射出的速度为 20m/s，当不计弯头和其内水重时，试求弯头所受的水平分力 F_x 和垂直分力 F_z，并求其合力和作用点。答：$F_x=-4.522\text{kN}$，$F_y=+7.10\text{kN}$，$F=8.42\text{kN}$。

4-12 如图 4-21 所示为水平放置的分叉管路。干管直径 $d_1=600\text{mm}$，支管直径 $d_2=400\text{mm}$，$\alpha=30°$，干管的流量 $Q=0.50\text{m}^3/\text{s}$，压力表读数 $p=70\text{kPa}$，略去分叉水头损失，试计算墩座所受的水平推力。答：4.68kN。

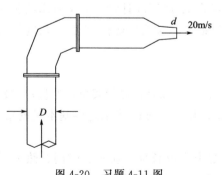

图 4-20 习题 4-11 图

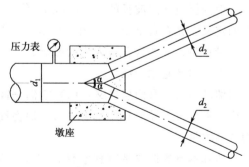

图 4-21 习题 4-12 图

第 5 章
相似性原理和量纲分析

第一节　量纲概念与量纲和谐定理

一、量纲的概念

1. 量纲的定义及其单位

按表征各个物理量的物理属性（种类）而不是按其单位大小而抽象出来的量统称为量纲，量纲也叫因次。它是物理量的实质，不含人为的影响。例如长度 L 是一种物理量（习惯称几何量），用 L 表示长度 L 的量纲，L，只表示长度这种量的属性（种类）；而单位则是对选作测量标准的某个量纲大小值的称呼，如长度量纲可以用千米、米、分米、厘米、毫米等为单位进行测量。单位则有人为的影响，视其方便而定。各种物理量纲的基本测量单位原则上是任意的，但是一经选定，使用时就必须一致。如国际单位制中，长度的基本单位是"米"，用符号"m"表示。1960 年第 11 届国际计量大会规定米的长度等于氪 86 原子在真空中所发射的橙色光波波长的 1650763.73 倍"。1983 年第 17 届国际计量大会又对米的长度作了新的定义：光在真空中于 1/299792458 秒内行进的距离。这就是现行 SI 制中长度量纲的基本度量单位，显然这含有人为的影响。

2. 基本量和基本量纲

所谓基本量，有两层含义：（1）它们是彼此独立的，可以直接测量其单位的量；（2）由这几个基本量可以导出其他所需要的一切物理量的量；用符号 dim 表示这些基本量的量纲，称为"基本量纲"。

虽然基本量的选取带有任意性，但在国际单位制中常取长度、质量、时间、热力学温度、电流、发光强度、物质的量这些物理量为"基本量"，它们的量纲相应地用 L、M、T、Θ、I、J、N 表示，称为基本量纲。在流体力学中，常用的基本量纲是：长度 L、质量 M、

时间 T 和温度 Θ，把它们写成量纲方程式

$$\dim N = \mathrm{L}^\alpha \mathrm{M}^\beta \mathrm{T}^\gamma \Theta^\delta \tag{5-1}$$

式中，α，β，γ，δ 称为量纲系数；N 为任一物理量。

3. 导出量和导出量纲

所谓导出量是指非独立的，可由上述基本量推导出的量，导出量所具有的量纲叫导出量纲。流体力学中常用的导出量及量纲为：

导出量	物理方程	量纲
速度 v	$v = \dfrac{\mathrm{d}l}{\mathrm{d}t}$	$\dim v = \mathrm{LT}^{-1}$
力 F	$F = ma = m\dfrac{\mathrm{d}^2 l}{\mathrm{d}t^2}$	$\dim F = \mathrm{MLT}^{-2}$
压强 p	$p = \dfrac{\mathrm{d}F}{\mathrm{d}A}$	$\dim p = \mathrm{ML}^{-1}\mathrm{T}^{-2}$
密度 ρ	$\rho = \dfrac{\mathrm{d}m}{\mathrm{d}V}$	$\dim \rho = \mathrm{ML}^{-3}$
重力加速度 g	$g = \dfrac{G}{m}$	$\dim g = \mathrm{LT}^{-2}$
动力黏度 μ	$\mu = \dfrac{F}{A\dfrac{\mathrm{d}v}{\mathrm{d}l}}$	$\dim \mu = \mathrm{ML}^{-1}\mathrm{T}^{-1}$
运动黏度 ν	$\nu = \dfrac{\mu}{\rho}$	$\dim \nu = \mathrm{L}^2\mathrm{T}^{-1}$
气体常数 R	$R = \dfrac{p}{\rho\theta}$	$\dim R = \mathrm{L}^2\Theta^{-1}\mathrm{T}^{-2}$

在量纲分析中常用 T 表示时间的量纲，用 Θ 表示热力学温度的量纲，故气体状态方程中即 $p = \rho R T$ 中的 T 在此用 Θ 表示，以免产生混淆。

二、无量纲量

1. 无量纲量的定义

不具备量纲的量称为无量纲量。这里所说的无量纲的量，不能理解为只是一个纯粹的数（简称纯数），而广泛地理解为无量纲的系数（或倍数）更有意义，即它可以是两个同量纲量之比，例如圆周率 π＝圆周长/圆直径＝3.1415926……，这是圆周长与圆直径之比的系数（倍数），不能理解为它只是纯数，或者是几个有量纲的量经过适当运算处理而得到无量纲的综合数，这往往是在第三节中将要推导的"相似准则"。例如 $Re = \dfrac{\rho l v}{\mu} = \dfrac{l v}{\nu}$ 是一个无量纲量称为雷诺数，它表示有量纲的惯性力与黏性力之比。因此应该把无量纲量理解为一个系数，而不应该是纯数。

2. 无量纲量的特点

（1）具有客观性，不受人为选用单位的影响，因此真正客观的方程式是由无量纲项组成的方程式。

（2）不受运动规模的影响，因为无量纲量是若干有量纲量综合组合的无量纲量系数，其数值大小与测量单位无关，不受运动规模的影响，规模大小不同的流动，若两者是相似的流动，则相应的无量纲量系数相同。在模型实验中，常用同一个无量纲的系数（如前述的 Re），作为原型流动与模型流动的判定准则。

（3）无量纲量可进行超越函数运算，由于有量纲量只能作简单的代数运算，作对数、指数、三角函数运算是没有意义的，只有无量纲化才能进行超越函数运算。

三、量纲和谐定理

量纲和谐定理也称量纲一致定理。该定理可叙述为：凡能正确地反映客观规律的物理方程式，各项的量纲必定是一致的。这是任何一个完善的物理方程式中物理量之间数学关系的一个重要原则，是被无数事实证实的客观规律。例如 N-S 方程式，即

$$\frac{\partial V}{\partial t} + (V \cdot \nabla)V = f - \frac{1}{\rho}\nabla p + \nu \nabla^2 V + \frac{\nu}{3}\nabla(\nabla \cdot V)$$

式中各项的量纲均为 LT^{-2}，即加速度量纲。

量纲和谐定理是后边进行量纲分析的基础，并可引申出如下的推论。

（1）凡属正确反映客观规律的物理方程式，各项的量纲相同。如果这个方程中某一项物理量纲已知，方程中其他项的物理量纲即可求得。

（2）凡属同类物理现象，均能用无量纲方程表示，用其中的一项遍除各项，就可得到一个由无量纲项组成的无量纲方程式，而必定保持原方程的性质。

第二节　相似概念及基本内容

若用以描述两个物理现象的基本方程及单值条件方程所组成的完整方程在文字上和形式上完全相同，则称这两个物理现象相似。本书约定，两个相似物理现象，其原型物理参数用脚标Ⅰ表示，模型参数用脚标Ⅱ表示。

一、几何相似

所谓几何相似是指模型流动与实物流动具有相似的边界形状，一切对应线形尺寸成一定的比例，夹角相等，如图 5-1 所示。

$$\left.\begin{array}{l}\dfrac{L_{1\text{Ⅰ}}}{L_{1\text{Ⅱ}}} = \dfrac{L_{2\text{Ⅰ}}}{L_{2\text{Ⅱ}}} = \dfrac{L_{3\text{Ⅰ}}}{L_{3\text{Ⅱ}}} = \dfrac{h_{\text{Ⅰ}}}{h_{\text{Ⅱ}}} = \lambda_l \\[2mm] \alpha_{1\text{Ⅰ}} = \alpha_{1\text{Ⅱ}}, \ \alpha_{2\text{Ⅰ}} = \alpha_{2\text{Ⅱ}}, \ \alpha_{3\text{Ⅰ}} = \alpha_{3\text{Ⅱ}}\end{array}\right\} \tag{5-2}$$

长度比例尺是基本比例尺，由此不难得出

面积比例尺 $\qquad\qquad \lambda_A = \dfrac{A_{\text{Ⅰ}}}{A_{\text{Ⅱ}}} = \dfrac{L_{\text{Ⅰ}}^2}{L_{\text{Ⅱ}}^2} = \lambda_l^2$

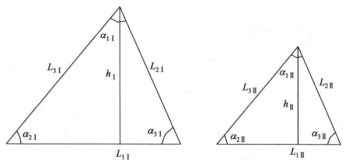

图 5-1　几何相似

体积比例尺
$$\lambda_V = \frac{V_{\mathrm{I}}}{V_{\mathrm{II}}} = \frac{L_{\mathrm{I}}^3}{L_{\mathrm{II}}^3} = \lambda_l^3$$

几何相似是两个物理现象（包括流体流动的现象）相似的基础，因为一切物理现象都是在一定几何空间内发生的。

二、时间相似

所谓时间相似，是对应的时间间隔互成一定的比例。如图 5-2 所示。即有

$$\frac{t_{\mathrm{I}}}{t_{\mathrm{II}}} = \frac{t_{1\mathrm{I}}}{t_{1\mathrm{II}}} = \frac{t_{2\mathrm{I}}}{t_{2\mathrm{II}}} = \frac{t_{3\mathrm{I}}}{t_{3\mathrm{II}}} = \frac{t_{4\mathrm{I}}}{t_{4\mathrm{II}}} = \cdots = \lambda_t \tag{5-3}$$

式中，λ_t 是时间比例尺。

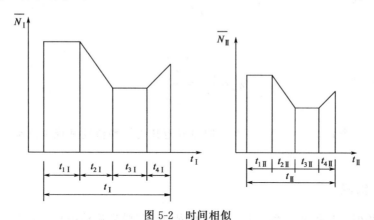

图 5-2　时间相似

对于流体，当流体非恒定时流动参数随时间变化，图 5-2 示出了两种管内流动状况下管内平均广延量随时间变化曲线。

三、运动相似

所谓运动相似，是两个系统中对应点，在对应时刻，速度（加速度）互成一定的比例，方向相同。如图 5-3 所示。

$$\left.\begin{array}{l} \dfrac{u_{1\mathrm{I}}}{u_{1\mathrm{II}}} = \dfrac{u_{2\mathrm{I}}}{u_{2\mathrm{II}}} = \dfrac{u_{3\mathrm{I}}}{u_{3\mathrm{II}}} = \cdots \lambda_u \\ \theta_{\mathrm{I}} = \theta_{\mathrm{II}} \end{array}\right\} \tag{5-4}$$

式中，λ_u 是速度比例尺。

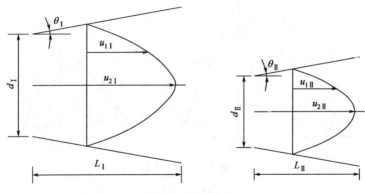

图 5-3 运动相似

加速度比例尺 $\quad\quad\quad\quad \lambda_a = \dfrac{a_{\mathrm{I}}}{a_{\mathrm{II}}} = \dfrac{u_{\mathrm{I}}/t_{\mathrm{I}}}{u_{\mathrm{II}}/t_{\mathrm{II}}} = \dfrac{\lambda_u}{\lambda_t} = \dfrac{\lambda_u^2}{\lambda_l}$

流量比例尺 $\quad\quad\quad\quad \lambda_Q = \dfrac{Q_{\mathrm{I}}}{Q_{\mathrm{II}}} = \dfrac{\dfrac{L_{\mathrm{I}}^3}{t_{\mathrm{I}}}}{\dfrac{L_{\mathrm{II}}^3}{t_{\mathrm{II}}}} = \dfrac{\lambda_l^3}{\lambda_t} = \lambda_l^2 \lambda_u$

运动黏度比例尺 $\quad\quad\quad\quad \lambda_\nu = \dfrac{\nu_{\mathrm{I}}}{\nu_{\mathrm{II}}} = \dfrac{\dfrac{L_{\mathrm{I}}^2}{t_{\mathrm{I}}}}{\dfrac{L_{\mathrm{II}}^2}{t_{\mathrm{II}}}} = \dfrac{\lambda_l^2}{\lambda_t} = \lambda_u \lambda_l$

角速度比例尺 $\quad\quad\quad\quad \lambda_\omega = \dfrac{\omega_{\mathrm{I}}}{\omega_{\mathrm{II}}} = \dfrac{\dfrac{u_{\mathrm{I}}}{l_{\mathrm{I}}}}{\dfrac{u_{\mathrm{II}}}{l_{\mathrm{II}}}} = \dfrac{\lambda_u}{\lambda_l}$

运动相似的两个系统中对应点和对应时刻则意味着原型流动和模型流动空间相似和时间相似。

四、动力相似

所谓动力相似，是指两个系统中（或在原型流动与模型流动中）对应点对应时刻受同名力作用方向相同，大小成一定的比例。根据达朗贝尔原理，两个系统达到动力相似也可以说成：两系统动力相似，对应点上的力多边形相似，相应边成一定的比例。若分别用脚标 ν、p、G、E、W、I 表示黏性力、压力、重力、弹性力、表面张力和惯性力，则有

$$\dfrac{F_{\nu\mathrm{I}}}{F_{\nu\mathrm{II}}} = \dfrac{F_{p\mathrm{I}}}{F_{p\mathrm{II}}} = \dfrac{F_{G\mathrm{I}}}{F_{G\mathrm{II}}} = \dfrac{F_{E\mathrm{I}}}{F_{E\mathrm{II}}} = \dfrac{F_{W\mathrm{I}}}{F_{W\mathrm{II}}} = \dfrac{F_{I\mathrm{I}}}{F_{I\mathrm{II}}} = \lambda_F$$

下面给出与力有关的比例尺。

密度比例尺 $\quad\quad\quad\quad \lambda_\rho = \dfrac{\rho_{\mathrm{I}}}{\rho_{\mathrm{II}}}$

质量比例尺 $\quad\quad\quad\quad \lambda_m = \dfrac{m_{\mathrm{I}}}{m_{\mathrm{II}}} = \dfrac{\rho_{\mathrm{I}} V_{\mathrm{I}}}{\rho_{\mathrm{II}} V_{\mathrm{II}}} = \lambda_\rho \lambda_l^3$

力比例尺
$$\lambda_F = \frac{F_{\mathrm{I}}}{F_{\mathrm{II}}} = \frac{m_{\mathrm{I}} a_{\mathrm{I}}}{m_{\mathrm{II}} a_{\mathrm{II}}} = \lambda_m \lambda_a = \lambda_\rho \lambda_l^2 \lambda_u^2$$

力矩（功、能）比例尺
$$\lambda_M = \frac{F_{\mathrm{I}} L_{\mathrm{I}}}{F_{\mathrm{II}} L_{\mathrm{II}}} = \lambda_F \lambda_l = \lambda_\rho \lambda_l^3 \lambda_u^2$$

动力黏度比例尺

$$\lambda_\mu = \frac{\mu_{\mathrm{I}}}{\mu_{\mathrm{II}}} = \frac{\rho_{\mathrm{I}} u_{\mathrm{I}}}{\rho_{\mathrm{II}} u_{\mathrm{II}}} = \lambda_\rho \lambda_u = \lambda_\rho \lambda_l \lambda_u$$

功率比例尺 $\lambda_N = \dfrac{N_{\mathrm{I}}}{N_{\mathrm{II}}} = \dfrac{\lambda_\rho \lambda_l^3 \lambda_u^2}{\lambda_t} = \lambda_\rho \lambda_l^2 \lambda_u^3$

第三节　量纲分析和相似准则推导方法

量纲分析和相似准则推导方法，在实质和最终目的上是一致的，在方法上也没有什么太大的区别，本书把量纲分析和相似准则推导方法统一起来论述。

相似原理和量纲分析之所以成为各学科各领域进行科学实验的理论基础，是因为在这种理论指导下，对于那些建立的微分方程组难以求解的物理现象，对于那些十分复杂的无法建立微分方程式的物理现象（只要知道这些现象所包含的物理量），都能确定这些物理现象（包括流体流动现象）所包含的那些相似准则，规划指导进行模型实验，并将其实验结果推广到与之相似的实物（原型）中去。

量纲和相似准则分析推导方法大致有四种途径：①瑞利（Rayleigh）法；②运动微分方程法；③π定理法；④动力相似定义法。本书只讨论后两种。

一、应用 π 定理进行量纲和相似准则分析推导

π 定理是量纲分析更为普遍的原理，是推导相似准则的最有效的方法，用 π 定理进行量纲和相似准则分析推导的方法步骤如下。

第一步，考察物理现象，分析确定描述现象的物理量，写出其隐函数式
$$f(a_1, a_2, a_3, \cdots, a_n) = 0$$

第二步，从 n 个物理量中选取 m 个基本物理量（m 个基本物理量必须是决定性量纲），在流体力学中 $m = 3$（或 4），由量纲方程式（5-1）有
$$\dim a_1 = \mathrm{L}^{\alpha_1} \mathrm{T}^{\beta_1} \mathrm{M}^{\gamma_1} \Theta^{\delta_1}$$
$$\dim a_2 = \mathrm{L}^{\alpha_2} \mathrm{T}^{\beta_2} \mathrm{M}^{\gamma_2} \Theta^{\delta_2}$$
$$\dim a_3 = \mathrm{L}^{\alpha_3} \mathrm{T}^{\beta_3} \mathrm{M}^{\gamma_3} \Theta^{\delta_3}$$
$$\dim a_4 = \mathrm{L}^{\alpha_4} \mathrm{T}^{\beta_4} \mathrm{M}^{\gamma_4} \Theta^{\delta_4}$$

满足 a_1，a_2，a_3，a_4 量纲独立的条件是量纲式中指数行列式不等于零，即
$$\begin{vmatrix} \alpha_1 & \beta_1 & \gamma_1 & \delta_1 \\ \alpha_2 & \beta_2 & \gamma_2 & \delta_2 \\ \alpha_3 & \beta_3 & \gamma_3 & \delta_3 \\ \alpha_4 & \beta_4 & \gamma_4 & \delta_4 \end{vmatrix} \neq 0$$

在流体力学中，常取 $m=3$，且取特征长度 L 代替 a_1，速度 v 代替 a_2，介质密度 ρ 代替 a_3，这时则为三阶指数行列

$$\begin{vmatrix} \alpha_1 & \beta_1 & \gamma_1 \\ \alpha_2 & \beta_2 & \gamma_2 \\ \alpha_3 & \beta_3 & \gamma_3 \end{vmatrix} \neq 0$$

第三步，写出以基本量与其余量组成 π_{n-m}

$$\pi_1 = \frac{a_4}{l^{x_1} v^{y_1} \rho^{z_1}}$$

$$\pi_2 = \frac{a_5}{l^{x_2} v^{y_2} \rho^{z_2}}$$

$$\cdots$$

$$\pi_{n-3} = \frac{a_n}{l^{x_{n-3}} v^{y_{n-3}} \rho^{z_{n-3}}}$$

第四步，根据量纲和谐定理确定各 π_i 项指数 x，y，z（必须满足各 π 为无量纲量），解出 π_i，$(i=1,2,\cdots,n-3)$

第五步，把 π_i 代入准则方程，并进行准则标准化，即

$$f_2(\pi_1,\pi_2,\pi_3,\cdots,\pi_{n-3})=0$$

或

$$\pi_i = f_3(\pi_1,\pi_2,\cdots,\pi_{n-2})$$

下面结合【例 5-1】对 π 定理进行应用及讨论。

【例 5-1】 根据详细实验分析某流动的压强降 Δp 是平均速度 v，介质密度 ρ，线性尺寸 l，l_1，l_2，重力加速度 g，动力黏性系数 μ，表面张力系数 σ，体积弹性模量 E 的函数。现选取 l，v，ρ，作为基本物理量，试利用 π 定理分析法，写出该压强降的无量纲表达式。

解 此题描述压强降 Δp 这一物理现象的物理量共 10 个（包括 Δp 本身）是 π 定理应用的典型例题，现分析如下。

第一步，写出描述 Δp 的函数式。

$$\Delta p = f(v,\rho,l,l_1,l_2,g,\mu,\sigma,E) \tag{a}$$

第二步，选取基本量（本题已给出）l,v,ρ，并列出各量基本量纲式（使用起来方便）（表 5-1）。

表 5-1 【例 5-1】基本量与量纲

物理量	Δp	v	ρ	l	l_1	l_2	g	μ	σ	E
量纲	$ML^{-1}T^{-2}$	LT^{-1}	ML^{-3}	L	L	L	LT^{-2}	$ML^{-1}T^{-1}$	MT^{-2}	$ML^{-1}T^{-2}$

第三步，写出以基本量表示 π_i 项表达式。

$$\pi_1 = \frac{\Delta p}{l^{x_1} v^{y_1} \rho^{z_1}}; \quad \pi_2 = \frac{l_1}{l}; \quad \pi_3 = \frac{l_2}{l}; \quad \pi_4 = \frac{g}{l^{x_4} v^{y_4} \rho^{z_4}}$$

$$\pi_5 = \frac{\mu}{l^{x_5} v^{y_5} \rho^{z_5}}; \quad \pi_6 = \frac{\sigma}{l^{x_6} v^{y_6} \rho^{z_6}}; \quad \pi_7 = \frac{E}{l^{x_7} v^{y_7} \rho^{z_7}}$$

第四步，写出 π_i 各物理量的基本量纲表达式，根据量纲和谐定理，对 π_1 有

$$ML^{-1}T^{-2} = (L)^{x_1}(LT^{-1})^{y_1}(L^{-3}M)^{z_1}$$

所以 $\left.\begin{array}{l} z_1=1 \\ y_1=2 \\ x_1+y_1-3z_1=-1 \end{array}\right\} \Rightarrow \left.\begin{array}{l} x_1=0 \\ y_1=2 \\ z_1=1 \end{array}\right\}$ 故 $\pi_1=\dfrac{\Delta p}{\rho v^2}$

因 $\pi_2=\dfrac{l_1}{l}$，$\pi_3=\dfrac{l_2}{l}$，对 π_4 有

$$LT^{-2} = (L)^{x_4}(LT^{-1})^{y_4}(L^{-3}M)^{z_4}$$

所以 $\left.\begin{array}{l} z_4=0 \\ y_4=2 \\ x_4+y_4-3z_4=1 \end{array}\right\} \Rightarrow \left.\begin{array}{l} x_4=-1 \\ y_4=2 \\ z_4=0 \end{array}\right\}$ 故 $\pi_4=\dfrac{gl}{v^2}=\dfrac{1}{Fr}$

对 π_5 有

$$ML^{-1}T^{-1} = (L)^{x_5}(LT^{-1})^{y_5}(L^{-3}M)^{z_5}$$

所以 $\left.\begin{array}{l} z_5=1 \\ y_5=1 \\ x_5+y_5-3z_5=-1 \end{array}\right\} \Rightarrow \left.\begin{array}{l} x_5=1 \\ y_5=1 \\ z_5=1 \end{array}\right\}$ 故 $\pi_5=\dfrac{\mu}{lv\rho}=\dfrac{1}{Re}$

对 π_6 有

$$MT^{-2} = (L)^{x_6}(LT^{-1})^{y_6}(L^{-3}M)^{z_6}$$

$\left.\begin{array}{l} z_6=1 \\ y_6=2 \\ x_6+y_6-3z_6=0 \end{array}\right\} \Rightarrow \left.\begin{array}{l} x_6=1 \\ y_6=2 \\ z_6=1 \end{array}\right\}$ 故 $\pi_6=\dfrac{\sigma}{lv^2\rho}=\dfrac{1}{We}$

对 π_7 有

$$ML^{-1}T^{-2} = (L)^{x_7}(LT^{-1})^{y_7}(L^{-3}M)^{z_7}$$

$\left.\begin{array}{l} z_7=1 \\ y_7=2 \\ x_7+y_7-3z_7=-1 \end{array}\right\} \Rightarrow \left.\begin{array}{l} x_7=0 \\ y_7=2 \\ z_7=1 \end{array}\right\}$ 故 $\pi_7=\dfrac{E}{\rho v^2}=\dfrac{a^2}{v^2}=\dfrac{1}{Ma^2}$

第五步，把 π_i 代入函数关系式（a）得

$$\frac{\Delta p}{\rho v^2}=f\left(\frac{l_1}{l},\frac{l_2}{l},\frac{1}{Fr},\frac{1}{Re},\frac{1}{We},\frac{1}{Ma^2}\right) \tag{b}$$

也可以写成

$$\frac{\Delta p}{\rho v^2}=f\left(\frac{l_1}{l},\frac{l_2}{l},Fr,Re,We,Ma\right) \tag{b'}$$

第六步，讨论与小结。

影响该流场的物理量 $n=10$，基本量 $m=3$，则无量纲 π 项数为 $n-m=10-3=7$，即

$$\pi_1=\frac{\Delta p}{\rho v^2},\ \pi_2=\frac{l_1}{l},\ \pi_3=\frac{l_3}{l},\ \pi_4=\frac{1}{Fr},\ \pi_5=\frac{1}{Re},\ \pi_6=\frac{1}{We},\ \pi_7=\frac{1}{Ma^2}$$

为 7 个无量纲准则，符合 π 定理的要求，分析正确。

【例 5-2】 分析有压管中流动的沿程水头损失。由实际观测知道，管中流动由于沿程摩擦损失而造成的压强差 Δp 与下列因素有关：管路直径 d，管中平均速度 v，流体密度 ρ，

流体的动力黏度 μ，管路长度 l，管壁的粗糙度 Δ。试用量纲分析法求水管中流动的沿程水头损失。

解

第一步，写出压强降 Δp 的表达式，并选择基本量。

$$\Delta p = f(d, v, \rho, \mu, l, \Delta)$$

取 d，v，ρ 为基本量。

第二步，写出各物理量的量纲及 π 和 π_i（表 5-2）。

表 5-2 【例 5-2】物理量与量纲

物理量	d	v	ρ	Δp	μ	l	Δ
量纲	L	LT^{-1}	ML^{-3}	$ML^{-1}T^{-2}$	$ML^{-1}T^{-1}$	L	L

$$\pi = \frac{\Delta p}{d^x v^y \rho^z}, \quad \pi_4 = \frac{\mu}{d^{x_4} v^{y_4} \rho^{z_4}}, \quad \pi_5 = \frac{l}{d}, \quad \pi_6 = \frac{\Delta}{d}$$

第三步，解出 π，π_4。

对于 π：$ML^{-1}T^{-2} = (L)^x (LT^{-1})^y (ML^{-3})^z$

$$
\left.
\begin{array}{l}
M: 1 = z \\
L: -1 = x + y - 3z \\
T: -2 = -y
\end{array}
\right\}
\Rightarrow
\left.
\begin{array}{l}
x = 0 \\
y = 2 \\
z = 1
\end{array}
\right\}
$$

所以 $\pi = \dfrac{\Delta p}{\rho v^2}$

对于 π_4：$ML^{-1}T^{-1} = (L)^{x_4} (LT^{-1})^{y_4} (ML^{-3})^{z_4}$

$$
\left.
\begin{array}{l}
M: 1 = z_4 \\
L: -1 = x_4 + y_4 - 3z_4 \\
T: -1 = -y_4
\end{array}
\right\}
\Rightarrow
\left.
\begin{array}{l}
x = 1 \\
y = 1 \\
z = 1
\end{array}
\right\}
$$

所以 $\pi_4 = \dfrac{\mu}{dv\rho}$

第四步，写成准则方程式。

$$\frac{\Delta p}{\rho v^2} = f\left(\frac{\mu}{dv\rho}, \frac{l}{d}, \frac{\Delta}{d}\right)$$

因为管中流动常用速度水头损失表示，即

$$h_f = \frac{\Delta p}{\gamma}, \quad 又\ Re = \frac{\rho dv}{\mu} = \frac{vd}{\nu}$$

$$h_f = \frac{\Delta p}{\gamma} = \frac{v^2}{g} f\left(\frac{1}{Re}, \frac{l}{d}, \frac{\Delta}{d}\right)$$

从物理意义知沿程阻力损失与管长 l 成正比，与管径 d 成反比例（在第六章讨论），故 $\dfrac{l}{d}$ 可以从函数符号中提出。另外根据相似准则变形后仍是相似准则，为把公式标准化，在分母上乘以 2 不影响公式的结构形式，最后得沿程损失的达西（Darcy）公式为：

$$h_f = f\left(Re, \frac{\Delta}{d}\right) \frac{l}{d} \frac{v^2}{2g} = \lambda \frac{l}{d} \frac{v^2}{2g} \tag{5-4}$$

式中，$\lambda = f\left(Re, \dfrac{\Delta}{d}\right)$ 称为沿程阻力系数，它只依变于雷诺数 Re 和管壁的相对粗糙度 $\dfrac{\Delta}{d}$，在实验中只要改变这两个自变量即可得出 λ 的变化规律。从此例题可以看出，依据 π 定理的量纲分析法在解决未知规律和指导实（试）验方面具有巨大的作用。

二、用动力相似的定义推导相似准则

由动力相似的定义知，两流场达到动力相似是指相应点上的受力多边形相似，即

$$
\left.
\begin{aligned}
& F_\nu + F_p + F_G + F_W + F_E + F_I = 0 \\
& \frac{F_{\nu\,\mathrm{I}}}{F_{\nu\,\mathrm{II}}} + \frac{F_{p\,\mathrm{I}}}{F_{p\,\mathrm{II}}} + \frac{F_{G\,\mathrm{I}}}{F_{G\,\mathrm{II}}} + \frac{F_{E\,\mathrm{I}}}{F_{E\,\mathrm{II}}} + \frac{F_{W\,\mathrm{I}}}{F_{W\,\mathrm{II}}} = \frac{F_{I\,\mathrm{I}}}{F_{I\,\mathrm{II}}} \\
& \lambda_{F_\nu} = \lambda_{F_p} = \lambda_{F_G} = \lambda_{F_E} = \lambda_{F_W} = \lambda_{F_I}
\end{aligned}
\right\}
\tag{5-5}
$$

应用动力相似定义推导相似准则的步骤是：

第一步，把式（5-5）第二式写成与惯性力相关联的等式。因为流体力学的中心问题是研究流体受力和运动的规律，要运动，一般都会有惯性力，所以首先把诸力与惯性力相关联，即

$$
\frac{F_{\nu\,\mathrm{I}}}{F_{\nu\,\mathrm{II}}} = \frac{F_{I\,\mathrm{I}}}{F_{I\,\mathrm{II}}} ; \quad \frac{F_{G\,\mathrm{I}}}{F_{G\,\mathrm{II}}} = \frac{F_{I\,\mathrm{I}}}{F_{I\,\mathrm{II}}} ; \quad \frac{F_{p\,\mathrm{I}}}{F_{p\,\mathrm{II}}} = \frac{F_{I\,\mathrm{I}}}{F_{I\,\mathrm{II}}}
$$

$$
\frac{F_{E\,\mathrm{I}}}{F_{E\,\mathrm{II}}} = \frac{F_{I\,\mathrm{I}}}{F_{I\,\mathrm{II}}} ; \quad \frac{F_{W\,\mathrm{I}}}{F_{W\,\mathrm{II}}} = \frac{F_{I\,\mathrm{I}}}{F_{I\,\mathrm{II}}}
$$

第二步，将第一步诸式写成属同一原型和模型流动，求各相似准则。

（1）雷诺（Reynolds）准数（准则）

$$
\frac{F_{I\,\mathrm{I}}}{F_{\nu\,\mathrm{I}}} = \frac{F_{I\,\mathrm{II}}}{F_{\nu\,\mathrm{II}}}
$$

因为

$$
F_I = \rho l^2 v^2 , \quad F_\nu = \frac{\mu l^2 v}{l} = \frac{\rho \nu l^2 v}{l}
$$

代入上式得

$$
\frac{\rho_{\mathrm{I}} l_{\mathrm{I}}^2 v_{\mathrm{I}}^2}{\dfrac{\rho_{\mathrm{I}} \nu_{\mathrm{I}} l_{\mathrm{I}}^2 v_{\mathrm{I}}}{l_{\mathrm{I}}}} = \frac{\rho_{\mathrm{II}} l_{\mathrm{II}}^2 v_{\mathrm{II}}^2}{\dfrac{\rho_{\mathrm{II}} \nu_{\mathrm{II}} l_{\mathrm{II}}^2 v_{\mathrm{II}}}{l_{\mathrm{II}}}} \Rightarrow \frac{v_{\mathrm{I}} l_{\mathrm{I}}}{\nu_{\mathrm{I}}} = \frac{v_{\mathrm{II}} l_{\mathrm{II}}}{\nu_{\mathrm{II}}} = \frac{v l}{\nu}
$$

用符号 Re 表示此比值，则有：

$$
\left.
\begin{aligned}
& Re = \frac{v l}{\nu} \\
& Re_{\mathrm{I}} = Re_{\mathrm{II}} \\
& \frac{\lambda_v \lambda_l}{\lambda_\nu} = 1
\end{aligned}
\right\}
\tag{5-6}
$$

式（5-6）是雷诺准数、雷诺准则和黏性力相似指标式，其意义同前。

（2）弗劳德（Froude）准数（准则）

$$
\frac{F_{I\,\mathrm{I}}}{F_{G\,\mathrm{I}}} = \frac{F_{I\,\mathrm{II}}}{F_{G\,\mathrm{II}}}
$$

因为
$$F_I = \rho l^2 v^2, \quad F_G = \gamma l^3 = \rho g l^3$$

代入上式得

$$\frac{\rho_I l_I^2 v_I^2}{\rho_I g_I l_I^3} = \frac{\rho_{II} l_{II}^2 v_{II}^2}{\rho_{II} g_{II} l_{II}^3} \Rightarrow \frac{v_I^2}{g_I l_I} = \frac{v_{II}^2}{g_{II} l_{II}} = \frac{v^2}{gl}$$

用符号 Fr 表示此比值

$$\left. \begin{aligned} Fr &= \frac{v^2}{gl} \\ Fr_I &= Fr_{II} \\ \frac{\lambda_v^2}{\lambda_g \lambda_l} &= 1 \end{aligned} \right\} \tag{5-7}$$

式（5-7）是弗劳德准数、弗劳德准则和重力相似指标式。其物理意义同前。

（3）欧拉（Euler）准数（准则）

$$\frac{F_{pI}}{F_{II}} = \frac{F_{pII}}{F_{III}}$$

因为
$$F_I = \rho l^2 v^2, \quad F_p = p l^2 = \Delta p l^2$$

代入上式有

$$\frac{p_I l_I^2}{\rho_I l_I^2 v_I^2} = \frac{p_{II} l_{II}^2}{\rho_{II} l_{II}^2 v_{II}^2} \Rightarrow \frac{p_I}{\rho_I v_I^2} = \frac{p_{II}}{\rho_{II} v_{II}^2} = \frac{p}{\rho v^2}$$

用符号 Eu 表示此比值

$$\left. \begin{aligned} Eu &= \frac{p}{\rho v^2} = \frac{\Delta p}{\rho v^2} \\ Eu_I &= Eu_{II} \\ \frac{\lambda_p}{\lambda_\rho \lambda_v^2} &= 1 \end{aligned} \right\} \tag{5-8}$$

式（5-8）是欧拉准数、欧拉准则和两流动压力相似指标式。其物理意义同前。

（4）马赫（Mach）准数（准则）

$$\frac{F_{II}}{F_{EI}} = \frac{F_{III}}{F_{EII}}$$

因为
$$F_I = \rho l^2 v^2, \quad F_E = E l^2$$

代入上式有

$$\frac{\rho_I l_I^2 v_I^2}{E_I l_I^2} = \frac{\rho_{II} l_{II}^2 v_{II}^2}{E_{II} l_{II}^2} \Rightarrow \frac{\rho_I v_I^2}{E_I} = \frac{\rho_{II} v_{II}^2}{E_{II}} = \frac{\rho v^2}{E}$$

又因为对可压缩流体，声速 $a = \sqrt{\dfrac{E}{\rho}}$，因此 $\dfrac{\rho}{E} = \dfrac{1}{a^2}$

故有 $\left(\dfrac{v_I}{a_I}\right)^2 = \left(\dfrac{v_{II}}{a_{II}}\right)^2 \Rightarrow \dfrac{v_I}{a_I} = \dfrac{v_{II}}{a_{II}} = \dfrac{v}{a}$

用符号 Ma 表示此比值

$$Ma = \frac{v}{a}$$

$$Ma_{\text{I}} = Ma_{\text{II}}$$

$$\frac{\lambda_v}{\lambda_a} = 1$$

(5-9)

式（5-9）$Ma = \frac{v}{a}$ 是马赫（柯西）准数，它的物理意义是马赫数是惯性力与弹性力之比值；$Ma_{\text{I}} = Ma_{\text{II}}$ 叫马赫准则，表明若两个流动达到弹性力相似，则对应的马赫准数相等。

（5）韦伯（Weber）准数（准则）

$$\frac{F_{I\text{I}}}{F_{W\text{I}}} = \frac{F_{I\text{II}}}{F_{W\text{II}}}$$

因为

$$F_I = \rho l^2 v^2, \quad F_W = \sigma l$$

代入上式有

$$\frac{\rho_{\text{I}} l_{\text{I}}^2 v_{\text{I}}^2}{\sigma_{\text{I}} l_{\text{I}}} = \frac{\rho_{\text{II}} l_{\text{II}}^2 v_{\text{II}}^2}{\sigma_{\text{II}} l_{\text{II}}} \Rightarrow \frac{\rho_{\text{I}} l_{\text{I}} v_{\text{I}}^2}{\sigma_{\text{I}}} = \frac{\rho_{\text{II}} l_{\text{II}} v_{\text{II}}^2}{\sigma_{\text{II}}} = \frac{\rho l v^2}{\sigma}$$

用符号 We 表示此比值有

$$We = \frac{\rho l v^2}{\sigma}$$

$$We_{\text{I}} = We_{\text{II}}$$

$$\frac{\lambda_\rho \lambda_l \lambda_v}{\lambda_\sigma} = 1$$

(5-10)

式（5-10）中，$We = \frac{\rho l v^2}{\sigma}$ 叫韦伯准数，它表示流体运动的惯性力与表面张力之比值；$We_{\text{I}} = We_{\text{II}}$ 叫韦伯准则，它表明，若两流动达到表面张力相似，对应的韦伯准数相等，显然其相似指标为 1。

（6）阿基米德（Archimedes）准数（准则）

它是对弗劳德准则的修正。因弗劳德准则是在等温和同种流体情况下的重力和惯性力的相似。当温度或浓度不同时就要产生重力和浮力的不平衡，这时弗劳德准则不再适用，应该用阿基米德准则。

① 密度差流动的阿基米德准数（准则）。如不同空气浓度的气体在空气中的射流，江河水入海口处的流动，若以 G' 为有效重力，G 为弗劳德准则中的重力，这时，$G' = (\rho - \rho_1) g l^3 = \Delta \rho g l^3$，所以有

$$\frac{F_{I\text{I}}}{F_{G'\text{I}}} = \frac{F_{I\text{II}}}{F_{G'\text{II}}} \Rightarrow \frac{\rho_{\text{I}} v_{\text{I}}^2 l_{\text{I}}^2}{\Delta \rho_{\text{I}} g_{\text{I}} l_{\text{I}}^3} = \frac{\rho_{\text{II}} v_{\text{II}}^2 l_{\text{II}}^2}{\Delta \rho_{\text{II}} g_{\text{II}} l_{\text{II}}^3}$$

$$\frac{v_{\text{I}}^2}{g_{\text{I}} l_{\text{I}} \dfrac{\Delta \rho_{\text{I}}}{\rho_{\text{I}}}} = \frac{v_{\text{II}}^2}{g_{\text{II}} l_{\text{II}} \dfrac{\Delta \rho_{\text{II}}}{\rho_{\text{II}}}} = \frac{v^2}{g l \dfrac{\Delta \rho}{\rho}}$$

用符号 Ar 表示此比值，则有

$$Ar = \frac{g l}{v^2} \times \frac{\Delta \rho}{\rho}$$

$$Ar_{\text{I}} = Ar_{\text{II}}$$

(5-11)

式中，Ar 称为浓差流动的阿基米德准数；$Ar_I = Ar_{II}$ 称为浓差流动的阿基米德准则。若两个浓差流动达到重力相似，则对应的阿基米德准数必相等，即必满足阿基米德准则。

② 温差流动的阿基米德准数（准则）。在通风空调工程中经常遇到温差射流，为方便研究温差射流，导出适合温差流动的阿基米德准数（准则）。

在温差射流中经过实际测得射流各点的压强等于环境压强，即 $p = p_e$，角标"e"是环境的标识。因此对室内

$$\rho = \frac{p_e}{RT_e}$$

由于射流与环境（室内）有温差产生 $\Delta\rho$，所以有

$$\rho + \Delta\rho = \frac{p_e}{R(T_e + \Delta T_0)}$$

故有

$$\frac{\rho + \Delta\rho}{\rho} = \frac{\dfrac{p_e}{R(T_e + \Delta T_0)}}{\dfrac{p_e}{RT_e}} = 1 + \frac{\Delta T_0}{T_e}$$

$$1 + \frac{\Delta\rho}{\rho} = 1 + \frac{\Delta T_0}{T_e} \quad 即$$

$$\frac{\Delta\rho}{\rho} = \frac{\Delta T_0}{T_e}$$

式中，ΔT_0 为风口气流相对室内环境气流之差；T_e 为室内热力学温度。这样，对气体温差流动的阿基米德准数为

$$\left. \begin{array}{l} Ar = \dfrac{g d_0}{v_0^2} \times \dfrac{\Delta T_0}{T_e} \\[2mm] Ar_I = Ar_{II} \end{array} \right\}$$

若两个温差流动达到动力相似，对应的阿基米德准数相等，即必满足阿基米德准则。

从上述分析，可见阿基米德准数是对弗劳德准数的修正，可以说阿基米德准数是考虑了浮力作用的弗劳德准数，即考虑了浮力作用的重力相似准则。

总结以上两种量纲和相似准则分析推导方法，对两个相似的物理现象（包括流体流动现象）共推导出六个相似准数（准则），即雷诺准数 Re、弗劳德准数 Fr、欧拉准数 Eu、马赫准数 Ma、韦伯准数 We 和阿基米德准数 Ar。它们各自都形成了物理现象相似的相似准则。这些准则有的是决定现象的决定性准则，只要它们确定后，现象即被确定；有的是被决定性准则，它可以用决定性准则来表示。如 Re 与 $\nu(\mu)$ 有关，Fr 与 $r(g)$ 有关，Ma 与 $E(a)$ 有关，We 与 σ 有关，Ar 与 $(\Delta\rho)$ 或 (ΔT_0) 有关。而 $\nu(\mu)$、$r(g)$、ρ、$E(a)$、σ、$\Delta\rho$ 或 ΔT_0 在流动状态一定时，这些量具有确定的常数值，它们都是具有决定性作用的自变量，所以含有它们的相似准则都是决定性准则。而 Eu 与 p（压强）有关，压强 p 是待求的量，所以由欧拉准数 Eu 形成的相似准则是被决定性的准则。根据相似第三定理即 π 定理，被决定性准则可以用由决定性准则组成的准则方程来表示，即

$$Eu = f(Re, Fr, Ma, We, Ar) \tag{5-12}$$

结论：式（5-12）就是判别两个物理现象（当然包括两个流体流动现象）达到动力相似的准则方程式，是进行科学实（试）验研究的理论基础。

第四节　模型律的应用举例

一、弗劳德模型律的应用

【例 5-3】　在水中航行的船舶的阻力主要是兴波阻力。已知实物与模型的比例尺为 36，当模型的航行速度为 8m/s 时，其阻力为 2.2N，求原型船在对应速度时的阻力。

解　此题中所谓的对应速度是指为满足动力相似所满足的决定性准则，所求得的模型与实物（原型）对应点处的速度。作用在船舶上的阻力叫兴波阻力，而兴波阻力是由水受到力的作用而产生的，所以动力相似的主要条件是保证原型与模型满足弗劳德准则，即 $Fr_{\text{I}} = Fr_{\text{II}}$，故应用弗劳德模型律解此题。

$$\frac{v_{\text{I}}^2}{g_{\text{I}} l_{\text{I}}} = \frac{v_{\text{II}}^2}{g_{\text{II}} l_{\text{II}}}$$

因为 $g_{\text{I}} = g_{\text{II}}$，$v_{\text{II}} = 8\text{m/s}, l_{\text{I}}/l_{\text{II}} = 36$

所以 $v_{\text{I}} = v_{\text{II}} \sqrt{\lambda_l} = 8 \times \sqrt{36} = 48(\text{m/s})$

由量纲分析知，兴波阻力为

$$D = \rho l^2 v^2 f(Fr)$$

根据 $Fr_{\text{I}} = Fr_{\text{II}}$，故有

$$\frac{D_{\text{I}}}{D_{\text{II}}} = \frac{\rho_{\text{I}} l_{\text{I}}^2 v_{\text{I}}^2}{\rho_{\text{II}} l_{\text{II}}^2 v_{\text{II}}^2} = \lambda_\rho \lambda_l^2 \lambda_v^2$$

$$D_{\text{I}} = \lambda_l^2 \lambda_v^2 D_{\text{II}} = (36)^2 \times \left(\frac{48}{8}\right)^2 \times 2.2 = 102.643(\text{kN})$$

式中 $\lambda_\rho = 1$。

【例 5-4】　如图 5-4 所示，原型溢流坝顶高为 60m，设计的最大溢流水深（由水库水面到溢流坝顶的水深）是 6m。若在 2.4m 宽的水槽中以比例尺为 $\lambda_l = 50$ 做溢流坝模型。试求：

（1）模型坝高和溢流水深；

（2）假设这时的模型实验流量为 $0.154\text{m}^3/\text{s}$，问原型的流量是多少？单宽流量是多少？

（3）若模型坝顶的压强为 14Pa，问原型相应点处的压强为多少？

解：（1）该题的第一问是几何相似的问题。由已知 $H_{\text{I}} = 60\text{m}$，又 $\lambda_l = 50$

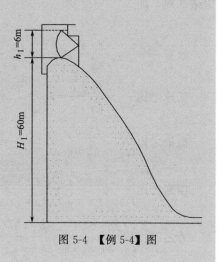

图 5-4　**【例 5-4】**图

$$\frac{H_{\rm I}}{H_{\rm II}}=\lambda_l \Rightarrow H_{\rm II}=H_{\rm I}/\lambda_l=60/50=1.2({\rm m})$$

模型溢流水深 $h_{\rm II}$

$$\frac{h_{\rm I}}{h_{\rm II}}=\lambda_l \Rightarrow h_{\rm II}=\frac{h_{\rm I}}{\lambda_l}=6/50=0.12({\rm m})$$

（2）当水坝溢流时，黏性力、表面张力及弹性力的影响都是次要的，惯性力和重力作用占主导作用，应用弗劳德准则求流量。

$$\frac{Q_{\rm I}}{Q_{\rm II}}=\frac{l_{\rm I}^2 v_{\rm I}}{l_{\rm II}^2 v_{\rm II}}=\lambda_l^2 \lambda_v=\lambda_l^2 \sqrt{\lambda_l}=\lambda_l^{5/2}$$

所以 $Q_{\rm I}=\lambda_l^{5/2}Q_{\rm II}=(50)^{5/2}\times 0.154=2722.36({\rm m}^3/{\rm s})$

因为 $B_{\rm I}=B_{\rm II}\lambda_l=2.4\times 50=120({\rm m})$

所以 $q_{\rm I}=\dfrac{Q_{\rm I}}{B_{\rm I}}=2722.36/120=22.69{\rm m}^3/({\rm s}\cdot{\rm m})$

（3）求 $p_{\rm I}$ 因为模型与原型的决定性准则得到满足，即 $Fr_{\rm I}=Fr_{\rm II}$，则被决定的欧拉准则亦应满足，即

$$Eu_{\rm I}=Eu_{\rm II}$$

所以 $\dfrac{p_{\rm I}}{\rho_{\rm I}v_{\rm I}^2}=\dfrac{p_{\rm II}}{\rho_{\rm II}v_{\rm II}^2}$，则有

$$p_{\rm I}=p_{\rm II}\frac{\rho_{\rm I}}{\rho_{\rm II}}\left(\frac{v_{\rm I}}{v_{\rm II}}\right)^2=p_{\rm II}\lambda_v^2=\lambda_l p_{\rm II}$$

因为 $\rho_{\rm I}=\rho_{\rm II}$，所以 $\lambda_\rho=1$，故有

$$p_{\rm I}=50\times 14=700({\rm Pa})$$

二、雷诺模型律的应用

【例 5-5】 试用长度比例尺 λ_l 表示雷诺模型律中原型与模型的流量、流速、压强及力之比。

解 因为雷诺模型律应用在两流动现象中惯性力和黏性力起决定性作用的情况，必满足雷诺准则，即

$$Re_{\rm I}=Re_{\rm II}$$

故有 $\dfrac{v_{\rm I}l_{\rm I}}{\nu_{\rm I}}=\dfrac{v_{\rm II}l_{\rm II}}{\nu_{\rm II}}$ 或 $\dfrac{v_{\rm I}}{v_{\rm II}}=\dfrac{l_{\rm II}}{l_{\rm I}}\dfrac{\nu_{\rm I}}{\nu_{\rm II}}=\lambda_\nu/\lambda_l$，所以

流速之比 $\dfrac{v_{\rm I}}{v_{\rm II}}=\dfrac{l_{\rm II}}{l_{\rm I}}\dfrac{\nu_{\rm I}}{\nu_{\rm II}}=\lambda_\nu/\lambda_l$

流量之比 $\dfrac{Q_{\rm I}}{Q_{\rm II}}=\dfrac{l_{\rm I}^2}{l_{\rm II}^2}\dfrac{v_{\rm I}}{v_{\rm II}}=\lambda_l^2\dfrac{v_{\rm I}}{v_{\rm II}}=\lambda_l^2\dfrac{1}{\lambda_l}\dfrac{\nu_{\rm I}}{\nu_{\rm II}}=\lambda_l\lambda_\nu$

压强之比 $\dfrac{p_{\rm I}}{p_{\rm II}}=\dfrac{\rho_{\rm I}}{\rho_{\rm II}}\dfrac{v_{\rm I}^2}{v_{\rm II}^2}=\dfrac{\rho_{\rm I}}{\rho_{\rm II}}\dfrac{\nu_{\rm I}^2}{\nu_{\rm II}^2}\times\dfrac{1}{\lambda_l^2}=\lambda_\rho\lambda_\nu^2\lambda_l^{-2}$

力之比 $\dfrac{F_{\rm I}}{F_{\rm II}}=\dfrac{\rho_{\rm I}v_{\rm I}^2 l_{\rm I}^2}{\rho_{\rm II}v_{\rm II}^2 l_{\rm II}^2}=\dfrac{\rho_{\rm I}}{\rho_{\rm II}}\dfrac{\nu_{\rm I}^2}{\nu_{\rm II}^2}=\lambda_\rho\lambda_\nu^2$

正确地分析这些对应量之比，对解题有好处。

【例 5-6】 有一直径为 d 的圆球在水中以 1.5m/s 的速度运动时，阻力为 4.5N；另一直径 $2d$ 的圆球在风洞中实验，若风洞中空气的密度是 1.28kg/m^3，空气的运动黏性系数是水的 13 倍，为满足动力相似，试求风洞中气流速度应为多大？此时圆球所受到的气动阻力多大？

解 类似于流体绕无限长圆柱流动的量纲分析知，圆球所受的阻力为

$$D = \rho v^2 d^2 f(Re)$$

即黏性力起决定性的作用，两流动要达到动力相似，应满足雷诺准则（用雷诺模型律），即

$$Re_{\text{I}} = Re_{\text{II}}$$

$$\frac{v_{\text{I}} d_{\text{I}}}{\nu_{\text{I}}} = \frac{v_{\text{II}} d_{\text{II}}}{\nu_{\text{II}}}$$

v_{II} 为风洞中空气的流速，则有

$$v_{\text{II}} = v_{\text{I}} \frac{d_{\text{I}}}{d_{\text{II}}} \frac{\nu_{\text{II}}}{\nu_{\text{I}}} = 1.5 \times \frac{1}{2} \times 13 = 9.75 (\text{m/s})$$

求风洞中圆球阻力 D_{II} 有两种方法：

（1）应用力所具有量纲求。

$$\frac{D_{\text{I}}}{D_{\text{II}}} = \frac{\rho_{\text{I}} v_{\text{I}}^2 d_{\text{I}}^2}{\rho_{\text{II}} v_{\text{II}}^2 d_{\text{II}}^2}$$

$$D_{\text{II}} = D_{\text{I}} \frac{\rho_{\text{II}}}{\rho_{\text{I}}} \frac{v_{\text{II}}^2}{v_{\text{I}}^2} \frac{d_{\text{II}}^2}{d_{\text{I}}^2} = 4.5 \times \frac{1.28}{1000} \times \left(\frac{9.75}{1.5}\right)^2 \times (2)^2 = 0.973 (\text{N})$$

（2）应用【例 5-5】导出的公式求。

$$\frac{D_{\text{I}}}{D_{\text{II}}} = \lambda_\rho \lambda_\nu^2$$

$$D_{\text{II}} = D_{\text{I}} / (\lambda_\rho \lambda_\nu^2) = \frac{4.5}{\frac{1000}{1.28} \times \left(\frac{1}{13}\right)^2} = 0.973 (\text{N})$$

三、欧拉模型律的应用

【例 5-7】 为研究风对高层建筑物的影响，在风洞中进行模型实验，当风速为 9m/s 时，测得迎风面的压强为 42Pa，背风面的压强为 -20Pa。试求温度不变速度增加到 12m/s 时，迎风面和背风面的压强。

解 此题是大型高层建筑物的模型在风洞中进行实验，研究风对其影响。一般风速对高大建筑物作用已经进入阻力平方区，黏性力对建筑物的影响可略去不计，主要考虑风压的作用，雷诺准则对设计模型无影响，所设计的风洞中的实验模型只要根据风洞的大小保证实验模型与高大建筑物几何相似就可以了。

因此，该题对实验模型来说，是实物做实验，应满足欧拉准则，即

$$Eu_{\text{I}} = Eu_{\text{II}}$$

$$\frac{\Delta p_{\text{I}}}{\rho_{\text{I}} v_{\text{I}}^2} = \frac{\Delta p_{\text{II}}}{\rho_{\text{II}} v_{\text{II}}^2}$$

对温度不变的大气，$\rho_{\mathrm{I}}=\rho_{\mathrm{II}}$，所以有

$$\frac{\Delta p_{\mathrm{I}}}{\Delta p_{\mathrm{II}}}=\frac{v_{\mathrm{I}}^2}{v_{\mathrm{II}}^2}$$

对迎风面：

$$\Delta p_{\mathrm{II}}=\Delta p_{\mathrm{I}}\left(\frac{v_{\mathrm{II}}}{v_{\mathrm{I}}}\right)^2=42\times\left(\frac{12}{9}\right)^2=74.67(\mathrm{Pa})$$

对背风面：

$$\Delta p_{\mathrm{II}}=\Delta p_{\mathrm{I}}\left(\frac{v_{\mathrm{II}}}{v_{\mathrm{I}}}\right)^2=-20\times\left(\frac{12}{9}\right)^2=-35.56(\mathrm{Pa})$$

思考题与习题

5-1 什么是量纲？什么是单位？试举例说明量纲和单位的区别和联系。

5-2 简述量纲和谐定理，举例说明它的重要作用。

5-3 什么是物理现象相似？

5-4 水流对光滑小球形潜体的作用阻力 D 与流速 v、球的直径 d、水的密度 ρ、水的动力黏性系数 μ 等因素有关。试用 π 定理分析水流对光滑球形潜体的作用阻力 D 的表达式。

答：$D=C_{\mathrm{d}}A\dfrac{\rho v^2}{2}$ $\qquad$ $\left[C_{\mathrm{d}}=\dfrac{8}{\pi}f_1(Re)=f(Re),A=\dfrac{\pi}{4}d^2\right]$。

5-5 一直径为 0.06m 的球体置于 20℃ 的水（$\rho=998\mathrm{kg/m}^3$）中做实验，水的流速为 3m/s，测得阻力为 6N。若有一直径为 2m 的气象气球在 20℃，1atm（101325Pa）大气中运动，在相似的情况下，气球的速度及阻力为若干？

答：以气象气球为模型，$v_{\mathrm{II}}=1.34\mathrm{m/s}$；$D_{\mathrm{II}}=1.6\mathrm{N}$。

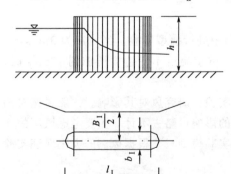

图 5-5 习题 5-6 图

5-6 一桥墩如图 5-5 所示，墩长 24m，墩宽 4.3m，水深为 8.2m，平均流速为 2.3m/s，两墩台的距离为 90m，现选用长度比例尺 $\lambda=50$ 的模型实验，试设计模型尺寸和流动参数（流速、流量）。

5-7 贮水池放水模型实验，已知模型长度比例尺 $\lambda_l=225$，开闸后 10min 水全部放空，试求放空贮水池所需要的时间。

答：$t_{\mathrm{I}}=150\mathrm{min}$。

5-8 原型流动油的运动黏性系数 $\nu_{\mathrm{I}}=15\times10^{-5}\mathrm{m}^2/\mathrm{s}$，几何比例尺为 $\lambda_l=5$。如确定弗劳德数和雷诺数作为决定性相似准则，试求模型中流体的运动黏性系数 ν_{II} 为多少？

答：$\nu_{\mathrm{II}}=\nu_{\mathrm{I}}\lambda_l^{3/2}=1.34\times10^{-5}\mathrm{m}^2/\mathrm{s}$。

第 6 章
流动阻力和能量损失

实际流体运动要比理想流体复杂得多。黏性的存在会使流体具有不同于理想流体的流速分布，并使相邻两层运动流体之间、流体与边界之间除压强外还有相互作用着的切向力（摩擦力），此时低速层对高速层的切向力显示为阻力。而阻力做功过程中就会将一部分机械能不可逆地转化为热能而散失，形成能量损失。单位重力流体的机械能损失称为水头损失（又称能量损失）。

本章主要研究流体恒定流动时阻力和机械能损失的规律，它是流体力学中的一个基本问题，从雷诺实验出发介绍流动的两种不同形态——层流和紊流。然后着重对两种流体的内部机理进行分析，并在此基础上引出流体在管道和明渠内流动时水头损失的计算。

第一节　流动阻力和能量损失分类

流体边界不同，对断面流速分布有一定影响，从而对流动阻力和水头损失也有影响。为了便于计算，一元流体力学根据流动边界情况，把水头损失 h_w 分为 h_f 和局部水头损失 h_m 两种形式。

一、沿程阻力和沿程水头损失

当限制流动的固体边界，使流体做均匀流动时，流体阻力中只有沿程不变的切向力，称为沿程阻力（或摩擦力）；由于沿程阻力做功而引起的水头损失则称为沿程水头损失，以 h_f 表示。沿程阻力的特征是沿流体流动长度均匀分布，因而沿程损失的大小与流程的长短成正比。由能量方程得出均匀流的沿程水头损失为

$$h_f = h_w = \left(z_1 + \frac{p_1}{\gamma}\right) - \left(z_2 + \frac{p_2}{\gamma}\right)$$

此时用于克服阻力所消耗的能量由势能提供，从而总水头线坡度 J 沿程不变，总水头

线是条直线。

二、局部阻力及局部水头损失

流体因固体边界急剧改变而引起速度分布的变化，从而产生的阻力称为局部阻力。其相应的水头损失称为局部水头损失，以 h_m 表示。它一般发生在流体过流断面突变、流线急剧弯曲、转折或流体前进方向上有明显的局部障碍处，例如图 6-1 中水流经过弯头、缩小、放大及闸门等处。

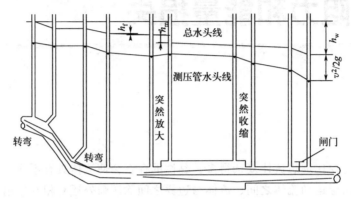

图 6-1　各种水头损失的测压管表示法

沿程水头损失和局部水头损失，都是由流体在运动过程中克服阻力做功而引起的，但又具有不同的特点。恩格斯在《自然辩证法》一书中曾经辩证地提出，"摩擦可以看作一个跟着一个和一个挨着一个发生的一连串小的碰撞；碰撞可以看作集中于一个瞬间和一个地方的摩擦。摩擦是缓慢的碰撞，碰撞是激烈的摩擦"。沿程阻力主要表现出"摩擦阻力"的性质。而局部阻力主要是由固体边界形状突然改变，从而引起流体内部结构遭受破坏，产生旋涡，以及在局部阻力之后，流体还要重新调整整体结构适应新的均匀流条件所造成的。

管路或明渠中的流体阻力都是由几段等直径圆管或几段形状相同的等截面渠道引起的沿程阻力和以各种形式急剧改变流动外形的局部阻力所形成。因此流段两截面间的水头损失可以表示为两截面间的所有沿程水头损失和所有局部水头损失的总和，即

$$h_w = \sum_{i=1}^{n} h_{fi} + \sum_{j=1}^{m} h_{mj}$$

第二节　雷诺实验及流态判别

一、雷诺实验

人们为了探索流体摩擦阻力的规律，研究了流体流动的物理现象。在 1883 年英国物理学家雷诺（Osborne Reynolds）通过大量实验发现，流动存在两种不同的流动状态：层流和紊流（湍流），并且研究了它们的转变情况。雷诺用的实验装置，如图 6-2 所示。

微开阀门 C，再将阀门 F 打开，使红色水流入玻璃管中，以便观察红色流线或质点的运动轨迹。此时，由于管内流速较慢，流体质点的运动有条不紊，呈不掺混的分层流动状态，这种流态称为层流。阀门 C 开大，流束呈现波纹状，上下摆动，称此为过渡状态，此状态很不稳定。阀门 C 继续开大，使管中流速增大，直到流体质点的运动分层流动状态被破坏，发生互相掺混，并且有纵向脉动，这种流动状态称为紊流（湍流）。由层流转换为紊流时管中平均流速称为上临界流速 v_c'。如果试验以相反程序进行，即管中流动已处于紊流状态，再逐渐关小阀门 C。当管内流体流速减低到不同于 v_c' 的另一个数值时，可以发现细管注入的红色水又重现明显的直线元流。这说明圆管中水流又由紊流恢复为层流。不同的只是紊流转变为层流的平均流速要比层流转变为紊流的流速小，称为下界流速 v_c。

为了分析沿程损失随速度的变化规律，通常在玻璃管的某段上，在不同的流速 v 时，测定相应的水头损失 h_f。将所测得的试验数据绘在对数坐标纸上，绘出 h_f 与 v 的关系曲线，如图 6-3 所示。试验曲线明显地分为如下三部分。

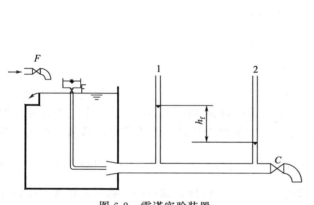

图 6-2　雷诺实验装置

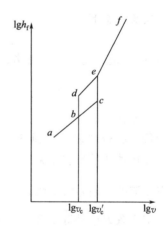

图 6-3　流速与摩擦损失之间的关系曲线

（1） ab 段：当 $v<v_c$ 时，流动为稳定的层流，所有试验点都分布在与横轴（$\lg v$ 轴）成 45°的直线上，ab 的斜率 $m_1=1.0$。

（2） ef 段：当 $v>v_c'$ 时，流动只能是紊流，试验曲线 ef 的开始部分是直线，与横轴成 60°15′，往上略呈弯曲，然后又逐渐成为与横轴成 63°25′的直线。ef 的斜率 $m_2=1.75\sim2.0$。

（3） be 段：当 $v_c<v<v_c'$时，水流状态不稳定，既可能是层流（如 bc 段），也可能是紊流（如 de 段）。

上述试验结果可用下列方程表示

$$\lg h_f=\lg k+m\lg v$$

即

$$h_f=kv^m$$

层流时，$m_1=1.0$，$h_f=k_1v$，说明沿程损失与流速的一次方成正比；紊流时，$m_2=1.75\sim2.0$，$h_f=k_2v^{1.75\sim2.0}$ 说明沿程损失与流速的 $1.75\sim2.0$ 次方成正比。

雷诺实验虽然是在圆管中进行的，所用液体是水，但在其他边界形状，其他实际液体或气体流动的实验中，都可以发现流体有两种性质不同的流动形态——层流和紊流。层流和紊流不仅是流体质点的运动轨迹不同，它们的水流内部结构也完全不同，因而反映在水头损失和扩散上的规律也都不一样。所以分析实际流体流动，例如计算水头损失时，首先必须判别流动的形态。

二、层流、紊流的判别标准

雷诺曾用不同管径的圆管对多种流体进行实验，发现下临界流速 v_c 的大小与管径 d、流体密度 ρ 和动力黏性系数 μ 有关，即 $v_c = f(d, \rho, \mu)$。这四个物理量之间的关系可以借助第五章所叙述过的量纲分析方法得到。雷诺数的物理意义是流体所受的惯性力与黏性力之比值。当惯性力小于黏性力的作用时，流态为层流，当惯性力大于黏性力的作用时，流态将成为紊流，雷诺数表示为

$$Re = \frac{\rho v d}{\mu} = \frac{v d}{\nu} \tag{6-1}$$

当 $v = v_c$ 时，得下临界雷诺数

$$Re_c = \frac{v_c d}{\nu}$$

得层流状态下

$$Re < Re_c \tag{6-2}$$

当 $v = v_c'$ 时，得上临界雷诺数

$$Re_c' = \frac{v_c' d}{\nu}$$

得紊流状态下 $\qquad\qquad Re > Re_c'$ $\qquad\qquad$ (6-3)

大量实验资料表明，圆管有压流动下临界雷诺数为 $Re_c = 2300$，是一个相当稳定的数值，外界扰动几乎与它无关。而上临界雷诺数 Re_c' 的数值却是一个不稳定的数值，由实验得圆管有压流的上临界雷诺数为 $Re_c' = \frac{v_c' d}{\nu} = 12000$ 或更大（4000～50000）。对任何种类的流体下临界雷诺数 Re_c 都等于 2300，而 Re_c' 没有实际意义。这样，就可用下临界雷诺数与流体流动的雷诺数比较来判别流动形态。

在圆管中 $\qquad\qquad Re = \frac{v d}{\nu}$

当 $Re < Re_c = 2300$ 时，为层流状态；

当 $Re > Re_c = 2300$ 时，为紊流或过渡流状态。

这里需要指出的是在上面各雷诺数中引用的 "d"，表示取管径作为流动的特征长度。当然特征长度也可以取其他的流动长度来表示：如管半径 r，水力半径 R。此时雷诺数记为

$$Re = \frac{v r}{\nu}, \ Re = \frac{v R}{\nu}$$

式中，$R = \frac{A}{x}$ 称为水力半径，是过水断面面积 A 与湿周 x（断面中固体边界与流体相接触部分的周长）之比，这时临界雷诺数中的特征长度也应取这些特征长度表示，而临界雷诺数数值分别为 1150 及 575。对于圆管内有压流动的临界雷诺数也可以采用 2000 作为层流紊流的判别标准。

天然情况下的无压流，其雷诺数都相当大，多属紊流，因而很少进行流态的判别。

【例 6-1】 某段自来水管，其管径 $d = 100\text{mm}$，管中流速 $v = 1.0\text{m/s}$，水的温度为 10℃，试判明管中水流形态。

解 在温度为 10℃时，水的运动黏性系数 $\nu = 0.0131\text{cm}^2/\text{s}$，管中水流的雷诺数

$$Re = \frac{vd}{\nu} = \frac{100 \times 10}{0.0131} \approx 76300$$

$$Re > Re_\text{c} = 2300$$

因此管中水流处在紊流形态。

【例 6-2】 用直径 $d = 25\text{mm}$ 的管道输送 30℃的空气。问管内保持层流的最大流速是多少？

解 30℃时空气运动黏性系数 $\nu = 16.0 \times 10^{-6}\,\text{m}^2/\text{s}$，最大流速就是临界流速，由于

$$Re_\text{c} = \frac{v_\text{c}d}{\nu} = 2300$$

得

$$v_\text{c} = \frac{Re_\text{c}\nu}{d} = \frac{2300 \times 16.0 \times 10^{-6}}{0.025} = 1.472(\text{m/s})$$

第三节　均匀流动方程式

沿程水头损失是克服沿程阻力（切向力）所做的功。因此有必要讨论并建立沿程阻力和水头损失的关系——均匀流基本方程。为此首先要建立包括沿程水头损失的能量方程及包括切应力在内的沿水流方向力的平衡方程。

一、沿程水头损失

流体均匀流的情况下只存在沿程水头损失。为了确定均匀流在断面 1—1 和断面 2—2 之间的沿程水头损失，可写出断面 1—1 和断面 2—2 的能量方程式（图 6-4）。

$$z_1 + \frac{p_1}{\gamma} + \frac{\alpha_1 v_1^2}{2g} = z_2 + \frac{p_2}{\gamma} + \frac{\alpha_2 v_2^2}{2g} + h_\text{f}$$

在均匀流时，有

$$\frac{\alpha_1 v_1^2}{2g} = \frac{\alpha_2 v_2^2}{2g}$$

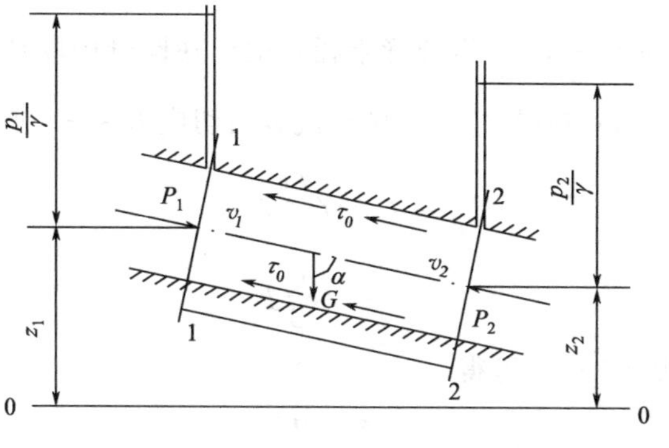

图 6-4　圆管均匀流的表示方法

因此

$$h_f = \left(z_1 + \frac{p_1}{\gamma}\right) - \left(z_2 + \frac{p_2}{\gamma}\right) \tag{6-4}$$

二、均匀流基本方程式

取出自过流断面 1—1 至 2—2 的一段圆管均匀流动的液流，其长度为 l，过水断面面积 $A_1 = A_2 = A$，湿周为 x。现分析其作用力的平衡条件。

断面 1—1 至 2—2 间的流段是在断面 1—1 上的流动压力 P_1、断面 2—2 上的流动压力 P_2、流段本身的重量 G 及流段表面切力 T 的共同作用下保持均匀流动的。

写出在流动方向上诸力投影的平衡方程式

$$P_1 - P_2 + G\cos\alpha - T = 0$$

因 $P_1 = p_1 A$，$P_2 = p_2 A$，而且 $\cos\alpha = \dfrac{z_1 - z_2}{l}$，并设液流与固体边壁接触面上的平均切应力为 τ_0，代入上式，得

$$p_1 A - p_2 A + \gamma A l \frac{z_1 - z_2}{l} - \tau_0 x l = 0$$

以 γA 除全式，得

$$\frac{p_1}{\gamma} - \frac{p_2}{\gamma} + z_1 - z_2 = \frac{\tau_0 x}{\gamma A} l$$

由式（6-4）知 $\left(z_1 + \dfrac{p_1}{\gamma}\right) - \left(z_2 + \dfrac{p_2}{\gamma}\right) = h_f$

于是

$$h_f = \frac{\tau_0 x}{\gamma A} l = \frac{\tau_0 l}{\gamma R} \tag{6-5}$$

或

$$\tau_0 = \gamma R \frac{h_f}{l} = \gamma R J \tag{6-6}$$

式（6-5）及式（6-6）给出了沿程水头损失与切应力的关系，是研究沿程水头损失的基本公式，称为均匀流基本方程。对于无压均匀流，按上述步骤，列出沿流动方向的力平衡方程式。同样可得与式（6-5）及式（6-6）相同的结果，所以该方程对有压流和无压流均适用。

对圆管有水力半径 $R = \dfrac{r_0}{2}$，r_0 为圆管半径，由于在圆管中取任一半径 r 的圆柱流列作用力平衡方程，圆柱流圆心与管轴重合，圆柱流表面切应力为 τ，亦可得出以下两式

$$\tau_0 = \gamma \frac{r_0}{2} J \tag{6-7}$$

$$\tau = \gamma \frac{r}{2} J \tag{6-8}$$

比较式（6-7）和式（6-8），可得

$$\frac{\tau}{\tau_0} = \frac{r}{r_0} \tag{6-9}$$

上式说明在圆管均匀流的过水断面上，切应力呈直线分布，管壁处切应力为最大值 τ_0，管轴处切应力为零。

第四节　圆管中的层流运动

圆管中的层流运动也称为哈根-泊肃叶（Hagen-Poiseuille）流动。

要由均匀流基本方程推出沿程水头的实用计算公式，必须进一步研究切应力 τ 与平均流速 v 的关系。而 τ 的变化与流体的流态有关，本节先就圆管中的层流运动进行分析。

一、圆管层流的速度分布及平均流速

流体在层流运动时，液层间的切应力可由牛顿内摩擦定律求出，该式为

$$\tau = \mu \frac{\mathrm{d}u}{\mathrm{d}y}$$

圆管中有压均匀流是轴对称流。为了计算方便，采用柱坐标系（图6-5）。此时为二元流。

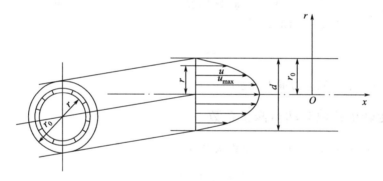

图 6-5　圆管层流表示法

上式中的 $y = r_0 - r$，故 $\mathrm{d}y = -\mathrm{d}r$ 因此

$$\frac{\mathrm{d}u}{\mathrm{d}y} = -\frac{\mathrm{d}u}{\mathrm{d}r}$$

$$\tau = -\mu \frac{\mathrm{d}u}{\mathrm{d}r}$$

圆管均匀流在半径 r 处的切应力可用均匀流方程式（6-8）表示

$$\tau = \frac{1}{2} r \gamma J$$

由上两式得

$$\tau = -\mu \frac{\mathrm{d}u}{\mathrm{d}r} = \frac{1}{2} r \gamma J$$

于是

$$\mathrm{d}u = -\frac{\gamma J}{2\mu} r \mathrm{d}r$$

注意 J 对均匀流中各元流都是不变的，积分上式得任一元流（点流速）流速

$$u=-\frac{\gamma J}{4\mu}r^2+C$$

当 $r=r_0$ 时，$u=0$，用该边界条件确定积分常数 C

$$C=\frac{\gamma J}{4\mu}r_0^2$$

所以

$$u=\frac{\gamma J}{4\mu}(r_0^2-r^2) \tag{6-10}$$

式（6-10）说明圆管层流运动断面上流速分布是一个旋转抛物面。

流动中的最大速度在管轴上，由式（6-10），得

$$u_{\max}=\frac{\gamma J}{4\mu}r_0^2 \tag{6-11}$$

因为流量 $Q=\int_A u\mathrm{d}A=vA$，选取宽 $\mathrm{d}r$ 的环形断面为微元面积 $\mathrm{d}A$，可得圆管层流运动的平均流速

$$v=\frac{Q}{A}=\frac{\int_A u\mathrm{d}A}{A}=\frac{1}{\pi r_0^2}\int_0^{r_0}\frac{\gamma J}{4\mu}(r_0^2-r^2)\,2\pi r\mathrm{d}r=\frac{\gamma J}{8\mu}r_0^2 \tag{6-12}$$

比较式（6-11）和式（6-12），得

$$v=\frac{1}{2}u_{\max} \tag{6-13}$$

即圆管层流的平均流速为最大流速的一半。

二、动能修正系数与动量修正系数

由式（6-10）比式（6-12）得无量纲关系式

$$\frac{u}{v}=2\left[1-\left(\frac{r}{r_0}\right)^2\right] \tag{6-14}$$

利用式（6-14）可计算圆管层流的动能修正系数 α 和动量修正系数 α_0 为

$$\alpha=\frac{\int_A\left(\frac{u}{v}\right)^3\mathrm{d}A}{A}=16\int_0^1\left[1-\left(\frac{r}{r_0}\right)^2\right]^3\frac{r}{r_0}\mathrm{d}\left(\frac{r}{r_0}\right)=2$$

$$\alpha_0=\frac{\int_A\left(\frac{u}{v}\right)^2\mathrm{d}A}{A}=8\int_0^1\left[1-\left(\frac{r}{r_0}\right)^2\right]^2\frac{r}{r_0}\mathrm{d}\left(\frac{r}{r_0}\right)=1.33$$

三、沿程阻力系数

用断面平均流速 v 来表示沿程水头损失，由式（6-12）得

$$J=\frac{h_\mathrm{f}}{l}=\frac{8\mu v}{\gamma r_0^2}$$

$$h_\mathrm{f}=\frac{32\mu vl}{\gamma d^2} \tag{6-15}$$

式（6-15）说明，在圆管层流中，沿程水头损失和断面平均流速的一次方成正比，前述雷诺实验也证实了这一论断。

一般情况下沿程水头损失，可以用速度水头 $\dfrac{v^2}{2g}$ 表示，上式可改写为

$$h_\mathrm{f}=\frac{64}{\dfrac{vd}{\nu}}\times\frac{l}{d}\times\frac{v^2}{2g}=\frac{64}{Re}\times\frac{l}{d}\times\frac{v^2}{2g}$$

令

$$\lambda=\frac{64}{Re} \tag{6-16}$$

则沿程阻力（达西公式）为

$$h_\mathrm{f}=\lambda\,\frac{lv^2}{2dg} \tag{6-17}$$

这是常用的沿程水头损失计算公式。λ 称为沿程阻力系数，在圆管层流中只与雷诺数成反比，与管壁粗糙程度无关。

第五节　流体的紊流运动

一、紊流运动要素的脉动及时均化

紊流运动的基本特征是流体质点不断互相掺混，使流体各点的流速、压强等运动要素在空间上和时间上都是随机性质的脉动值。如图 6-6 所示。

在恒定水位下的水平圆管紊流中，采用激光测速仪测得液体质点通过某固定空间点 A 的各方向瞬时流速 u_x、u_y 对时间的关系曲线 $u_x(t)$、$u_y(t)$，可以看出：水流中某空间点的瞬时速度虽然随时间不断变化，但却始终围绕着某一平均值而不断跳动，这种跳动叫脉动。将 u_x、u_y 的角标去掉，用 u 来表示某一方向的瞬时速度（图 6-6）。$\bar{u}$ 为在 T 时间间隔内瞬时速度 u 的平均值，用数学关系式表达为

$$\bar{u}=\frac{1}{T}\int_0^T u(t)\,\mathrm{d}t \tag{6-18}$$

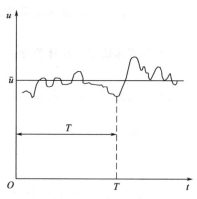

图 6-6　脉动流速表示方法

式（6-18）就是时均流速的定义表达式。如图 6-6 所示，只要时段 T 取得足够长就可以消除时段对时均值的影响。

显然瞬时流速由时均流速和脉动流速两部分组成，即

$$u=\bar{u}+u' \tag{6-19}$$

式中 u' 为脉动流速。将式（6-18）代入式（6-19）展开得

$$\frac{1}{T}\int_0^T u'\,\mathrm{d}t=0$$

以上这种把速度时均化的方法，也可以用到其他描写紊流的运动要素上。如瞬时压强

$$p = \overline{p} + p'$$

其中时均压强 $\overline{p} = \dfrac{1}{T} \displaystyle\int_0^T p \, \mathrm{d}t$ ，p' 为脉动压强。

可以把紊流运动看作一个时间平均流动和一个脉动流动的叠加，而分别加以研究。

严格地说，紊流总是非恒定流。但是，根据运动要素时均值是否随时间变化，可将紊流区分为恒定流与非恒定流。前面导出的流体力学基本方程式，对时均恒定流同样适用。以后本书中所提到的关于在紊流状态下，流体中各点的运动要素都是对"时间平均值"而言，例如时间平均流速 $\overline{u}$，时间平均压强 $\overline{p}$ 等。为了方便起见，以后就省去字母上的横线，而仅以 u、p 表示。

二、紊流切应力与普朗特混合长度理论

紊流流态时的切应力由两部分组成：其一，从时均紊流的概念出发，可将运动流体分层。因为各流层的时均流速不同，存在相对运动，所以各流层之间也存在黏性切应力，可用牛顿内摩擦定律表示，即

$$\tau_1 = \mu \frac{\mathrm{d}\overline{u}_x}{\mathrm{d}y}$$

式中 $\dfrac{\mathrm{d}\overline{u}_x}{\mathrm{d}y}$ 为时均流速梯度。其二，由于紊流中流体质点存在脉动，相邻流层之间就有质量和动量的交换。低速流层的质点进入高速流层，对高速流层产生阻滞作用。高速流层的质点进入低速流层，对低速流层起到推动作用。这种质量交换形成了动量交换，从而在流层分界面上产生了紊流附加切应力 τ_2。

现用动量方程来求 τ_2，再用质量守恒原理求出脉动速度 u_x' 与 u_y' 之间的关系。如图 6-7 所示，在空间点 A 处，具有 x 和 y 方向的脉动流速 u_x' 及 u_y'。在 Δt 时段内，通过 ΔA（ΔA 法向为 y 轴方向）面积的脉动质量为

$$\Delta m = \rho \Delta A u_y' \Delta t$$

这部分液体质量，在脉动分速 u_x' 的作用下，在流动方向的动量增量为

$$\Delta m u_x' = \rho \Delta A u_x' u_y' \Delta t$$

此动量增量等于紊流附加切力 ΔT 的冲量

$$\Delta T \Delta t = \rho \Delta A u_x' u_y' \Delta t$$

因此，附加切应力

$$\tau_2 = \frac{\Delta T}{\Delta A} = \rho u_x' u_y'$$

式中 $\rho u_x' u_y'$ 可看作单位时间内通过单位面积的脉动微团进行动量交换的平均值。

再取 A 点的微小面积 $\Delta A'$（$\Delta A'$ 的法向为 x 轴方向），以分析纵向脉动速度 u_x' 与横向脉动速度 u_y' 的关系。根据连续性原理，若 Δt 时段内，A 点处微小空间有 $\rho u_y' \Delta A \Delta t$ 的质量自 ΔA 面流出，则必有 $\rho u_x' \Delta A' \Delta t$ 的质量自 $\Delta A'$ 面流入，即

$$\rho u_y' \Delta A \Delta t + \rho u_x' \Delta A' \Delta t = 0$$

于是

$$u_y' = -\frac{\Delta A'}{\Delta A} u_x' \tag{6-20}$$

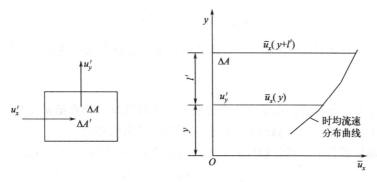

图 6-7 脉冲速度的表示方法

由式（6-20）可见，纵向脉动速度 u_x' 与横向脉动速度 u_y' 成比例，ΔA 与 $\Delta A'$ 总为正值，因此 u_x' 与 u_y' 符号相反。为使上文中附加切应力 τ_2 以正值出现，在 τ_2 的表达式中加负号，得

$$\tau_2 = -\rho u_x' u_y' \tag{6-21}$$

上式就是用脉动流速表示的紊流附加切应力基本表达式。它与流体黏性无直接关系，只与流体密度和脉动强弱有关，因此又称 τ_2 为惯性切应力或雷诺应力。

在紊流流态下，紊流切应力为黏性切应力与附加切应力之和，即

$$\tau = \mu \frac{d\bar{u}_x}{dy} + (-\rho u_x' u_y') \tag{6-22}$$

上式中两部分切应力，在雷诺数较小时即脉动较弱时，第一项占主要地位。随着雷诺数增大，脉动程度加剧，第二项逐渐加大。到雷诺数很大，紊流已充分发展时，黏性切应力（第一项）与附加切应力（第二项）相比甚小，黏性切应力可以忽略不计。

德国学者普朗特（L. Prandtl）在 1925 年提出半经验的混合长度理论，建立了附加切应力和时均流速的关系。

普朗特设想流体质点的紊流运动与气体分子运动类似。气体分子运行一个平均自由路径才与其他分子碰撞，同时发生动量交换。他认为流体质点从某一流速的流层因脉动进入另一流速的流层时，也要运行一段与时均流速垂直的距离 l' 后，才和周围质点发生动量交换。在运动 l' 距离之内，微团保持本来的流动特征不变。此长度称为混合长度。

如空间点 A 处（图 6-7）质点沿 x 方向的时均流速 $\bar{u}_x(y)$，距 A 点 l' 处质点沿 x 方向的时均流速为 $\bar{u}_x(y+l')$，这两点空间点上质点沿 x 方向的时均流速差为

$$\Delta \bar{u}_x = \bar{u}_x(y+l') - \bar{u}_x(y) = \bar{u}_x(y) + l' \frac{d\bar{u}_x}{dy} - \bar{u}_x(y) = l' \frac{d\bar{u}_x}{dy}$$

普朗特假设脉动流速 u_x' 与时均流速差 $\Delta \bar{u}_x$ 成比例（为了简便，时均值以后不再标记上划线），即

$$u_x' = C_1 l' \frac{du_x}{dy}$$

从式（6-20）知 u_y' 与 u_x' 成比例，具有相同数量级，但符号相反，即

$$u_y' = -C_2' u_x' = -C_2' C_1 l' \frac{du_x}{dy} = -C_2 l' \frac{du_x}{dy}$$

式中系数 $C_2 = C_2' C_1$ 为正值，于是

$$\tau_2 = -\rho \overline{u_x' u_y'} = \rho C_1 C_2 (l')^2 \left(\frac{du_x}{dy}\right)^2$$

略去下标 x，并令 $l^2 = C_1 C_2 (l')^2$，得到紊流附加切应力的表达式为

$$\tau_2 = \rho l^2 \left(\frac{du}{dy}\right)^2 \tag{6-23}$$

式中 l 亦称为混合长度。由于这个半经验公式比较简单，计算结果又与实验数据符合较好，尽管推导不够严谨，至今仍然是工程上应用最广的紊流理论。

这样，在紊流流态下，紊流切应力的表达形式由式（6-22）被统一表达为下式的形式

$$\tau = \tau_1 + \tau_2 = \mu \frac{du}{dy} + \rho l^2 \left(\frac{du}{dy}\right)^2 \tag{6-24}$$

当雷诺数很大，黏性切应力与附加切应力相比甚小时

$$\tau = \tau_2 = \rho l^2 \left(\frac{du}{dy}\right)^2 \tag{6-25}$$

第六节　紊流沿程阻力损失计算

一、圆管层流底层与紊流核心

由于流体与管壁间的附着力，圆管中流体有一层极薄的流体贴附在管壁上不动，即流体速度为零。在紧靠管壁附近的流层流速速度梯度很大，紊流附加切应力可以忽略。在紊流中紧靠管壁附近，这一薄层称为黏性底层或层流底层，如图 6-8 所示。在层流底层之外的流体，统称为紊流核心。

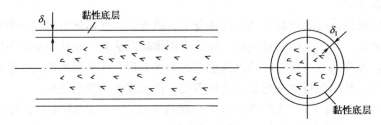

图 6-8　圆管黏性（层流）底层

层流底层中的切应力分布符合牛顿内摩擦定律，管壁附近的切应力为 τ_0，则

$$\tau_0 = \mu \frac{du}{dy}$$

积分后代入边界条件 $y = 0, u = 0$，得

$$\tau_0 = \mu \frac{u}{y}$$

或

$$\frac{\tau_0}{\rho} = \nu \frac{u}{y}$$

式中，$\dfrac{\tau_0}{\rho} = v_*^2$，$v_*$ 的量纲与速度的量纲相同，称为摩阻流速（剪切流速）。则上式可写成

$$\frac{v_* y}{\nu} = \frac{u}{v_*}$$

注意到 $\frac{v_* y}{\nu}$ 为某一雷诺数。当 $y < \delta_1$ 时为层流；而当 $y \to \delta_1$ 时，$\frac{v_* y}{\nu}$ 为某一临界雷诺数。实验资料表明，$\frac{v_* \delta_1}{\nu} = 11.6$。因此

$$\delta_1 = 11.6 \frac{\nu}{v_*}$$

由式 $h_f = \frac{\tau_0 l}{\gamma R}$ 及 $h_f = \lambda \frac{l v^2}{2dg}$ 可得

$$\tau_0 = \frac{\lambda \rho v^2}{8} \tag{6-26}$$

代入 δ_1 的表达式得

$$\delta_1 = \frac{32.8 \nu}{v \sqrt{\lambda}} = \frac{32.8 d}{Re \sqrt{\lambda}} \tag{6-27}$$

层流底层的厚度很薄，但它对流体阻力有重大影响。任何材料的管壁或多或少都有些粗糙不平。粗糙突出管壁的平均高度称为绝对粗糙度，用 K 表示。当 K 的高度淹没在层流底层中，流体就像在光滑的管壁上流动一样，这种情况称为紊流光滑管，即 $K \leqslant \delta_1$。反之，当粗糙度 $K > \delta_1$ 时，成为涡旋的发生地，从而加剧了紊流的脉动作用，水头损失也就较大，这种情况称为紊流粗糙管。

二、流速分布

紊流过水断面上各点的流速分布，是研究紊流以便解决有关工程问题的主要内容之一，也是推导紊流阻力系统计算公式的理论基础。现根据紊流混合长度理论推导紊流核心的流速分布。在紊流核心中，黏性切应力与附加切应力比较可以忽略不计，根据式（6-25）有

$$\tau = \rho l^2 \left(\frac{du}{dy}\right)^2$$

又由式（6-9）知，均匀流过水断面上切应力为

$$\tau = \tau_0 \frac{r}{r_0} = \tau_0 \left(1 - \frac{y}{r_0}\right)$$

混合长度 l 可按实验资料得出的公式计算

$$l = ky \sqrt{1 - \frac{y}{r_0}}$$

式中，k 为常数，称卡门通用常数。

于是

$$\tau_0 \left(1 - \frac{y}{r_0}\right) = \rho k^2 y^2 \left(1 - \frac{y}{r_0}\right) \left(\frac{du}{dy}\right)^2$$

整理得
$$du = \frac{v_*}{k} \frac{dy}{y}$$

变换为紊流光滑管的形式

$$\frac{\mathrm{d}u}{v_*} = \frac{1}{k}\frac{\mathrm{d}\left(\frac{v_* y}{\nu}\right)}{\left(\frac{v_* y}{\nu}\right)}$$

积分得

$$u = v_*\left[\frac{1}{k}\ln\left(\frac{v_* y}{\nu}\right) + C_1\right]$$

变换为紊流粗糙管的形式

$$\frac{\mathrm{d}u}{v_*} = \frac{1}{k}\frac{\mathrm{d}\left(\frac{y}{K}\right)}{\left(\frac{y}{K}\right)}$$

积分得

$$u = v_*\left[\frac{1}{k}\ln\left(\frac{y}{K}\right) + C_2\right]$$

根据尼古拉兹实验资料，确定积分常数 $C_1 = 5.5$，$C_2 = 8.5$，$k = 0.4$，并变为常用对数表示，得

（1）光滑管的流速分布（$K \leqslant \delta_1$）

$$u = v_*\left[5.75\lg\left(\frac{v_* y}{\nu}\right) + 5.5\right] \tag{6-28}$$

（2）粗糙管的流速分布（$K > \delta_1$）

$$u = v_*\left[5.75\lg\left(\frac{y}{K}\right) + 8.5\right] \tag{6-29}$$

三、尼古拉兹实验曲线

在 1933 年，尼古拉兹（Nikuradse）对于圆管流动，曾用人工砂粒粗糙管道进行过系统深入的试验。如图 6-9 所示，以 $\lg Re$ 为横坐标，以 $\lg\lambda$ 为纵坐标，以相对粗糙度 K/d 为参数。由图看到，λ 和 Re 及 K/d 的关系可分成下列 5 个区来说明。

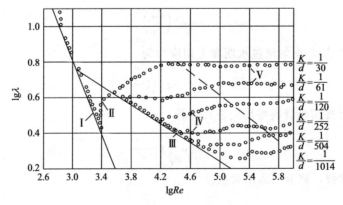

图 6-9 尼古拉兹实验曲线

Ⅰ区，层流区。$Re < 2300$，试验结果证实了圆管层流理论公式的正确性，λ 与 K/d 无关。

$$\lambda = \frac{64}{Re}$$

Ⅱ区，层流转变为紊流的过渡区。此时 λ 值基本上与 K/d 无关，而与 Re 有关。此区在某些书上并不列为一个区。通过后面讲到的工业管道实验曲线来看，此区的 λ 值计算可用柯列勃洛克（Colebrook）公式，此处不再列出。

Ⅲ区，光滑管区。此时水流虽已处于紊流状态，$Re > 3000$，但不同粗糙度的试验点都聚集在一条直线上，只是随着 Re 加大，相对粗糙度大的管道，其实验点在 Re 较低时离开了该线；而相对粗糙度小的管道，在 Re 较高时才离开此线。用以下的计算理论可以求得Ⅲ区的 λ 值。

根据普朗特紊流混合长度理论及尼古拉兹人工粗糙管的试验数据，得出紊流流核流速分布为

$$u = v_* \left[5.75 \lg \left(\frac{v_* y}{\nu} \right) + 5.5 \right] \tag{6-30}$$

将其对断面进行积分而得平均流速

$$v = \frac{Q}{A} = \frac{\int_0^{r_0} u \times 2\pi r \, dr}{\pi r_0^2} \tag{6-31}$$

由于层流底层很薄，积分时可认为紊流流核内流速对数分布曲线一直延伸到管壁，上式中的 u 以式（6-30）代入，积分得

$$v = v_* \left[5.75 \lg \left(\frac{v_* r_0}{\nu} \right) + 1.75 \right] \tag{6-32}$$

又由式（6-7）

$$\tau_0 = \gamma \frac{r_0}{2} J = \gamma \frac{d}{4} J = \gamma \frac{d}{4} \lambda \frac{l v^2}{2 d l g} = \frac{\lambda \rho v^2}{8}$$

因此

$$v_* = \sqrt{\frac{\tau_0}{\rho}} = v \sqrt{\frac{\lambda}{8}} \tag{6-33}$$

将式（6-33）代入式（6-32），经整理并与尼古拉兹试验资料比较，进行修正后得

$$\frac{1}{\sqrt{\lambda}} = 2 \lg (Re \sqrt{\lambda}) - 0.8 \tag{6-34}$$

式（6-34）称为尼古拉兹光滑管公式，适用于 $Re = 5 \times 10^4 \sim 3 \times 10^6$。

Ⅳ区，为紊流光滑管转变向粗糙管区的紊流过渡区，该区的阻力系数 $\lambda = f\left(Re, \frac{K}{d}\right)$。从后面将要讲到的工业管道实验曲线来看，此区的曲线变化与工业管道曲线区别较大，故以工业管道实验得出的柯列勃洛克公式计算得出的 λ 值为准。

$$\frac{1}{\sqrt{\lambda}} = -2 \lg \left(\frac{K}{3.7d} + \frac{2.51}{Re \sqrt{\lambda}} \right) \tag{6-35}$$

式中，K 为工业管道的粗糙高度，可由表 6-1 查得。

Ⅴ区，粗糙管区或阻力平方区。该区 λ 与雷诺数无关，$\lambda = f\left(\frac{K}{d}\right)$。水流阻力与流速的平方成正比，故又称为阻力平方区。用以下的计算理论可以求得Ⅴ区的 λ 值。

表 6-1　当量粗糙高度

管材种类	K/mm
聚氯乙烯管、玻璃管、黄铜管	$0\sim0.002$
光滑混凝土管、新焊接钢管	$0.015\sim0.06$
新铸铁管、离心混凝土管	$0.15\sim0.5$
旧铸铁管	$1\sim1.5$
轻度锈蚀钢管	0.25
清洁的镀锌铁管	0.25

此区黏性底层已失去意义，粗糙突出高度 K 对水头损失起决定作用。根据普朗特理论和尼古拉兹对紊流粗糙管区的流速分布实测资料，得流速分布为

$$u = v_* \left[5.75\lg\left(\frac{y}{K}\right) + 8.5 \right]$$

对断面积分，求得平均流速公式

$$v = v_* \left[5.75\lg\left(\frac{r_0}{K}\right) + 4.75 \right] \tag{6-36}$$

将式（6-33）代入式（6-36），整理并根据实验资料修正常数，得

$$\lambda = \frac{1}{\left[2\lg\left(\dfrac{r_0}{K}\right) + 1.74 \right]^2} \tag{6-37}$$

式（6-37）称为尼古拉兹粗糙管公式，适用于 $Re > \dfrac{382}{\sqrt{\lambda}}\left(\dfrac{r_0}{K}\right)$。

四、工业管道的实验曲线

上述式（6-34）、式（6-37）都是在人工粗糙管的基础上得到的。将工业管道与人工粗糙管道沿程阻力系数对比，得出它们在光滑管区的 λ 实验结果相符，因此式（6-34）也适用于工业管道。

在粗糙管区，工业管道和人工粗糙管道 λ 值也有相同的变化规律。它说明尼古拉兹粗糙管公式有可能应用于工业管道，问题是工业管道的粗糙高度、粗糙形状及其分布都是无规则的。计算时，必须引入当量粗糙高度的概念，以便把工业管道的粗糙折算成人工粗糙。所谓当量粗糙高度是指和工业管道粗糙区 λ 值相等的同直径人工粗糙管的粗糙高度。部分常用工业管道的当量粗糙高度，如表 6-1 所示。

对于光滑管和粗糙管之间的过渡区，工业管道和人工粗糙管道 λ 值的变化规律有很大差异，尼古拉兹过渡区的实验成果对工业管道不适用，柯列勃洛克根据大量工业管道试验资料，提出工业管道过渡区 λ 值计算公式，即柯列勃洛克公式（6-35）。

柯列勃洛克公式实际上是尼古拉兹光滑管区公式和粗糙管区公式的结合。对于光滑管，Re 偏低，公式右边括号内第二项很大，第一项相对很小，可以忽略，该式与式（6-34）类似。当 Re 很大时，公式右边括号内第二项很小，可以忽略不计，于是柯列勃洛克公式与式（6-37）类似。这样，柯列勃洛克公式不仅适用于工业管道的紊流过渡区，而且可用于紊流的部分三个阻力区，故又称为紊流沿程阻力系数 λ 的综合计算公式。尽管此式只是个经验公

式，但它是在合并两个半经验公式的基础上得出的，公式应用广泛，与实验结果符合良好，随着"当量粗糙度"数据的逐渐充足完备，该式应用将更加方便。

式（6-35）须经过几次迭代才能得出结果。为了简化计算，1944年莫迪（Moody）在柯列勃洛克公式的基础上，绘制了工业管道 λ 的计算曲线，即莫迪图（图6-10）。在图中可按 Re 及相对粗糙度 K/d 直接查得 λ 值。

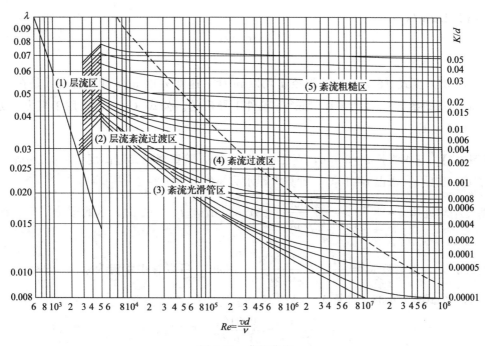

图6-10 莫迪曲线

五、沿程阻力系数的经验公式

1. 布拉休斯（Blasius）公式

$$\lambda = \frac{0.3164}{Re^{1/4}} \tag{6-38}$$

此式是1912年布拉休斯总结光滑管的实验资料提出的。适用条件为：$Re < 10^5$ 及 $K < 0.4\delta_1$。将式（6-38）代入达西公式，可知 $h_f \propto v^{1.75}$。

2. 舍维列夫公式

舍维列夫根据他所进行的钢管及铸铁管的实验，提出了计算过渡区及阻力平方区的阻力系数公式。

（1）对新钢管

$$\lambda = \frac{0.0159}{d^{0.226}} \left(1 + \frac{0.684}{v}\right)^{0.226} \tag{6-39}$$

此式适用条件为 $Re < 2.4 \times 10^6 d$，d 以 m 计。

（2）对新铸铁管

$$\lambda = \frac{0.0144}{d^{0.284}} \left(1 + \frac{2.36}{v}\right)^{0.284} \tag{6-40}$$

适用条件为 $Re < 2.7 \times 10^6 d$，d 以 m 计。

（3）对旧铸铁管及旧钢管

当 $v \leqslant 1.2\text{m/s}$

$$\lambda = \frac{0.0179}{d^{0.3}} \left(1 + \frac{0.867}{v}\right)^{0.3} \tag{6-41}$$

当 $v > 1.2\text{m/s}$

$$\lambda = \frac{0.021}{d^{0.3}} \tag{6-42}$$

式（6-39）至式（6-41）中的管径 d 均以 m 计，速度 v 以 m/s 计，且公式是在水温为 10℃，黏性运动系数 $\nu = 1.3 \times 10^{-6}\text{m}^2/\text{s}$ 条件下导出的。公式（6-42）适用于阻力平方区，管径 d 也以 m 计。

【例 6-3】 某水管长 $l = 500\text{m}$，直径 $d = 200\text{mm}$，管壁粗糙突起高度 $K = 0.1\text{mm}$，如输送流量 $Q = 10\text{L/s}$，水温 $t = 10℃$，计算沿程水头损失为多少？

解 平均流速 $v = \dfrac{Q}{\dfrac{1}{4}\pi d^2} = \dfrac{10000}{\dfrac{1}{4}\pi(20)^2} = 31.83\text{cm/s}$，$t = 10℃$ 时，水的运动黏性系数 $\nu = 0.01310\text{cm}^2/\text{s}$，雷诺数 $Re = \dfrac{vd}{\nu} = \dfrac{31.83 \times 20}{0.01310} = 48595$，所以管中水流为紊流，$Re < 10^5$，先用布拉休斯公式式（6-38）计算 λ：

$$\lambda = \frac{0.3164}{Re^{1/4}} = \frac{0.3164}{48595^{1/4}} = 0.0213$$

用式（6-27）计算黏性底层厚度

$$\delta_1 = \frac{32.8d}{Re\sqrt{\lambda}} = \frac{32.8 \times 200}{48595 \times \sqrt{0.0213}} = 0.92(\text{mm})$$

因为 $Re = 48595 < 10^5$，$K = 0.1\text{mm} < 0.4\delta_1 = 0.4 \times 0.92\text{mm} = 0.369\text{mm}$，所以流态是紊流光滑管区，即布拉休斯公式适用。沿程水头损失

$$h_\text{f} = \lambda \frac{lv^2}{2dg} = 0.0213 \times \frac{500}{0.2} \times \frac{(0.318)^2}{2 \times 9.81} = 0.274(\text{m 水柱})$$

或者可以按式（6-34）计算 λ

$$\frac{1}{\sqrt{\lambda}} = 2\lg(Re\sqrt{\lambda}) - 0.8$$

这时要先假设 λ，如设 $\lambda = 0.021$，则

$$\frac{1}{\sqrt{0.021}} = 6.90$$

$$2 \times \lg(48595 \times \sqrt{0.021}) - 0.8 = 2 \times 3.847 - 0.8 = 6.894$$

所以 $\lambda = 0.021$ 满足此式。

也可以查莫迪图（图 6-10），当 $Re = 48595$ 按光滑管查，得 $\lambda = 0.0208$。

由此可以看出，在上面的雷诺数范围内，计算和查表所得的 λ 值是一致的。

第七节　局部阻力损失计算

一、局部水头损失发生的原因

实际流体输送系统的管道或渠道中经常设有异径管、三通、闸阀、弯管、格栅等部件或构筑物。在这些局部阻碍处均匀流遭受破坏，引起流速分布的急剧变化，甚至会引起边界层分离、产生漩涡，从而形成形状阻力和摩擦阻力，即局部阻力，由此产生的水头损失称为局部水头损失。一般产生局部水头损失的部位常为紊流流态，本节只讨论紊流状态的局部水头损失。

从能量的观点来看，水流各质点的机械能要进行转化，即势能与动能的相互转化，在能量转化过程中，将有一部分机械能转化为热能，造成机械能量的损失，这就是局部水头损失。

二、圆管中水流突然扩大的局部水头损失

在各种局部水头损失中，过水断面突然放大，能通过理论分析得出计算公式，下面对这种情况进行分析。

设有一圆管，其直径从 d_1 突然放大到 d_2，如图 6-11 所示。此时的管中流态为紊流状态，在断面突然扩大处的流股与四周的漩涡有频繁的质量交换。从能量角度讲，即有能量不断地从流股传递到漩涡区，然后在漩涡区消耗掉。

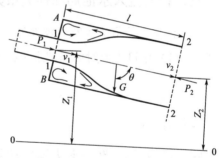

图 6-11　圆管突然放大局部水头损失计算

突然放大的水头损失可确定如下：

（1）对图 6-11 中的 1—1 断面和 2—2 断面，写能量方程，为局部水头损失的形式 h_m

$$h_\mathrm{m}=Z_1-Z_2+\frac{p_1}{\gamma}-\frac{p_2}{\gamma}+\frac{\alpha_1 v_1^2-\alpha_2 v_2^2}{2g} \quad (6\text{-}43)$$

（2）对图 6-11 中的 1—1 断面和 2—2 断面，写动量方程。设该断面间隔离体的流量为 Q，动量增值为

$$\rho Q(\alpha_{02}v_2-\alpha_{01}v_1)=p_1 A_1-p_2 A_2+\gamma A_2 l\cos\theta$$

因为 $\cos\theta=\dfrac{Z_1-Z_2}{l}$，故上式可写成

$$\frac{v_2}{g}(\alpha_{02}v_2-\alpha_{01}v_1)=Z_1-Z_2+\frac{p_1-p_2}{\gamma} \quad (6\text{-}44)$$

将式（6-44）代入式（6-43），得

$$h_\mathrm{m}=\frac{v_2}{g}(\alpha_{02}v_2-\alpha_{01}v_1)+\frac{\alpha_1 v_1^2-\alpha_2 v_2^2}{2g}$$

可以近似地认为 $\alpha_{01}=\alpha_{02}=\alpha_1=\alpha_2=1.0$，则上式可进一步简化为

$$h_{\mathrm{m}} = \frac{v_2^2 - 2v_1v_2 + v_1^2}{2g} = \frac{(v_1 - v_2)^2}{2g} \tag{6-45}$$

式（6-45）就是突然放大的局部水头损失的理论公式。这个公式经实验验证有足够的准确性，可以在实际计算中采用。

式（6-45）还可以用下列不同形式表示。根据连续原理，可知 $v_1 = \dfrac{v_2 A_2}{A_1}$ 或 $v_2 = \dfrac{v_1 A_1}{A_2}$，因此式（6-45）可写成

$$h_{\mathrm{m}} = \left(\frac{A_2}{A_1} - 1\right)^2 \frac{v_2^2}{2g} = \zeta_2 \frac{v_2^2}{2g} \tag{6-46}$$

$$h_{\mathrm{m}} = \left(1 - \frac{A_1}{A_2}\right)^2 \frac{v_1^2}{2g} = \zeta_1 \frac{v_1^2}{2g} \tag{6-47}$$

式中的 $\zeta_1 = \left(1 - \dfrac{A_1}{A_2}\right)^2$，$\zeta_2 = \left(\dfrac{A_2}{A_1} - 1\right)^2$，称为突然放大的局部水头损失系数。

其他各种局部水头损失还没有理论分析，一般都用一个流速水头与一个局部水头损失系数的乘积表示，即

$$h_{\mathrm{m}} = \zeta \frac{v^2}{2g} \tag{6-48}$$

三、管道流入水池局部损失系数

当流体从一管道流入断面较大的水池或容器时可认为 v_2 近似为零，A_1/A_2 近似为零。从式（6-47）中可得此时的局部水头损失计算式及局部水头损失系数如下

$$h_{\mathrm{m}} = \zeta_1 \frac{v_1^2}{2g} \tag{6-49}$$

式中 $\zeta_1 = 1.0$

四、断面突然收缩水头损失计算

断面突然收缩的情形如图 6-12 所示。在大管和小管中都有不同的漩涡区，如用小管中的平均流速 v_2 来衡量水头损失则

$$h_{\mathrm{m}} = \zeta \frac{v_2^2}{2g}$$

根据实验结果 $\qquad\qquad \zeta = 0.5\left(1 - \dfrac{A_2}{A_1}\right) \tag{6-50}$

通过计算比较可知，突然收缩的水头损失比相应的突然放大要小。

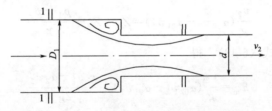

图 6-12　突然缩小管局部水头损失计算

五、管路进口水头损失计算

管路进口可以看作图 6-12 中 1—1 断面非常大的一种特殊情况，即 A_2/A_1 近似于零，则从式（6-50）可得 $\zeta_{进}=0.5$。

如为喇叭形进口，则视喇叭口形状和水流情况，可选择如下范围的系数值：

$$\zeta=0.05\sim0.25$$

六、渐扩渐缩弯折管及管路配件局部水头损失计算

渐扩、渐缩、弯管及管路配件的局部水头损失系数计算的公式及数值分别列在表 6-2～表 6-5 中。

表 6-2 断面逐渐扩大管局部水头损失系数

断面逐渐扩大管 $h_{\mathrm{m}}=\zeta\dfrac{(v_1-v_2)^2}{2g}$

D/d	θ											
	2°	4°	6°	8°	10°	15°	20°	25°	30°	35°	40°	45°
1.1	0.01	0.01	0.01	0.02	0.03	0.05	0.10	0.13	0.16	0.19	0.19	0.20
1.2	0.02	0.02	0.02	0.03	0.06	0.09	0.16	0.21	0.25	0.29	0.31	0.33
1.4	0.02	0.03	0.03	0.04	0.06	0.12	0.23	0.30	0.36	0.41	0.44	0.47
1.6	0.03	0.03	0.04	0.05	0.07	0.14	0.26	0.35	0.42	0.47	0.51	0.54
1.8	0.03	0.04	0.04	0.05	0.07	0.15	0.28	0.37	0.44	0.50	0.54	0.58
2.0	0.03	0.04	0.04	0.05	0.07	0.16	0.29	0.38	0.45	0.52	0.56	0.60
2.5	0.03	0.04	0.04	0.08	0.16	0.30	0.39	0.48	0.54	0.58	0.62
3.0	0.03	0.04	0.04	0.05	0.08	0.16	0.31	0.40	0.48	0.55	0.59	0.63

表 6-3 断面逐渐缩小管局部水头损失系数

断面逐渐缩小管 $h_{\mathrm{m}}=\zeta\dfrac{v_2^2}{2g}$

	d/D	0.0	0.1	0.2	0.3	0.4	0.5	0.6	0.7	0.8	0.9	1.0
	ζ	0.50	0.45	0.42	0.39	0.36	0.33	0.28	0.22	0.15	0.06	0.00

表 6-4 弯管局部水头损失系数

$\zeta=\left[0.131+0.163\left(\dfrac{d}{R}\right)^{0.5}\right]\left(\dfrac{\theta}{90°}\right)^{0.5}$（圆管）

	90°	d/R	0.2	0.6	1.0	1.2	1.6	1.8	2.0
		ζ	0.132	0.158	0.294	0.440	0.976	1.406	1.957
		d/R	0.2	0.6	1.0	1.2	1.4	1.6	2.0
		ζ	0.12	0.18	0.40	0.64	1.02	1.55	3.23

$$\zeta=\left[0.131+0.163\left(\frac{d}{R}\right)^{0.5}\right]\left(\frac{\theta}{90°}\right)^{0.5}（圆管）$$

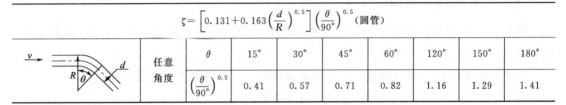

任意角度	θ	15°	30°	45°	60°	120°	150°	180°
	$\left(\frac{\theta}{90°}\right)^{0.5}$	0.41	0.57	0.71	0.82	1.16	1.29	1.41

表 6-5　管路配件局部水头损失系数

其他管路配件局部损失　　　$h_{\mathrm{m}}=\zeta\dfrac{v^2}{2g}$

名称	图式	ζ		名称	图式	ζ
截止阀		全开　4.3~6.1				0.1
碟阀		全开　0.1~0.3				1.5
阀门		全开　0.12		等径三通		1.5
无阀滤水网		2~3				3.0
有网底阀		3.5~10 ($d=50~600\mathrm{mm}$)				2.0

【例 6-4】　有一段直径 $d=100\mathrm{mm}$ 的管路长 10m。其中有两个 90°的弯管，$d/R=1.0$。管段的沿程水头损失系数 $\lambda=0.037$。如拆除这两个弯管而管段长度不变，作用于管段两端的总水头也维持不变，问管段中的流量能增加百分之几？

解　在拆除弯管之前，在一定流量下的水头损失为

$$h_{\mathrm{w}}=\lambda\frac{lv_1^2}{2dg}+2\zeta\frac{v_1^2}{2g}=\left(\lambda\frac{l}{d}+2\zeta\right)\frac{v_1^2}{2g}$$

式中，v_1 为该流量下的圆管断面流速。

按表 6-4 中公式计算得

$$\zeta=0.131+0.163=0.294$$

代入上式得

$$h_{\mathrm{w}}=\left(0.037\times\frac{10}{0.1}+2\times0.294\right)\frac{v_1^2}{2g}=4.29\frac{v_1^2}{2g}$$

拆除弯管后的沿程水头损失为

$$h_{\mathrm{f}}=0.037\times\frac{10}{0.1}\times\frac{v_2^2}{2g}=3.7\frac{v_2^2}{2g}$$

若两端的总水头差不变，则得

$$3.7\frac{v_2^2}{2g}=4.29\frac{v_1^2}{2g}$$

因而，

$$\frac{v_2}{v_1}=\sqrt{\frac{4.29}{3.7}}=\sqrt{1.16}=1.077$$

流量 $Q=vA$，所以，$Q_2=1.077Q_1$

即流量增加 7.7%。

七、非圆管的当量直径计算

在空调通风工程中，很多通风管道断面形式是矩形。在沿程阻力计算的达西公式式（6-17）中表征管道断面几何特征的变量是圆管的管径 d，本章沿程阻力计算的公式及表格数据都适用于圆形断面管道。对于任何形状断面管道对沿程阻力影响的断面几何变量是流体与断面接触的长度，这个长度类似于断面的周长，在流体力学领域称为湿周，用希腊字母 χ 表示；另一个影响沿程阻力的几何特征是流体通过管道断面的流体过流面积，用字母 A 表示。流体过流面积 A 越大，则流体通过该断面的能力越大，湿周 χ 越大则流体在该断面遇到的阻力越大。严格来说，流体过流断面面积 A 与断面湿周 χ 的比值才是真正反映流体在断面上克服阻力的过流能力。表征断面过流能力的该比值称为水力半径，该比值用 R 表示。即

$$R=\frac{A}{\chi} \tag{6-51}$$

通过式（6-51）令非圆管道断面水力半径与圆形断面水力半径相等，求出该圆管的水力半径，称为非圆管道的当量直径，用 d_e 表示，即

$$R=\frac{A}{\chi}=\frac{\frac{\pi}{4}d_e^2}{\pi d_e}=\frac{d_e}{4}$$

$$d_e=4R \tag{6-52}$$

沿程阻力公式式（6-17）可以改写为适用于各种几何形状过流断面的沿程阻力计算公式

$$h_f=\lambda\frac{l}{4R}\times\frac{v^2}{2g} \tag{6-53}$$

常用的非圆形过流断面为矩形与正方形，当流体流动状态为完全充满过流断面的有压流动时，可以根据式（6-51）、式（6-52）计算过流断面的水力半径和当量直径。

对于边长为 a、b 的矩形过流断面水力半径

$$R=\frac{A}{\chi}=\frac{ab}{2(a+b)}$$

对于边长为 a、b 的矩形过流断面的当量直径

$$d_e=4R=\frac{2ab}{a+b}$$

对于边长为 a 的正方形过流断面水力半径

$$R=\frac{A}{\chi}=\frac{a^2}{4a}=\frac{a}{4}$$

对于边长为 a 的正方形过流断面的当量直径

$$d_e = 4R = a$$

对于莫迪曲线（图 6-10）所使用的参数相对粗糙度也可以用当量直径计算，相对粗糙度公式为 K/d_e，对于矩形、正方形等断面管道使用当量直径计算沿程阻力损失与实验结果是很接近的。

对于非圆管的雷诺数计算公式如下

$$Re = \frac{v d_e}{\nu} = \frac{v(4R)}{\nu} = 4\frac{vR}{\nu}$$

如果任意形状过流断面的雷诺数用水力半径表示都可以写为上式的形式，假如临界雷诺数用水力半径替代管道直径为特征长度则

$$Re_c' = \frac{Re}{4} = \frac{vR}{\nu} = \frac{2300}{4} = 575$$

该计算数据在本章第二节第二部分已经有了相应叙述。

思考题与习题

6-1 雷诺数的物理概念是什么？

6-2 什么是黏性底层？什么是紊流核心？

6-3 在不同的流态下，沿程损失计算公式有何不同？

6-4 层流和紊流两种流态是如何转变的？两种状态的摩擦剪切力的计算公式有何不同？

6-5 有一圆形风道，管径为 300mm，输送的空气温度 20℃，求气流保持层流时的最大流量。若输送的空气为 200kg/h，气流是层流还是紊流？答：$Q_m = 35.25$kg/h。

6-6 水流经过一个渐扩管，如小断面的直径为 d_1，大断面的直径为 d_2，而 $\frac{d_2}{d_1} = 2$，试问哪个断面雷诺数大？这两个断面的雷诺数的比值 Re_1/Re_2 是多少？答：$Re_1 > Re_2$，$Re_1/Re_2 = 2$。

6-7 设圆管直径 $d = 200$mm，管长 $l = 1000$m，输送石油的流量 $Q = 40$L/s，运动黏性系数 $\nu = 1.6$cm^2/s，求沿程水头损失。答：$h_f = 16.6$m。

6-8 有一圆管，在管内通过 $\nu = 0.013$cm^2/s 的水，测得通过的流量为 35cm^3/s，在管长 15m 的管段上测得水头损失 2cm，试求该圆管内径 d。答：$d = 2$cm。

6-9 如图 6-13 所示，油的流量 $Q = 7.7$cm^3/s，通过直径 $d = 6$mm 的细管，在 $l = 2$m 长的管段两端接水银压差计，压差计读数 $h = 18$cm，水银的重度 $\gamma_汞 = 133.38$kN/m^3，油的重度 $\gamma_油 = 8.43$kN/m^3，求油的运动黏性系数。答：$\nu = 0.54$cm^2/s。

6-10 利用圆管层流 $\lambda = \frac{64}{Re}$，水力光滑区 $\lambda = \frac{0.3164}{Re^{0.25}}$ 和粗糙度 $\lambda = 0.11\left(\frac{K}{d}\right)^{0.25}$ 这三个公式，论证在层流中 $h_f \propto v$，光滑区 $h_f \propto v^{1.75}$，粗糙区 $h_f \propto v^2$。

6-11 在管径 $d = 50$mm 的光滑铜管中，水的流量为 3L/s，水温 $t = 20$℃。求：

(1) 在管长 $l = 500$mm 的管道中的沿程水头损失。

(2) 管壁切应刀 τ_0。

(3) 层流底层的厚度 δ。

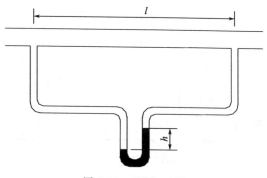

图 6-13　习题 6-9 图

答：$h_f = 24mm$，$\tau_0 = 5.85N/m^2$，$\delta = \delta_1 = 0.152mm$。

6-12　镀锌铁皮风道，直径 $d = 500mm$，流量 $Q = 1.2m^3/s$，空气温度 $t = 20℃$，试判别流动处于什么阻力区。并求 λ 值。答：过渡区，$\lambda = 0.018$。

6-13　有一水管，管长 $l = 500m$，管径 $d = 300mm$，粗糙高度 $K = 0.2mm$。若通过流量 $Q = 60L/s$，水温 20℃，运动黏滞系数 $\nu = 1.003 \times 10^{-6} m^2/s$。请解答以下问题：（1）求雷诺数；（2）判别流态；（3）计算沿程损失阻力系数；（4）求沿程阻力水头损失。

答：（1）雷诺数 $Re = 2.5 \times 10^5$；

（2）流态为紊流；

（3）根据莫迪曲线查得沿程阻力系数 $\lambda = 0.026$；

（4）沿程阻力水头损失 $h_f = 1.59m$ 水柱。

6-14　如图 6-14 所示，有一流速由管径 d_1 处的 v_1 变为管径 d_2 处 v_2 的突然扩大管，如分为两次扩大，中间管段流速 v 取何值时局部水头损失最小，相对该流速时的中间管道直径是多少？此时水头损失为多少？并与一次扩大时的水头损失比较。答：中间段流速 $v = \dfrac{1}{2}(v_1 + v_2)$ 时水头损失最小，此时的管道直径 $d = \sqrt{2}\dfrac{d_1 d_2}{\sqrt{d_1^2 + d_2^2}}$，此时的水头损失 $h_m = \dfrac{1}{2}\dfrac{(v_1 - v_2)^2}{2g}$，是一次扩大水头损失的二分之一。

图 6-14　习题 6-14 图

6-15　如图 6-15 所示，水从封闭容器 A 沿直径 $d = 25mm$，长度 $l = 10m$ 的管道流入容器 B，若容器 A 水面的相对压强 $p_1 = 196kPa$，$H_1 = 1m$，$H_2 = 5m$，局部阻力系数 $\zeta_{进} = 0.5$，$\zeta_{阀} = 4.0$，$\zeta_{弯} = 0.3$，沿程阻力系数 $\lambda = 0.025$，求流量 Q。答：$Q = 2.14L/s$。

6-16　自水池中引出一根具有三段不同直径的水管，如图 6-16 所示。已知 $d = 50mm$，$D = 200mm$，$l = 100m$，$H = 12m$，局部阻力系数 $\zeta_{进} = 0.5$，$\zeta_{阀} = 5.0$，沿程阻力系数 $\lambda = 0.03$。求管中通过的流量并绘出总水头线与测压管水头线。答：$Q = 2.68L/s$。

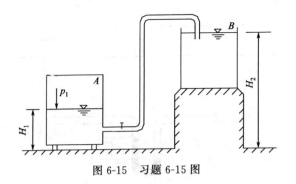

图 6-15 习题 6-15 图

6-17 如图 6-17 所示，求逐渐扩大管的局部阻力系数。已知 $d_1=7.5$cm，$p_1=71$kPa，$d_2=15$cm，$p_2=142$kPa，$l=150$cm，流过的水量 $Q=56.6$L/s。答：$\zeta=4.0$。

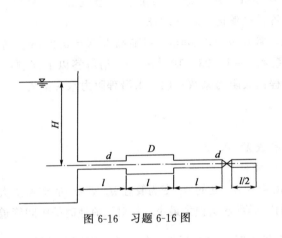

图 6-16 习题 6-16 图

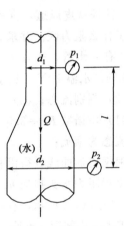

图 6-17 习题 6-17 图

第 **7** 章
孔口、管嘴和管路流动

在容器壁上开孔，流体经孔口流出的流动现象称为孔口出流；在孔口上连接长为 3～4 倍孔径的短管，流体经过短管并在出口断面满管流出的流动现象称为管嘴流出；当孔口上连接的管长超过 4 倍孔径时，流体在管路中的流动现象称为管路流动。一般情况下流体充满整个流动断面，称为有压管嘴或有压管路流动。在管路流动中，根据局部水头损失与沿程水头损失比例的大小，又可分为短管流动和长管流动。

第一节 孔口、管嘴出流

一、小孔口自由出流

在容器壁上开一孔口，如壁的厚度对流体流动没有影响，孔壁与流体仅在一条周线上接触，这种孔口称为薄壁孔口，如图 7-1 所示。

当孔口直径 d 与孔口形心以上的水头高 H 相比较很小时，即 $d \leqslant \dfrac{H}{10}$，这种孔口称为小孔口；若 $d > \dfrac{H}{10}$，则称为大孔口。当孔口上作用的水头不变时，称为恒定出流。若孔口流出的水流进入空气中，称为自由出流，如图 7-1 所示。水流在出口后形成收缩，直至距孔口约为 $d/2$ 处收缩完毕，流线在此趋于平行，这一断面称为收缩断面。

为推导孔口出流的关系式，以通过孔口形心的水平面为基准面，取水箱内符合渐变流条件的断面 0—0，收缩断面 c—c，列出能量方程

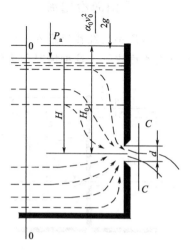

图 7-1 小孔口自由出流

$$H + \frac{p_a}{\gamma} + \frac{\alpha_0 v_0^2}{2g} = 0 + \frac{p_c}{\gamma} + \frac{\alpha_c v_c^2}{2g} + h_w$$

忽略沿程水头损失，即

$$h_w = h_m = \zeta_0 \frac{v_c^2}{2g}$$

在普通开口容器的情况下

$$p_a = p_c$$

于是能量方程可改为

$$H + \frac{\alpha_0 v_0^2}{2g} = (\alpha_c + \zeta_0) \frac{v_c^2}{2g}$$

令 $H_0 = H + \frac{\alpha_0 v_0^2}{2g}$，代入上式整理得

$$v_c = \frac{1}{\sqrt{\alpha_c + \zeta_0}} \sqrt{2gH_0} = \varphi \sqrt{2gH_0} \qquad (7\text{-}1)$$

式中，H_0 为作用水头；ζ_0 为水流经孔口的局部阻力系数；φ 为流速系数，

$$\varphi = \frac{1}{\sqrt{\alpha_c + \zeta_0}} = \frac{1}{\sqrt{1 + \zeta_0}}$$

由实验得孔口流速系数 $\varphi = 0.97 \sim 0.98$，这样可得孔口局部阻力系数

$$\zeta_0 = \frac{1}{\varphi^2} - 1 = \frac{1}{0.97^2} - 1 = 0.06$$

设孔口断面的面积为 A，收缩断面的面积为 A_c，$\frac{A_c}{A} = \varepsilon$ 称为收缩系数。由孔口流出的水流流量为

$$Q = v_c A_c = \varepsilon A \varphi \sqrt{2gH_0} = \mu A \sqrt{2gH_0} \qquad (7\text{-}2)$$

式中 μ 为孔口的流量系数，$\mu = \varepsilon \varphi$。对薄壁的小孔口 $\mu = 0.60 \sim 0.62$。

式（7-2）是薄壁小孔口自由出流的基本公式。

二、孔口淹没出流

当水流不是经孔口进入空气，而是进入另一部分液体中，如图 7-2 所示，致使孔口淹没在下游水面之下，这种情况称为淹没出流。如同自由出流一样，水流经过孔口时，由于惯性作用，流线收缩，然后扩大。

取通过孔口形心的水平面为基准面，取符合渐变流条件的断面 1—1，2—2，列出能量方程

$$H_1 + \frac{p_1}{\gamma} + \frac{\alpha_1 v_1^2}{2g} = H_2 + \frac{p_2}{\gamma} + \frac{\alpha_2 v_2^2}{2g} + \zeta_0 \frac{v_c^2}{2g} + \zeta_1 \frac{v_c^2}{2g}$$

或 $H_1 - H_2 + \frac{\alpha_1 v_1^2}{2g} - \frac{\alpha_2 v_2^2}{2g} = (\zeta_0 + \zeta_1) \frac{v_c^2}{2g}$

令 $H_0 = H_1 - H_2 + \frac{\alpha_1 v_1^2}{2g} - \frac{\alpha_2 v_2^2}{2g}$

将 H_0 代入能量方程式，得

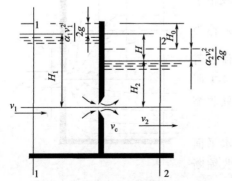

图 7-2　孔口淹没出流

$$H_0 = (\zeta_0 + \zeta_1)\frac{v_c^2}{2g}$$

经整理，得

$$v_c = \frac{1}{\sqrt{\zeta_0 + \zeta_1}}\sqrt{2gH_0}$$

式中，ζ_0 为水流经孔口的局部阻力系数；ζ_1 为水流由孔口流出后突然扩大的局部阻力系数，由式（6-47）确定，当水池断面大于孔口很多时，有 $\zeta_1 = 1.0$。

则

$$v_c = \varphi\sqrt{2gH_0} \tag{7-3}$$

$$Q = \varepsilon A \varphi \sqrt{2gH_0} = \mu A \sqrt{2gH_0} \tag{7-4}$$

当孔口两侧容器较大，$v_1 \approx v_2 \approx 0$ 时，$H_0 = H_1 - H_2 = H$。

比较式（7-1）和式（7-3），可见两式的形式完全相同，流速系数也完全相同。但应注意，在自由出流的情况下，孔口的水头 H 系水面至孔口形心的深度；而在淹没出流情况下，孔口的水头 H 系孔口上、下游的水面高差。因此，孔口淹没出流的流速和流量均与孔口在水面下的深度无关，也无"大""小"孔口的区别。

三、孔口的收缩系数及流量系数

在边界条件中，影响 μ 的因素有孔口形状、孔口边缘情况和孔口在壁面上的位置三个方面。孔口在壁面上的位置，对收缩系数 ε 有直接影响。下面结合图 7-3 所示的几种孔口位置分别给出流量系数的计算公式。

（1）孔口的四周流线都发生收缩，这种孔口称为全部收缩孔口，且当孔口与相邻壁面的距离大于同方向孔口尺寸的 3 倍（$l > 3a$ 或 $l > 3b$），属于完善收缩。图中 1 孔属于完全收缩孔口，各项系数见表 7-1。

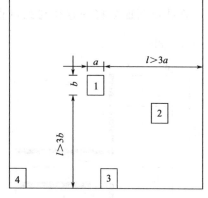

图 7-3　孔口位置对出流的影响

表 7-1　薄壁小孔口各项系数

收缩系数 ε	阻力系数 ζ	流速系数 ϕ	流量系数 μ
0.64	0.06	0.97	0.62

（2）孔口 2 属于全部不完善收缩，不完善收缩的流量系数 μ' 可用下式计算

$$\mu' = \mu\left[1 + 0.64\left(\frac{A}{A_0}\right)^2\right] \tag{7-5}$$

式中，A 为孔口面积；A_0 为孔口所在壁面的全部面积。

从式（7-5）中可见，不完善收缩的流量系数 μ' 要大于完善收缩流量系数 μ。

（3）孔口 3、4 属于非全部收缩情况，即如 3 孔接触底部的一边及 4 孔靠侧边和底边的两边都属于不产生收缩的边，该孔口的流量系数 μ'' 的计算公式如下

$$\mu'' = \mu\left(1 + c\frac{S}{X}\right) \tag{7-6}$$

式中，S 为未收缩部分周长；X 为孔口全部周长；c 为系数，圆孔口取 0.13，方孔口取 0.15。

四、大孔口的流量系数

大孔口可看作由许多小孔口组成。实际计算表明，小孔口的流量计算公式（7-2）也适用于大孔口，特别是在估算大孔口流量时；但式中 H_0 为大孔口形心的水头，而且流量系数 μ 值因收缩系数较小孔口大。水利工程上的闸孔可按大孔口计算，其流量系数见表 7-2。

表 7-2　大孔口的流量系数

孔口形状和水流收缩情况	流量系数 μ
全部、不完善收缩	0.70
底部无收缩，但有适度的侧收缩	0.65～0.70
底部无收缩，侧向很小收缩	0.70～0.75
底部无收缩，侧向极小收缩	0.80～0.90

五、圆柱形外管嘴出流

在孔口断面处接一直径与孔口直径完全相同的圆柱形短管，其长度 $l=(3\sim4)d$，如图 7-4 所示，称为圆柱形管嘴。在收缩断面 $c—c$ 处水流与管壁分离，形成漩涡区；然后逐渐扩大，在管嘴出口断面上，水流已完全充满整个断面。

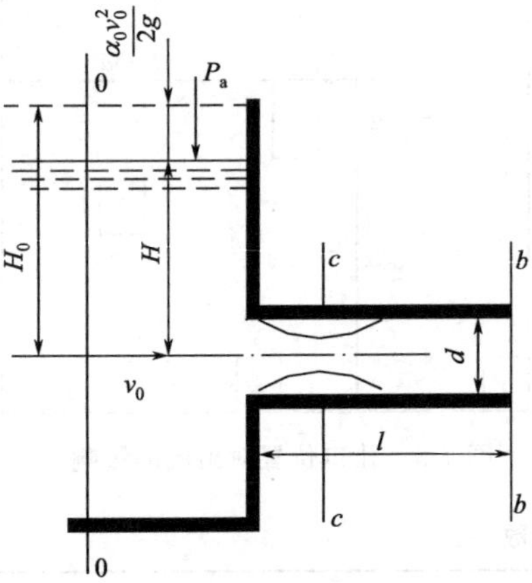

设水箱的水面压强为大气压强，管嘴为自由出流，对水箱中过水断面 0—0 和管嘴出口断面 $b—b$ 列能量方程，即

图 7-4　圆柱形管嘴

$$H+\frac{\alpha_0 v_0^2}{2g}=\frac{\alpha v^2}{2g}+h_w$$

式中，$h_w=\zeta\dfrac{v^2}{2g}$，ζ 为进口损失与收缩断面后的扩大损失之和（忽略管嘴的沿程水头损失）。

令
$$H_0=H+\frac{\alpha_0 v_0^2}{2g}$$

解得管嘴的出口速度

$$v=\frac{1}{\sqrt{\alpha+\zeta}}\sqrt{2gH_0}=\varphi_n\sqrt{2gH_0} \tag{7-7}$$

式中，ζ 为管嘴阻力系数，取 $\zeta=0.5$；φ_n 为管嘴流速系数，$\varphi_n=\dfrac{1}{\sqrt{1+0.5}}=0.82$。

管嘴流量

$$Q=\varphi_n A\sqrt{2gH_0}=\mu_n A\sqrt{2gH_0} \tag{7-8}$$

式中，μ_n 为管嘴流量系数，因出口无收缩，则 $\mu_n=\varphi_n=0.82$。

比较式（7-2）和式（7-8），两式的形式完全相同，然而 $\mu_n=1.32\mu$。可见在相同的水头作用下，同样断面管嘴的过流能力是孔口的 1.32 倍。

六、圆柱形外管嘴的真空作用

孔口外面加管嘴后，增加了阻力，但是流量反而增加，这是由于收缩断面处的真空作用。

按图 7-4，对收缩断面 c—c 和出口断面 b—b 列能量方程

$$\frac{p_c}{\gamma}+\frac{\alpha v_c^2}{2g}=\frac{p_a}{\gamma}+\frac{\alpha v^2}{2g}+h_m$$

因

$$v_c=\frac{A}{A_c}v=\frac{1}{\varepsilon}v$$

$$h_m=\zeta_1\frac{v^2}{2g}$$

式中，ζ_1 为水流扩大的局部阻力损失系数。

代入上式得

$$\frac{p_c}{\gamma}=\frac{p_a}{\gamma}-\frac{\alpha}{\varepsilon^2}\frac{v^2}{2g}+\frac{\alpha v^2}{2g}+\zeta_1\frac{v^2}{2g}$$

式中，$v=\varphi_n\sqrt{2gH_0}$，$\frac{v^2}{2g}=\varphi_n^2H_0$；引用式（6-46）得 $\zeta_1=\left(\frac{1}{\varepsilon}-1\right)^2$，得

$$\frac{p_c}{\gamma}=\frac{p_a}{\gamma}-\left[\frac{\alpha}{\varepsilon^2}-\alpha-\left(\frac{1}{\varepsilon}-1\right)^2\right]\varphi_n^2H_0 \tag{7-9}$$

对圆柱形外管嘴

$$\alpha=1.0，\ \varepsilon=0.64，\ \varphi_n=0.82$$

将具体数据代入式（7-9）得

$$\frac{p_c}{\gamma}=\frac{p_a}{\gamma}-0.75H_0$$

上式表明圆柱形外管嘴水流在收缩处出现真空，真空度为

$$\frac{p_v}{\gamma}=\frac{p_a-p_c}{\gamma}=0.75H_0 \tag{7-10}$$

式（7-10）说明该收缩断面处真空度可达作用水头的 0.75 倍，相当于把管嘴的作用水头增加了 75%，这就是相同直径、相同作用水头下的圆柱形外管嘴的流量比孔口大的原因。

从式（7-10）可知，作用水头 H_0 越大，收缩断面处的真空度也越大。但当收缩断面处真空度达到 7m 水柱以上时，p_c 低于饱和蒸气压液体发生汽化，将破坏正常过流。因此，需对收缩断面真空度加以限制，作用水头极限值为

$$[H_0]=\frac{7}{0.75}=9\mathrm{m}$$

所以，该管嘴的正常工作条件是：

（1）作用水头 $H_0 \leqslant 9\mathrm{m}$；

（2）管嘴长度 $l=(3\sim4)d$。

对于其他类型的管嘴出流，速度、流量的计算公式与圆柱形外管嘴公式形式相同，但流速系数、流量系数各有不同。下面介绍工程上常用的几种管嘴。

（1）流线型管嘴：流速系数 $\varphi=\mu=0.97$，适用于要求流量大、水头损失小、出口断面上速度分布均匀的情况；

（2）收缩圆锥形管嘴：出流与收缩角 θ 有关，$\theta=30°24'$，$\varphi=0.963$，$\mu=0.942$ 为最大，主要适用于加大喷射速度的场合，如消防水枪；

（3）扩大圆锥形管嘴：当 $\theta=5°\sim7°$ 时，$\varphi=\mu=0.42\sim0.50$，主要用于要求将局部动能恢复为压能的情况，如引射器的扩压管。

七、孔口（或管嘴）的变水头出流

这一节的前几个问题，都属于恒定流出流情况的计算方法。在孔口（或管嘴）出流过程中，如容器水面随时间变化（降低或升高），孔口的流量亦必随时间变化，这种情况称为变水头出流。变水出流是非恒定流。当水位变化缓慢，惯性水头忽略不计时，则可把整个出流过程分为微小时段，在每一时段 dt 内，认为水位不变，孔口恒定出流公式对每一时段仍适用。这样把非恒定流问题转化为恒定流处理。容器泄空、蓄水库的流量调节等问题都可按此法处理计算出流问题。

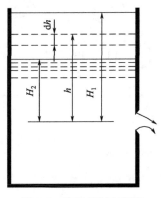

图 7-5　孔口非恒定出流

下面分析等截面积 Ω 的柱状容器，水经孔口自由出流，如容器中水量得不到补充时，容器泄空所需要的时间，就是我们要求得的。如图 7-5 所示。设某时刻 t，孔口的水头为 h 在微小时段 dt 内，经孔口流出的液体体积为

$$Q\,dt=\mu A\sqrt{2gh}\,dt$$

同一时段内，容器内水面降落 dh，液体减少体积为

$$dV=-\Omega\,dh$$

则流出体积和容器内体积变化数量相等，即

$$Q\,dt=dV$$

因此

$$\mu A\sqrt{2gh}\,dt=-\Omega\,dh$$

得

$$dt=-\frac{\Omega}{\mu A\sqrt{2g}}\times\frac{dh}{\sqrt{h}}$$

对上式积分，得到水头由 H_1 降至 H_2 所需时间

$$T=\int_{H_1}^{H_2}-\frac{\Omega}{\mu A\sqrt{2g}}\times\frac{dh}{\sqrt{h}}=\frac{2\Omega}{\mu A\sqrt{2g}}(\sqrt{H_1}-\sqrt{H_2}) \tag{7-11}$$

当 $H_2=0$，则求得容器"泄空"（水面降至孔口处）所需时间

$$T=\frac{2\Omega\sqrt{H_1}}{\mu A\sqrt{2g}}=\frac{2\Omega H_1}{\mu A\sqrt{2gH_1}}=\frac{2V}{Q_{max}}$$

式中，V 为容器泄空体积；Q_{max} 为在变水头情况下，开始出流的最大流量。

上式表明，变水头出流时容器"泄空"所需要的时间等于在起始水头 H_1 作用下恒定流出同体积水所需时间的 2 倍。

第二节　短管的水力计算

当从孔口伸出的管嘴加长后，就变成了管路的计算内容。一般的管路可分为简单管路和

复杂管路。所谓简单管路是指管径沿程不变，流量沿程不变的管路。简单管路的计算是一切复杂管路的基础。管路按流速水头和局部水头损失的总和与沿程水头损失的比例，可将管路分为短管和长管。短管是指不能忽略流速水头和局部水头损失的管路，反之为长管。本节介绍简单管路短管的计算方法。

一、简单管路短管的计算方法

短管通常是指 $3\sim4<\dfrac{l}{d}<1000$ 的简单管路，如抽水机的吸水管、虹吸管、倒虹吸管、铁路涵管等一般均按短管计算。

短管自由出流和淹没出流的情况与上节孔口自由出流和淹没出流公式的推导基本一致，而且得到的结论也相同。这里不列能量方程，直接给出短管的流量计算公式

$$Q=Av=\mu A\sqrt{2gH_0} \tag{7-12}$$

式中，$\mu=\dfrac{1}{\sqrt{\zeta_c}}$，为管道流量系数；$\zeta_c=\sum\lambda\dfrac{l}{d}+\sum\zeta$；$l$ 为某一管段管长；d 为直径；ζ 为各局部阻力系数。

如图 7-6 所示，$\sum\zeta=\zeta_1+2\zeta_2+\zeta_3+\zeta_4$

式中，ζ_1、ζ_2、ζ_3、ζ_4 分别表示在管路进口、弯头、闸门及管路出口处的局部阻力系数，ζ_4 指出口淹没时的局部阻力系数或自由出流时流速水头动能修正系数 α。式（7-12）中的 H_0 指自由出流时上游水面到出口中心线处的作用水头，或指淹没出流时上、下游水头差。

绘水头线时先绘出总水头线，然后将总水头减去动能水头，即可绘出测压管水头线。由于局部水头损失一般是在较短的区段内发生，按比例绘制水头线时可视为在同一断面上发生。

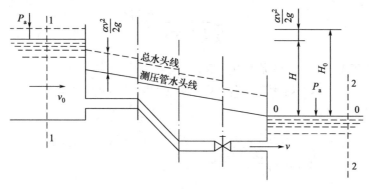

图 7-6　总水头线和测压管水头线

二、虹吸管的计算

由于虹吸管的部分管道高于上游液面（或供水自由液面），为使虹吸作用发生，必须排出管道中的气体，在管道中形成负压，在负压的作用下，液体从上游液面吸入管道从低液面排出。由此可见，虹吸管是一种在负压下工作的管道，负压的存在使得溶解在液体中的气体分离出来，随着负压的增大分离出来的气体会急剧增加，这样在管道的顶部会集结大量的气体挤压有效的过水断面，阻碍水流的流动，严重时会造成断流。为了保证虹吸管能通过设计流量，工程上一般限制管中的最大允许的真空度为 $[H_s]=7\sim8\mathrm{m}$。

【例 7-1】 用虹吸管自钻井输水至集水池，如图 7-7 所示。虹吸管长 $l = l_{AB} + l_{BC} = 30\text{m} + 40\text{m} = 70\text{m}$，管径 $d = 200\text{mm}$，钻井至集水池间恒定水位高差 $H = 1.6\text{m}$。又已知沿程阻力系数 $\lambda = 0.03$，管道进口、120°弯头、90°弯头及出口处的局部阻力系数别为 $\zeta_1 = 0.5$，$\zeta_2 = 0.2$，$\zeta_3 = 0.5$，$\zeta_4 = 1$。试求：(1) 流经虹吸管的流量 Q；(2) 如虹吸管顶部 B 点安装高度 $h_B = 4.5\text{m}$，校核其真空度。

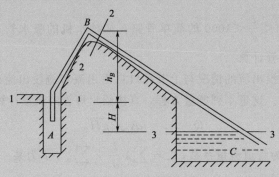

图 7-7 虹吸管

解 (1) 计算流量：以集水池水面为基准面，建立钻井水面 1—1 与集水池水面 3—3 的能量方程（忽略集水池水面流速）

$$H + \frac{p_a}{\gamma} + 0 = 0 + \frac{p_a}{\gamma} + 0 + h_w$$

$$H = h_w = \left(\lambda \frac{l}{d} + \sum \zeta\right)\frac{v^2}{2g}$$

解得

$$v = \frac{1}{\sqrt{\lambda \dfrac{l}{d} + \sum \zeta}}\sqrt{2gH}$$

沿程阻力系数 $\lambda = 0.03$，局部阻力系数

$$\sum \zeta = \zeta_1 + \zeta_2 + \zeta_3 + \zeta_4 = 0.5 + 0.2 + 0.5 + 1 = 2.2$$

代入上式得

$$v = \frac{1}{\sqrt{0.03 \times \dfrac{70}{0.20} + 2.2}} \times \sqrt{2 \times 9.8 \times 1.6} = 1.57(\text{m/s})$$

于是

$$Q = Av = \frac{1}{4}\pi d^2 v = \frac{\pi}{4} \times 0.2^2 \times 1.57$$

$$= 0.0493(\text{m}^3/\text{s}) = 49.3(\text{L/s})$$

(2) 校核管顶 2—2 断面处的真空度（假设 2—2 中心与 B 点高度相当，离管路进口距离与 B 点也几乎相等）。

以钻井水面为基准面，建立断面 1—1 和 2—2 的能量方程

$$0 + \frac{p_a}{\gamma} + \frac{\alpha_0 v_0^2}{2g} = h_B + \frac{p_2}{\gamma} + \frac{\alpha_2 v_2^2}{2g} + h_{w1}$$

忽略流速 v_0，取 $\alpha_2 = 1.0$，上式变为

$$\frac{p_a - p_2}{\gamma} = h_B + \frac{v_2^2}{2g} + \left(\lambda \frac{l_{AB}}{d} + \sum \zeta\right) \frac{v_2^2}{2g}$$

其中

$$\sum \zeta = \zeta_1 + \zeta_2 + \zeta_3 = 0.5 + 0.2 + 0.5 = 1.2$$

$$v_2 = \frac{Q}{A} = \frac{4Q}{\pi d^2} = \frac{4 \times 0.0493}{\pi \times 0.2^2} = 1.57 (\text{m/s})$$

$$\frac{v_2^2}{2g} = \frac{1.57^2}{2 \times 9.8} = 0.13 (\text{m})$$

代入上式，得

$$h_v = \frac{p_a - p_2}{\gamma} = 4.5 + 0.13 + \left(0.03 \times \frac{30}{0.2} + 1.2\right) \times 0.13 = 5.37 (\text{m})$$

因为 2—2 断面处的真空度 $h_v = 5.37\text{m} < [h_v] = 7 \sim 8\text{m}$，所以虹吸管高度 $h_B = 4.5\text{m}$ 时，虹吸管可以正常工作。

倒虹管与虹吸管正好相反，管道一般低于上下游水面，依靠上下游水位差的作用进行输水，倒虹管常用在不便直接跨越的地方，例如埋设在铁路、公路下的输水压涵管等。倒虹管的管道一般不太长，所以应按短管计算。

三、水泵吸水管的计算

水泵工作时，由于叶轮的转动使得水泵入口处形成负压，水流在大气压的作用下沿吸水管流入泵体，经叶轮加压获得能量后进入压水管送至目的地。水泵吸水管的计算任务是确定管径和水泵的最大安装高度。

1. 管径的确定

吸水管的管径一般是根据流量和允许流速确定的。通常吸水管的允许流速为 $v = 0.8 \sim 1.25\text{m/s}$，流速确定后，则管径 d 为

$$d = \sqrt{\frac{4Q}{\pi v}} = 1.13\sqrt{\frac{Q}{v}} \tag{7-13}$$

2. 水泵的最大安装高度

水泵的安装高度是指水泵的叶轮轴线与吸水池水面的高差，以 H_s 表示。水泵进口处的压强是"最低"的，它低于吸水管上任何点上的压强，这样后续流体才能不断地导入泵体。但该处的压强小于该温度下液体的汽化压强时，液体就会形成大量气泡，这些气泡随液体进入泵内高压区，由于压强升高，气泡迅速破灭，于是在局部地区形成高频率、高冲击力的水击，从而使水泵的部分部件破损，这种现象称为气蚀。为了防止气蚀的发生，通常由实验确定水泵进口的允许真空度 $[H_v]$。在已知水泵进口允许真空度的条件下，可计算出水泵的最大安装高度 $[H_s]$。

【例 7-2】 图 7-8 所示的离心泵实际的抽水量 $Q = 8.1\text{L/s}$，吸水管长度 $l = 7.5\text{m}$，直径 $d = 100\text{m}$，沿程阻力系数 $\lambda = 0.045$，局部阻力系数：带底阀的滤水管 $\zeta_1 = 7.0$，弯管 $\zeta_2 = 0.25$。如水泵进口的允许真空度 $[H_v] = 5.7\text{m}$，试确定其最大安装高度 $[H_s]$。

解 取吸水池水面 1—1 和水泵进口 2—2 列能量方程，并忽略吸水池水面流速，得

$$\frac{p_a}{\gamma} = H_s + \frac{p_2}{\gamma} + \frac{\alpha v^2}{2g} + h_w$$

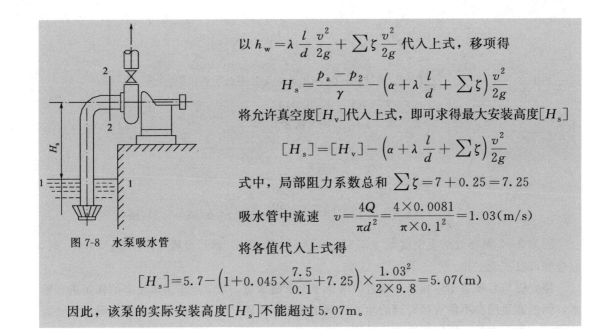

图 7-8 水泵吸水管

以 $h_w = \lambda \dfrac{l}{d} \dfrac{v^2}{2g} + \sum \zeta \dfrac{v^2}{2g}$ 代入上式，移项得

$$H_s = \dfrac{p_a - p_2}{\gamma} - \left(\alpha + \lambda \dfrac{l}{d} + \sum \zeta \right) \dfrac{v^2}{2g}$$

将允许真空度 $[H_v]$ 代入上式，即可求得最大安装高度 $[H_s]$

$$[H_s] = [H_v] - \left(\alpha + \lambda \dfrac{l}{d} + \sum \zeta \right) \dfrac{v^2}{2g}$$

式中，局部阻力系数总和 $\sum \zeta = 7 + 0.25 = 7.25$

吸水管中流速 $v = \dfrac{4Q}{\pi d^2} = \dfrac{4 \times 0.0081}{\pi \times 0.1^2} = 1.03 \, (\text{m/s})$

将各值代入上式得

$$[H_s] = 5.7 - \left(1 + 0.045 \times \dfrac{7.5}{0.1} + 7.25 \right) \times \dfrac{1.03^2}{2 \times 9.8} = 5.07 \, (\text{m})$$

因此，该泵的实际安装高度 $[H_s]$ 不能超过 5.07m。

第三节　长管串联管和并联管水力计算

所谓长管是指管流的流速水头和局部水头损失的总和与沿程水头损失比起来很小，因而计算时常将其按沿程水头损失的某一百分数估算或完全忽略不计（通常是 $\dfrac{l}{d} > 1000$ 条件下）。根据长管的组合情况，长管水力计算可以分为简单管路、串联管路、并联管路、管网等。

一、长管水力计算

长管属于简单管路，简单管路是指沿程直径不变，流量也不变的管道。简单管路的计算是一切复杂管路水力计算的基础。如图 7-9 所示，长管全部作用水头都消耗于沿程水头损失。如从水池的自由表面与管路进口断面的铅直线交点 a 到断面 2—2 形心 c 作一条倾斜直线，便得到简单管路的测压管水头线。因为长管的流速水头 $\dfrac{\alpha v^2}{2g}$ 可以忽略不计，所以它的总水头线与测压管水头线重合。长管水力计算有多种方法，本书只介绍最基本的比阻计算法，其他方法与此类似。根据长管的定义有

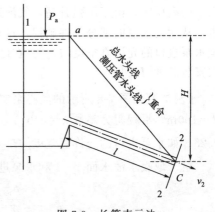

图 7-9　长管表示法

$$H = h_f = \lambda \dfrac{l v^2}{2dg}$$

将 $v = \dfrac{4Q}{\pi d^2}$ 代入上式得 $H = \dfrac{8\lambda}{g \pi^2 d^5} l Q^2$

令
$$A = \frac{8\lambda}{g\pi^2 d^5} \quad （A \text{ 称为比阻}）\tag{7-14}$$

则
$$H = AlQ^2 \tag{7-15}$$

式（7-14）中比阻 A 是单位流量通过单位长度管道所需水头，取决于 λ 和管径 d。令 $S = Al$ 称为管道流动阻力水头与流量的比例系数，也称为阻抗，在秒、米单位系统中阻抗 S 的单位是 s^2/m^5。

比阻 A 的计算可采用前面所介绍的求 λ 的计算方法。对于旧钢管、旧铸铁管也可以采用舍维列夫公式，得

阻力平方区（$v \geqslant 1.2\text{m/s}$）

$$\left.\begin{array}{l} A = \dfrac{0.001736}{d^{5.3}} \\[4mm] \text{过渡区（} v < 1.2\text{m/s}\text{）} \\[2mm] A' = 0.852\left(1+\dfrac{0.867}{v}\right)^{0.3}\left(\dfrac{0.001736}{d^{5.3}}\right) = kA \end{array}\right\}\tag{7-16}$$

式中，k 为修正系数，$k = 0.852\left(1+\dfrac{0.867}{v}\right)^{0.3}$

当水温为 $10℃$ 时，在各种流速下的 k 值列于表 7-3 中，钢管的比阻 A 及铸铁管的比阻 A 根据式（7-16）计算所得值列于表 7-4 和表 7-5 中。

表 7-3　钢管及铸铁管 A 值的修正系数 k

$v/(\text{m/s})$	0.20	0.25	0.30	0.35	0.40	0.45	0.50	0.55	0.60	0.65
k	1.41	1.33	1.28	1.24	1.20	1.17	1.15	1.13	1.115	1.10
$v/(\text{m/s})$	0.70	0.75	0.80	0.85	0.90	1.0	1.1	$\geqslant 1.2$		
k	1.085	1.07	1.06	1.05	1.04	1.03	1.0015	1.00		

表 7-4　钢管的比阻 A 值

公称直径 D_g/mm	水煤气管		中等管径		大管径	
	A （Q 以 m^3/s 计）/(s^2/m^6)	A （Q 以 L/s 计）/(s^2/m^6)	公称直径 D_g/mm	A （Q 以 m^3/s 计）/(s^2/m^6)	公称直径 D_g/mm	A （Q 以 m^3/s 计）/(s^2/m^6)
8	225500000	225.5	125	106.2	400	0.2062
10	32950000	32.95	150	44.95	450	0.1089
15	8809000	8.809	175	18.96	500	0.06222
20	1643000	1.643	200	9.273	600	0.02384
25	436700	0.4367	225	4.822	700	0.01150
32	93860	0.09386	250	2.583	800	0.005665
40	44530	0.04453	275	1.535	900	0.003034
50	11080	0.01108	300	0.9392	1000	0.001736
70	2893	0.002893	325	0.6088	1200	0.0006605
80	1168	0.001168	350	0.4078	1300	0.0004322

公称直径 D_g/mm	水煤气管		中等管径		大管径	
	A (Q 以 m³/s 计) /(s²/m⁶)	A (Q 以 L/s 计) /(s²/m⁶)	公称直径 D_g/mm	A (Q 以 m³/s 计) /(s²/m⁶)	公称直径 D_g/mm	A (Q 以 m³/s 计) /(s²/m⁶)
100	267.4	0.0002674			1400	0.0002918
125	86.23	0.00008623				
150	33.95	0.00003395				

表 7-5　铸铁管的比阻 A 值

内径/mm	A(Q 以 m³/s 计)/(s²/m⁶)	内径/mm	A(Q 以 m³/s 计)/(s²/m⁶)
50	15190	400	0.2232
75	1709	450	0.1195
100	365.3	500	0.06839
125	110.8	600	0.02602
150	41.85	700	0.01150
200	9.029	800	0.005665
250	2.752	900	0.003034
300	1.025	1000	0.001736
350	0.4529		

【例 7-3】 由水塔向工厂供水如图 7-10 所示，采用铸铁管。管长 $l = 2500\text{m}$，管径 $d = 400\text{mm}$。水塔处地形标高为 $h_1 = 61\text{m}$，水塔水面距地面高度 $H_1 = 18\text{m}$，工厂地形标高为

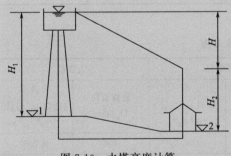

图 7-10　水塔高度计算

$h_2 = 45\text{m}$，管路末端需要的自由水头 $H_2 = 25\text{m}$，求通过管路的流量 Q。

解 以海拔水平面为基准面，在水塔水面与管路末端间列出长管路的能量方程

$$(H_1 + h_1) + 0 + 0 = h_2 + H_2 + 0 + h_f$$

故　　$h_f = (H_1 + h_1) - (H_2 + h_2)$

管末端作用水头 H 为

$$H = h_f = (61 + 18) - (45 + 25) = 9\text{m} \quad 由表 7-5$$

查得 400mm 铸铁管比阻 $A = 0.2232 \text{s}^2/\text{m}^6$，代入式（7-15）得

$$Q = \sqrt{\frac{H}{Al}} = \sqrt{\frac{9}{0.2232 \times 2500}} = 0.127 (\text{m}^3/\text{s})$$

验算阻力区

$$v = \frac{4Q}{\pi d^2} = \frac{4 \times 0.127}{\pi \times (0.4)^2} = 1.01(\text{m/s}) < 1.2(\text{m/s})$$

属于过渡区，比阻需要修正，由表 7-3 查得 $v = 1\text{m/s}$ 时，$k = 1.03$。修正后流量为

$$Q = \sqrt{\frac{H}{kAl}} = \sqrt{\frac{9}{1.03 \times 0.2232 \times 2500}} = 0.125 (\text{m}^3/\text{s})$$

注意：当无法准确判断长管或短管时，仍可按短管计算，即考虑流速水头及局部水头损失。

二、串联管路

由直径不同的几段管段顺次连接的管路称为串联管路。串联管路各段通过的流量可能相等也可能不相等。串联管路属于复杂管路，这是因为沿管线向几处供水，经过一段距离便有流量分出，随着沿程流量的减少，所采用的管径也相应减少，如图 7-11 所示。在串联管路中，因各管段的管径、直径、流速互不相同，应分段计算其沿程水头损失。

串联管路各管段长度、直径、流量和各管段末端分出的流量用 l_i、d_i、Q_i 和 q_i 表示。则串联管路总水头损失等于各管段水头损失的总和为

$$H = \sum_{i=1}^{n} h_{\text{f}i} = \sum_{i=1}^{n} A_i l_i Q_i^2 \qquad (7\text{-}17)$$

式中，n 为管段的总数目。

串联管路的流量应满足连续方程。将有分流的两管段的交点（或更多管段的交点）称为节点，则流向节点的流量等于流出节点的流量，即

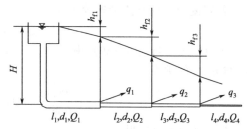

图 7-11　串联管路

$$Q_i = q_i + Q_{i+1} \qquad (7\text{-}18)$$

式（7-17）、式（7-18）是串联管路水力计算的基本公式，可用来解算 Q、H、d 三类问题。

【例 7-4】　有一条用水泥砂浆衬内壁的铸铁输水管，已知作用水头 $H = 20\text{m}$，管长 $l = 2000\text{m}$，通过流量 $Q = 200\text{L/s}$，$A_1 = 0.196\text{s}^2/\text{m}^6$，$A_2 = 0.401\text{s}^2/\text{m}^6$，$A_1$、$A_2$ 分别对应管径 $d_1 = 350\text{mm}$、$d_2 = 400\text{mm}$ 的比阻。为保证供水，采用 $d_2 = 400\text{mm}$ 的管径为宜，但大管径不经济，考虑既充分利用水头又要节约的原则，采用两段直径不同的管道串联，把 $d_1 = 350\text{mm}$ 和 $d_2 = 400\text{mm}$ 两段管道串联起来，确定各段管长。

解　按长管计算

$$H = h_{\text{f}} = AlQ^2$$

$$H = (A_1 l_1 + A_2 l_2)Q^2$$

$$20 = (0.196 l_1 + 0.401 l_2) \times 0.2^2$$

化简得　　　　　　　　　$0.196 l_1 + 0.401 l_2 = 500$

又　　　　　　　　　　　$l_1 + l_2 = 2000\text{m}$

联解以上两式得　　　　$l_1 = 1474\text{m}$，$l_2 = 526\text{m}$

为了使管内压力迅速降下来，按照经济合理的布置，应将管径为 d_1 管长为 l_1 的管段布置在上游段。

三、并联管路

在两节点之间并设两条或两条以上管路称为并联管路，如图 7-12 中 AB 段就是由三条

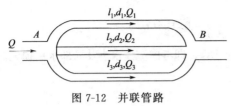

图 7-12 并联管路

管段组成的并联管路。

并联管路一般按长管计算。并联管路的水流特点在于液体通过所并联的任何管段时其水头损失都相等。在并联管段 AB 间，A 点和 B 点是各管段所共有的，如果在 A、B 两点安置测压管，每一点都只可能出现一个测压管水头，其测压管水头差就是 AB 间的水头损失，即

$$h_{fAB}=h_{f1}=h_{f2}=h_{f3} \tag{7-19}$$

每个单独管段都是简单管路，用比阻表示可写成

$$A_1l_1Q_1^2=A_2l_2Q_2^2=A_3l_3Q_3^2 \tag{7-20}$$

各管流量要满足流量连续条件

$$Q=Q_1+Q_2+Q_3 \tag{7-21}$$

式（7-19）与式（7-20）中的 $A_1l_1=S_1$，$A_2l_2=S_2$，$A_3l_3=S_3$，联立求解 Q_1、Q_2、Q_3 与 h_{fAB} 的关系

$$Q_1=\sqrt{\frac{h_{fAB}}{S_1}}, \ Q_2=\sqrt{\frac{h_{fAB}}{S_2}}, \ Q_3=\sqrt{\frac{h_{fAB}}{S_3}}$$

代入式（7-21）得

$$Q=\sqrt{\frac{h_{fAB}}{S_1}}+\sqrt{\frac{h_{fAB}}{S_2}}+\sqrt{\frac{h_{fAB}}{S_3}}$$

如果把水头损失 $h_{fAB}=SQ^2$ 代入上式，得

$$\frac{1}{\sqrt{S}}=\frac{1}{\sqrt{S_1}}+\frac{1}{\sqrt{S_2}}+\frac{1}{\sqrt{S_3}} \tag{7-22}$$

式（7-22）为并联管路摩阻之间的关系。

【例 7-5】 某两层楼的供暖立管，管段 1 的直径为 $d_1=20\text{mm}$，总长度为 $l_1=20\text{m}$，$\sum\zeta_1=15$。管段 2 的直径为 $d_2=20\text{mm}$，总长度为 $l_2=10\text{m}$，$\sum\zeta_2=15$，管路的 $\lambda=0.025$，干管中的流量 $Q=1\times10^{-3}\text{m}^3/\text{s}$，求 Q_1 和 Q_2。

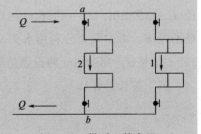

图 7-13 供暖立管布置

解 从图 7-13 可知，节点 a、b 间并联有 1、2 两管段。由 $S_1Q_1^2=S_2Q_2^2$ 得 $\dfrac{Q_1}{Q_2}=\sqrt{\dfrac{S_2}{S_1}}$，计算 S_1、S_2：

$$S_1=\left(\lambda_1\frac{l_1}{d_1}+\sum\zeta_1\right)\frac{8}{g\pi^2d^4}=\left(0.025\times\frac{20}{0.02}+15\right)\times\frac{8}{3.14^2\times0.02^4\times9.8}$$

$$=2.07\times10^7(\text{s}^2/\text{m}^5)$$

$$S_2=\left(\lambda_2\frac{l_2}{d_2}+\sum\zeta_2\right)\frac{8}{g\pi^2d^4}=\left(0.025\times\frac{10}{0.02}+15\right)\times\frac{8}{3.14^2\times0.02^4\times9.8}$$

$$=1.42\times10^7(\text{s}^2/\text{m}^5)$$

$$\frac{Q_1}{Q_2}=\sqrt{\frac{1.42\times10^7}{2.07\times10^7}}=0.828$$

则 $\qquad Q_1 = 0.828Q_2$

又因 $\qquad Q = Q_1 + Q_2 = 0.828Q_2 + Q_2 = 1.828Q_2$

$$Q_2 = \frac{1}{1.828}Q = 0.55 \times 10^{-3} (\text{m}^3/\text{s})$$

$$Q_1 = 0.828Q_2 = 0.45 \times 10^{-3} (\text{m}^3/\text{s})$$

从【例 7-5】可以看出，串联、并联管路也可以按短管计算，只需在比阻 A 或 S 中考虑局部阻力系数的影响就可以了。

第四节　管网计算基础

在通风和给水工程中，往往将许多管路组合为管网。管网按其布置图形可分为枝状管网（类似于串联管路的计算方法）及环状管网（类似于并联管路的计算方法）。

管网内各管段的管径是根据流量 Q 及速度 v 两者来决定的，所以在确定管径时，应作经济比较。采用一定的流速使得供水总成本最低，这种流速称为经济流速。对于中小直径的给水管路经济流速如下：

直径 $D = 100 \sim 200 \text{mm}$，$v' = 0.6 \sim 1.0 \text{m/s}$

直径 $D = 200 \sim 400 \text{mm}$，$v' = 1.0 \sim 1.4 \text{m/s}$

更大的管径可以按以上比例推算。

一、枝状管网

枝状管网可用于给水系统或通风系统的新建设计：即已知管路沿线地形，各管段长度 l 及通过的流量 Q 和端点要求的自由水头 H_z，要求确定管路的各段直径 d 及水塔高度（最大水头损失）。其计算步骤如下：

（1）首先按经济流速在已知流量下选择管径；

（2）用长管水头损失公式计算各分段的水头损失；

（3）按串联管路计算方法求供水点到控制点总水头损失（管网的控制点是指在管网中水塔至该点的水头损失、地形标高和要求自由水头三项之和最大值之点）；

（4）按下式求水塔高度 H_t

$$H_t = \sum h_f + H_z + Z_0 - Z_t \qquad (7\text{-}23)$$

式中，H_z 为控制点的自由水头；Z_0 为控制点的地形标高；Z_t 为水塔处的地形标高；$\sum h_f$ 为从水塔到管网控制点的总水头损失。

【例 7-6】　一枝状管网从水塔 0 点出发到 1 点，设 0 点到 1 点为 0—1 干线输送用水，各节点要求供水量如图 7-14 所示。已知每一段管路长度（见表 7-6）。此外，水塔处的地形标高 Z_t 和点 4、点 7 的地形标高 Z_0 相同。点 4 和点 7 要求的自由水头同为 $H_z = 12\text{m}$。求各管段的直径、水头损失及水塔应有的高度。

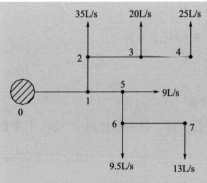

图 7-14 枝状管网

解 根据经济流速选择各管段的直径。对于 3—4 管段 $Q=25$L/s，采用经济流速 $v'=1.0$m/s，则管径

$$d=\sqrt{\frac{4Q}{\pi v'}}=\sqrt{\frac{0.025\times4}{\pi\times1}}=0.178(m)$$ 采用 $d=200$mm

管中实际流速

$$v=\frac{4Q}{\pi d^2}=\frac{4\times0.025}{\pi\times(0.2)^2}=0.80(m/s)$$

在经济流速范围内。

采用铸铁管（用旧管的舍维列夫公式计算 λ），查表 7-5 得 $A=9.029$。因为平均流速 $v=0.8$m <1.2m，水流在过渡区范围内，A 值需要修正。查表 7-3 得修正系数 $k=1.06$，则管段 3—4 的水头损失

$$h_{f3-4}=kAlQ^2=1.06\times9.029\times350\times0.025^2=2.09(m)$$

各管段计算可列表进行，见表 7-6。

从水塔到最远用水点 4 和 7 的沿程水头损失分别为：

沿 4—3—2—1—0 线　$\sum h_f=2.09+2.03+1.31+2.27=7.70(m)$

沿 7—6—5—1—0 线　$\sum h_f=3.78+0.99+0.90+2.27=7.94(m)$

采用 $\sum h_f=7.94$m 及作用水头 $H_z=12$m，因点 0，点 4 和 7 地形标高相同，则点 0 处的水塔高度

$$H_t=\sum h_f+H_z=7.94+12=19.94(m)$$

采用 $H_t=20$m。

表 7-6 各管段水头损失计算表

管段		已知数值		计算所得数值				
		管段长度 l/m	管段中的流量 q/(L/s)	管道直径 d/mm	流速 v/(m/s)	比阻 A /(s²/m⁶)	修正系数 k	水头损失 h_f/m
左侧支线	3—4	350	25	200	0.80	9.029	1.06	2.09
	2—3	350	45	250	0.92	2.752	1.04	2.03
	1—2	200	80	300	1.13	1.025	1.01	1.31
右侧支线	6—7	500	13	150	0.74	41.85	1.07	3.78
	5—6	200	22.5	200	0.72	9.029	1.08	0.99
	1—5	300	31.5	250	0.64	2.752	1.10	0.90
水塔至分叉点	0—1	400	111.5	350	1.16	0.4529	1.01	2.27

二、环状管网

计算环状管网时，通常是已确定了管网的管线布置和各管段长度，并且管网各节点的流量已知。因此环状管网的水力计算是决定各管段的通过流量 Q，管径 d，并求各管段的水头损失 H_f。根据环状管网具有的水流特点，对其水力计算提供了如下条件及方法。

（1）各节点连续条件

$$\sum Q_i = 0 \tag{7-24}$$

式中，Q_i 规定为流向节点为正，离开节点为负。

（2）任一闭合环路，由某一节点沿两个方向至另一节点的水头损失应相等，或者在一环内如以顺时针方向水流所引起的水头损失为正值，逆时针方向为负值，则二者总和为零，即在各环内

$$\sum h_{fi} = \sum A_i l_i Q_i^2 = 0 \tag{7-25}$$

三、哈代-克罗斯（Hardy-Cross）迭代法

在环状管网计算中，哈代-克罗斯法应用较广，兹介绍如下：

首先根据节点流量平衡条件分配各管段流量 Q_i，计算各环路中各管段水头损失闭合差

$$h_{fi} = A_i l_i Q_i^2$$
$$\Delta h_f = \sum h_{fi}$$

式中，i 为取某一环路中各管段代号。

当最初分配流量不满足 $\Delta h_f = 0$ 的条件时，在各环中加入校正流量 ΔQ 则得各管段新的水头损失

$$h'_{fi} = A_i l_i (Q_i + \Delta Q)^2$$

上式按二项式展开，取前两项得

$$h'_{fi} = A_i l_i Q_i^2 + 2 A_i l_i Q_i \Delta Q$$

环路满足闭合条件时可求得 ΔQ

$$\sum h'_{fi} = \sum A_i l_i Q_i^2 + 2 \sum A_i l_i Q_i \Delta Q = 0$$

于是

$$\Delta Q = -\frac{\sum A_i l_i Q_i^2}{2 \sum A_i l_i Q_i} = -\frac{\sum h_{fi}}{2 \sum \dfrac{A_i l_i Q_i^2}{Q_i}} = -\frac{\sum h_{fi}}{2 \sum \dfrac{h_{fi}}{Q_i}} \tag{7-26}$$

式中，$\sum h_{fi}$ 为前一次流量分配得到的水头损失之和。为使 Q_i 和 h_{fi} 取得一致符号，特规定环路内水流以顺时针为正，逆时针为负。将 ΔQ 与第一次分配流量按符号相加得到第二次分配流量，并重复同样计算步骤，直到所求 ΔQ 满足精度为止。一般要求 $\Delta h_f < 0.5\text{m}$。

【例 7-7】　水平两环状管网（图 7-15），已知用水点流量 $Q_4 = 0.032\text{m}^3/\text{s}$，$Q_5 = 0.054\text{m}^3/\text{s}$。各管段均为铸铁管，长度及直径见表 7-7 所示。求各管段通过的流量（闭合差小于 0.5m 即可）。

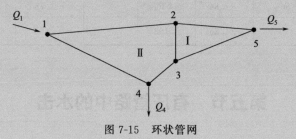

图 7-15　环状管网

表 7-7　环状管网各管段长及直径

环号	管段	长度/m	直径/mm
I	2—5	220	200
	5—3	210	200
	2—3	90	150
II	1—2	280	200
	2—3	90	150
	3—4	80	200
	4—1	260	250

解　列表进行计算

(1) 如图 7-15 所给条件，根据节点平衡条件分配流量见表 7-8 内第一次分配流量栏。

(2) 根据 $h_{fi} = A_i l_i Q_i^2$ 计算出各环各管段水头损失，见表 7-8 中 h_{fi} 栏。

(3) 计算环路闭合差

第 I 环　　$\sum h_{fi} = 1.84 - 1.17 - 0.17 = 0.5 (\mathrm{m})$

第 II 环　　$\sum h_{fi} = 3.19 + 0.17 - 0.26 - 1.84 = 1.26 (\mathrm{m})$

$1.26\mathrm{m} > 0.5\mathrm{m}$ 按式（7-26）计算校正流量 ΔQ。

(4) 调整分配流量。将 ΔQ 与各管段分配流量相加，得二次分配流量，然后重复（2）、(3) 步骤计算。本题按二次分配流量计算。各环已满足闭合差要求，故二次分配流量即为各管段的通过流量。

表 7-8　哈代-克罗斯法环状管网计算表

环号	管段	第一次分配流量 $Q_i/(\mathrm{L/s})$	h_{fi}/m	h_{fi}/Q_i	ΔQ	各管段校正流量	二次分配流量 $Q_i/(\mathrm{L/s})$	h_{fi}/m
I	2—5	+30	+1.84	0.0613		−1.81	+28.19	+1.64
	5—3	−24	−1.17	0.0488		−1.81	−25.81	−1.34
	3—2	−6	−0.17	0.0283	−1.81	3.75−1.81	−4.06	−0.08
	$\sum$		+0.5	0.138				+0.22
II	1—2	+36	+3.19	0.089		−3.75	+32.25	+2.61
	2—3	+6	+0.17	0.0283		−3.75+1.81	+4.06	+0.08
	3—4	−18	−0.26	0.014	−3.75	−3.75	−21.75	−0.37
	4—1	−50	−1.84	0.0368		−3.75	−53.37	−2.10
	$\sum$		+1.26	0.168				+0.22

第五节　有压管路中的水击

研究水击问题，不仅要考虑水的压缩性，还要考虑管壁的弹性。

一、水击现象

在有压管路中，由于某种外界原因（如阀门突然关闭，水泵机组突然停转等），使得水的流速发生突然变化，从而引起压强急剧升高和降低的交替变化，这种水力现象称为水击或水锤。水击引起的压强升高可达正常工作压强的几十倍甚至更大，这种压强波动可能引起管道强烈振动、阀门破坏、管道接头断开、管道爆裂等重大事故。

1. 水击压强

设简单管道长度为 l，直径为 d，阀门关闭前流速为 v_0，如图 7-16 所示。如紧靠阀门的一层水突然停止流动，速度为零，则动量变化对阀门的作用力，使压强由原来的 p_0 突然升高，原来的压强在图 7-16 中用水柱高度 $\frac{p_0}{\gamma}$ 表示。升高部分的压强为 Δp，该压强 Δp 称为水击压强，在图 7-16 中用水柱高度 $\frac{\Delta p}{\gamma}$ 表示。

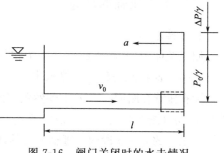

图 7-16　阀门关闭时的水击情况

2. 水击波的概念

当靠近阀门的第一层水停止流动后，与之相接的第二层及其后续各层水相继逐层停止流动，同时压强逐层升高，并以弹性波的形式由阀门迅速传向管道进口。这种由于水击而产生的弹性波称为水击波。

3. 水击传播过程

有压管路上游为恒水位水池，下游末端有阀门，阀门全部开启时管内流速为 v_0。如阀门突然关闭，则发生水击时的压强变化及传播情况如下：

第一阶段。增压波从阀门向管路进口传播阶段，紧靠阀门的水体，速度由 v_0 变为零，相应压强升高 Δp。随之相邻水体相继停止流动，同时压强升高，这种减速增压的过程是以波速 a 自阀门向上游传播。经过 $t=l/a$ 后，水击波传到水池。这时，全管液体处于被压缩状态。

第二阶段。减压波从管路进口向阀门传播阶段。全管流动停止，压强增高只是暂时现象。由于上游水池体积很大，水池水位不受管路压力增高的影响而产生与 Δp 相应的流速 v_0 向水池流去。与此同时，被压缩的水体和膨胀了的管壁也都恢复原状。至 $t=2l/a$ 时刻，整个管中都有正常压强 p_0，及向水池方向流动的流速 v_0。

第三阶段。减压波从阀门向管路进口传播阶段。由于惯性作用，水仍向水池倒流，而阀门全关闭无水补充，以致阀门端的水体必须首先停止运动，v_0 变为零，压强降低，密度减少，管壁收缩。这个减压波向上游传播，在 $t=3l/a$ 时刻传至管路进口，全管处于瞬时低压状态。

第四阶段。增压波从管路进口向阀门传播阶段。此时管路进口比水池压力低 Δp，在压强的作用下，水以 v_0 的速度向阀门方向流动。至 $t=4l/a$ 时刻，增压波传至阀门断面，全管恢复至起始正常状态。于是和第一阶段开始时阀门突然关闭的情况完全一样，水击将重复上述四个阶段。周期性地循环下去（以上分析均未计及损失）。

4. 水击波的相与周期

水击波在全管段来回传递一次所需的时间 $t = 2l/a$ 为一个相。两个相长的时间 $4l/a$ 为水击波传递的一个周期 T。

如果水击传播过程有能量损失，则水击压强会迅速衰减，如图 7-17 所示。

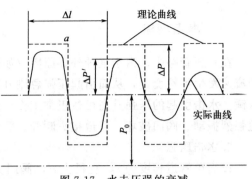

图 7-17　水击压强的衰减

二、水击压强的计算

1. 直接水击

如果关闭时间 $T_z < 2l/a$（一个相长）。最早出发的水击波的反射波达到阀门前，阀门已全部关闭。这种水击称为直接水击。

设有压管在断面 m—m 上骤然关闭阀门造成水击，传播速度为 a，经 Δt 时间水击波传至断面 n—n（图 7-18）。m—n 段流速 v_0 变为 v，密度 ρ 变至 $\rho + \Delta\rho$，过水断面 A 变为 $A + \Delta A$，在长度 $a\Delta t$ 的 m—n 段内，管轴方向的动量变化等于该系统所受外力在同一时段内冲量，得

$$[p_0(A+\Delta A) - (p_0 + \Delta p)(A + \Delta A)]\Delta t = (\rho + \Delta\rho)(A + \Delta A)a\Delta t(v - v_0)$$

$$-\Delta p(A + \Delta A)\Delta t = (\rho + \Delta\rho)(A + \Delta A)a\Delta t(v - v_0)$$

$$\Delta p = (\rho + \Delta\rho)a(v_0 - v)$$

由于 $\Delta\rho \ll \rho$ 上式简化为

$$\Delta p = \rho a(v_0 - v) \tag{7-27}$$

式（7-27）是茹科夫斯基在 1898 年得出的水击计算公式。当 $v = 0$（完全关闭），最大水击公式为

$$\Delta p = \rho a v_0$$

或

$$\frac{\Delta p}{\gamma} = \frac{a v_0}{g} \tag{7-28}$$

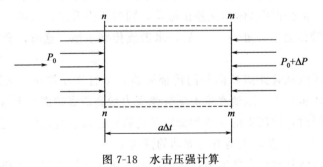

图 7-18　水击压强计算

2. 间接水击

阀门关闭时间 $T_z < 2l/a$ 时的水击称为间接水击，其近似计算公式为

$$\Delta p = \rho a v_0 \frac{T}{T_z}$$

或

$$\frac{\Delta p}{\gamma} = \frac{a v_0 T}{g T_z} = \frac{2 v_0 l}{g T_z} \tag{7-29}$$

三、水击波的传播速度

式（7-28）表明，直接水击压强与水击波的传播速度成正比。考虑到水的压缩性和管壁的弹性变形，应用连续性方程可得水击波的传播速度

$$a = \frac{a_0}{\sqrt{1+\dfrac{E_0 D}{E\delta}}} = \frac{1425}{\sqrt{1+\dfrac{E_0 D}{E\delta}}}\text{m/s} \tag{7-30}$$

式中，a_0 为水中声波的传播速度，$a_0 = 1425\text{m/s}$；E_0 为水的弹性模量，$E_0 = 2.04 \times 10^5 \text{N/cm}^2$；$E$ 为管材的弹性模量，见表 7-9；D 为管段直径；δ 为管壁厚度。

表 7-9　各种管材的弹性模量

管材	铸铁管	钢管	钢筋混凝土管	石棉水泥管	木管
$E/(\text{N/cm}^2)$	87.3×10^5	2.06×10^7	206×10^5	32.4×10^5	6.86×10^5

如一般钢管 $D/\delta \approx 100$，$E/E_0 = 0.01$ 代入式（7-30）得 $a \approx 1000\text{m/s}$，阀门突然关闭时得 $\dfrac{p}{\gamma} \approx 100\text{m}$。

【例 7-8】　某供水管道在下游末端设置阀门控制流量，已知管道为直径 $D = 2000\text{mm}$，壁厚 $\delta = 20\text{mm}$ 的钢管，管道长度为 $l = 700\text{m}$，管道中的流速为 $v_0 = 3\text{m/s}$，阀门在 $T = 1\text{s}$ 内完全关闭，此时发生水击，求阀门处的水击压强，若阀门在 $T = 2\text{s}$ 内完全关闭，这时阀门处的水击压强又是多少？

解　水击波的传播速度

$$a = \frac{1425}{\sqrt{1+\dfrac{E_0 D}{E\delta}}}$$

已知水的弹性模量 $E_0 = 2.04 \times 10^5 \text{N/cm}^2$，查表 7-9 得钢管的弹性模量

$$E = 2.06 \times 10^7 \text{N/cm}^2$$

$$a = \frac{1425}{\sqrt{1+\dfrac{2.04 \times 10^5}{2.06 \times 10^7} \times \dfrac{2}{0.02}}} = 1010(\text{m/s})$$

相长

$$T_z = \frac{2l}{a} = \frac{2 \times 700}{1010} = 1.39(\text{s})$$

（1）阀门在 1 秒内完全关闭

$$T = 1\text{s} < T_z = 1.39\text{s}$$

此时发生直接水击，水击压强为

$$\Delta p = \rho a v_0 = 1 \times 10^3 \times 1010 \times 3 = 3.03 \times 10^6 (\text{N/m}^2)$$

（2）阀门在 2 秒内完全关闭

$$T = 2\text{s} > T_z = 1.39\text{s}$$

此时发生间接水击，水击压强为

$$\Delta p = \rho a v_0 \frac{T}{T_z} = 1 \times 10^3 \times 1010 \times 3 \times \frac{1.39}{2} = 2.11 \times 10^6 (\text{N/m}^2)$$

四、防止水击危害的措施

水击对管道的安全运行极为不利，严重时会造成阀门的破坏、管道接头断开、管道爆裂等后果。根据水击的计算公式得知，影响水击的因素有阀门的关闭时间 T_z，管中的流速 v_0 以及管道的长度 l 等。因此工程上一般采用以下措施来避免水击危害：

（1）延长阀门的关闭时间，避免发生直接水击；

（2）尽量缩短管道的长度。管道长度减少后，管道中水的质量也就减少，由于水的惯性而引起的水击压强也就减少，另一方面，由于相长减少，发生直接水击的可能性也就减少；

（3）将管道中的流速控制在一定的范围内，一般供水管网中的流速 $v<3\mathrm{m/s}$；

（4）管道上设置安全阀，当管道中的压力超过安全值时，安全阀自动打开放水减压，待管道中的压力降低到安全的范围后，安全阀自动关闭。

思考题与习题

7-1 孔口、管嘴、短管、长管有何内在联系？可否用能量方程写统一的表达式？

7-2 短管和长管是怎样划分的？在工程问题中可否用统一的公式计算？

7-3 串联管路的水头损失怎样计算？流量怎样计算？

7-4 并联管路的损失系数怎样计算？叉管连接处的水压力应如何考虑？

7-5 产生水击的原因是什么，水击有哪些危害，应如何避免？

7-6 有一薄壁圆形孔口，其直径 $d=10\mathrm{mm}$，水头 $H=2\mathrm{m}$。现测得射流收缩断面的直径 $d_c=8\mathrm{mm}$，在时间 $t=32.8\mathrm{s}$ 内，经孔口流出的水量为 $V=0.01\mathrm{m}^3$。试求该孔口的收缩系数 ε，流量系数 μ，流速系数 φ 及孔口局部阻力系数 ζ_0。答：$\varepsilon=0.64$，$\varphi=0.97$，$\zeta_0=0.06$，$\mu=0.62$。

7-7 薄壁孔口出流如图 7-19 所示。直径 $d=2\mathrm{cm}$，水箱水位恒定 $H=2\mathrm{m}$。试求：（1）孔口流量 Q；（2）此孔口外接圆柱形管嘴的流量 Q_n；（3）管嘴收缩断面的真空度 h_v。答：$Q=1.2\mathrm{L/s}$，$Q_n=1.6\mathrm{L/s}$，$h_v=1.5\mathrm{m}$。

7-8 某船闸如图 7-20 所示，已知其尺寸为长 70m，宽 15m，进水孔孔口面积为 $3.5\mathrm{m}^2$，孔中心以上水头 $h=5\mathrm{m}$，上、下游水位差 $H=9\mathrm{m}$，且上、下游水位差恒定，求船闸闸室注满所需要的时间。

7-9 水箱用隔板分 A、B 两室如图 7-21 所示。隔板上开一孔口，其直径 $d_1=4\mathrm{cm}$，在 B 室底部装有圆柱形外管嘴，其直径 $d_2=3\mathrm{cm}$。已知 $H=3\mathrm{m}$，$h_3=0.5\mathrm{m}$，水恒定出流。试求（1）h_1，h_2；（2）流出水箱的流量 Q。答：$h_1=1.07\mathrm{m}$，$h_2=1.43\mathrm{m}$，$Q=3.57\mathrm{L/s}$。

7-10 圆形有压涵管如图 7-22 所示，管长 $l=50\mathrm{m}$，上下游水位差 $H=3\mathrm{m}$，各项阻力系数：$\lambda=0.03$，$\zeta_进=0.5$，$\zeta_转=0.65$，$\zeta_出=1.0$，如要求通过的流量 $Q=3\mathrm{m}^3/\mathrm{s}$，确定其管径。答：$D=1.0\mathrm{m}$。

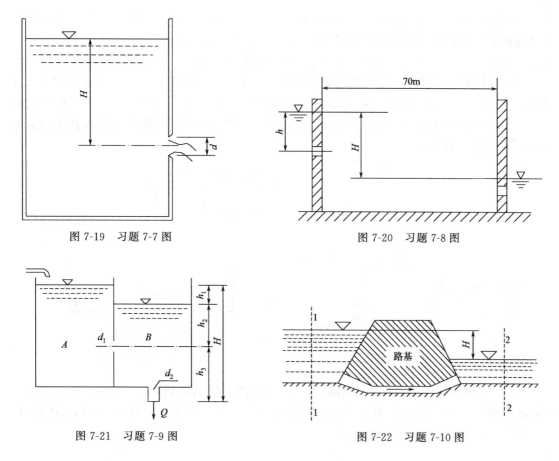

图 7-19　习题 7-7 图

图 7-20　习题 7-8 图

图 7-21　习题 7-9 图

图 7-22　习题 7-10 图

7-11　为了使水均匀地流入水平沉淀池，在沉淀池进口处设置穿孔墙如图 7-23 所示。穿孔墙上开有边长为 $a=10\text{cm}$ 的方形孔 14 个，所通过的总流量为 $Q=122\text{L/s}$。试求穿孔墙前后的水位差（墙厚及孔间相互影响不计）。答：$H=0.1\text{m}$。

7-12　一水平布置的串联钢制管道将水池中的水排出到空气中，如图 7-24 所示，其具体的尺寸为 $d_1=80\text{mm}$，$l_1=50\text{m}$，$d_2=50\text{mm}$，$l_2=30\text{m}$，水头为 $H=5\text{m}$，求管道中的流量为多少？

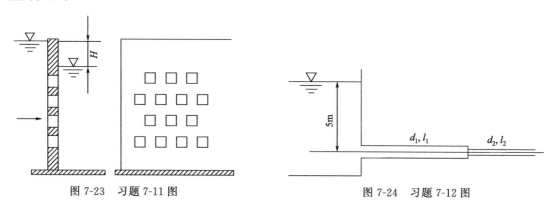

图 7-23　习题 7-11 图

图 7-24　习题 7-12 图

7-13　水平环路如图 7-25 所示，A 为水塔，C，D 为用水点，出流量 $Q_C=25\text{L/s}$，$Q_D=20\text{L/s}$ 自由水头均要求 $h=6\text{m}$，各管段长度 $l_{AB}=4000\text{m}$，$l_{BC}=1000\text{m}$，$l_{BD}=$

1000m，$l_{CD}=500\text{m}$，直径 $d_{AB}=250\text{mm}$，$d_{BC}=200\text{mm}$，$d_{BD}=150\text{mm}$，$d_{CD}=100\text{mm}$，采用铸铁管，试求各管段流量和水塔高度 H（闭合差小于 $\Delta h=0.3\text{m}$ 即可）。答：$Q_{AB}=45\text{L/s}$，$Q_{BC}=29\text{L/s}$，$Q_{BD}=16\text{L/s}$，$Q_{CD}=4\text{L/s}$，$H=20\text{m}$。

7-14 如图7-26所示，有两水池水位差为 $H=24\text{m}$，用管道1、2、3、4连接起来。各管长 $l_1=l_2=l_3=l_4=100\text{m}$，各管路直径 $D_1=D_2=D_4=0.1\text{m}$，$D_3=0.2\text{m}$，摩擦系数 $\lambda_1=\lambda_2=\lambda_4=0.025$，$\lambda_3=0.02$，管道3上闸门损失系数 $\zeta=30$，求从 A 池流入 B 池的流量大小。答：$Q=24\text{L/s}$。

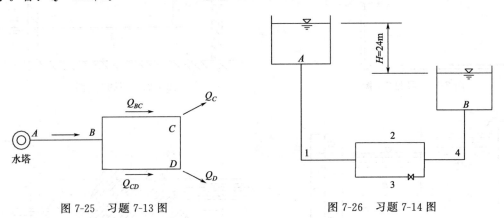

图 7-25 习题 7-13 图   图 7-26 习题 7-14 图

7-15 某输水管末端安装了控制阀门，管道采用钢制水管，长为 $l=400\text{m}$，管径为 $D=150\text{mm}$，壁厚为 $\delta=20\text{mm}$，管中水流流速为 $v_0=2.5\text{m/s}$，如果在时间 $t=2\text{s}$ 内关闭阀门，求在阀门处产生的水击压强 p 为多大？

第 8 章

一元气体动力学

在流体力学中，将流体分为可压缩流体和不可压缩流体两种。在前面的章节中，主要讨论的是不可压缩流体的运动，例如，一般状态下的液体运动和流速不高的气体运动。但是，对于高速运动的气体，速度、压强的变化将引起密度发生显著变化，若再按不可压缩流体处理，将会引起较大误差，此时，必须考虑气体的压缩性，按可压缩流体处理。研究可压缩流体的动力学除了要研究其流速、压强的变化，还要研究其密度与温度的变化。这就不仅需要流体力学的知识，还需要热力学的知识。在这种情况下，进行气体动力学计算时，压强、温度要用绝对压强及开尔文温度进行计算。

气体动力学就是研究可压缩气体运动规律及其在工程中的应用的科学，本章主要介绍气体动力学的基础知识和基础理论。气体的一元流动虽然简单但很实用。除航空科学外，许多技术领域中气体问题大都可简化为一元流动问题，如发动机的空气供给、风动工具、燃气轮和涡轮增压器等。

第一节　声速和马赫数

一、声速

声速是微弱扰动波在介质中的传播速度。所谓微弱扰动是指这种扰动所引起的介质状态变化是微弱的。

如图 8-1（a）所示，等直径的长直圆管中充满着静止的可压缩流体，压强、密度和温度分别为 p、ρ、T，圆管左端装有活塞，原来处于静止状态。当活塞突然以微小速度 $\mathrm{d}v$ 向右运动时，紧贴活塞右侧的这层流体首先被压缩，其压强、密度和温度分别升高微小增量 $\mathrm{d}p$、$\mathrm{d}\rho$、$\mathrm{d}T$，同时，这层流体也以速度 $\mathrm{d}v$ 向右流动，向右流动的流体又压缩右方相邻的一层流体，使其压强、密度、温度和速度也产生微小增量 $\mathrm{d}p$、$\mathrm{d}\rho$、$\mathrm{d}T$、$\mathrm{d}v$。如此继续下去，由活塞运动引起的微弱扰动不断一层一层地向右传播，在圆管内形成两个区域：未受扰动区和受扰动区，两区之间的分界面称为扰动波面，波面向右传播的速度 c 即为声速。在扰动尚未到达的区域，即未受扰动区，流体的速度为 $v=0$，其压强、密度和温度仍为 p、ρ、T，而在扰动到达的区域，即受扰动区，流体的速度为 $\mathrm{d}v$，压强、密度和温度分别为 $p+\mathrm{d}p$、$\rho+\mathrm{d}\rho$、$T+\mathrm{d}T$。

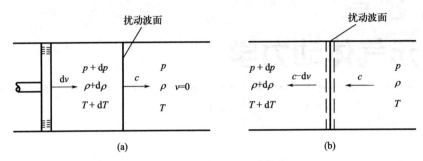

图 8-1 微弱扰动波的传播

为了确定微弱扰动波的传播速度 c，现将参考坐标系固定在扰动波面上。这样，上述非恒定流动便转化为恒定流动。如图 8-1（b）所示，取包围扰动波面的虚线为控制面，波前的流体始终以速度 c 流向控制体，其压强、密度和温度分别为 p、ρ、T，波后的流体始终以速度（$c-\mathrm{d}v$）流出控制体，其压强、密度和温度分别为 $p+\mathrm{d}p$、$\rho+\mathrm{d}\rho$、$T+\mathrm{d}T$。设管道截面积为 A，由连续性方程可得

$$\rho c A=(\rho+\mathrm{d}\rho)(c-\mathrm{d}v)A$$

忽略二阶微量，经整理得

$$\mathrm{d}v=\frac{c}{\rho}\mathrm{d}\rho \tag{8-1}$$

由动量方程得

$$pA-(p+\mathrm{d}p)A=\rho c A\left[(c-\mathrm{d}v)-c\right]$$

整理后可得

$$\mathrm{d}v=\frac{1}{\rho c}\mathrm{d}p \tag{8-2}$$

由式（8-1）和式（8-2）得

$$c^2=\frac{\mathrm{d}p}{\mathrm{d}\rho}\quad\text{或}\quad c=\sqrt{\frac{\mathrm{d}p}{\mathrm{d}\rho}} \tag{8-3}$$

式（8-3）即为声速的计算公式，对液体和气体都适用。

在微弱扰动波的传播过程中，流体的压强、密度和温度变化很小，过程中的热交换和摩擦力都可忽略不计。因此，该传播过程可视为绝热可逆的等熵过程。由热力学可知，等熵过程方程为

$$\frac{p}{\rho^k}=c$$

$$\frac{\mathrm{d}p}{\mathrm{d}\rho}=ck\rho^{k-1}=k\frac{p}{\rho} \tag{8-4}$$

式中，k 为等熵指数，对空气，$k=1.4$。将式（8-4）代入式（8-3），可得

$$c = \sqrt{k \frac{p}{\rho}}$$

再将完全气体状态方程 $\frac{p}{\rho} = RT$ 代入上式，可得

$$c = \sqrt{kRT} \qquad (8-5)$$

式中，R 为气体常数，对空气，$R = 287\text{J}/(\text{kg} \cdot \text{K})$。

由式（8-3）、式（8-4）及式（8-5）可以得出以下结论：

（1）声速与流体的压缩性有关。流体的压缩性越大，声速 c 就越小；反之，压缩性越小，声速 c 就越大。对不可压缩流体，声速 $c \to \infty$，从理论上讲，在不可压缩流体中产生的微弱扰动会立即传遍全流场。

（2）声速与状态参数 T 有关，它随气体状态的变化而变化。流场中各点的状态若不同，各点的声速亦不同。与某一时刻某一空间位置的状态相对应的声速称为当地声速。

（3）声速与气体的种类有关，不同的气体声速不同。对于空气，$k = 1.4$，$R = 287\text{J}/(\text{kg} \cdot \text{K})$ 代入式（8-5），得

$$c = 20.1\sqrt{T}$$

当 $T = 288\text{K}$ 时，$c = 340\text{m/s}$。

二、马赫数

气体流速 v 与当地声速 c 之比，称为马赫数，以 Ma 表示，即

$$Ma = \frac{v}{c} \qquad (8-6)$$

在流速一定的情况下，当地声速 c 越大，Ma 越小，气体压缩性就越小。

【例 8-1】 在风洞中，空气流速 $v = 150\text{m/s}$，其温度为 25℃，试求其马赫数 Ma。

解 当空气为 25℃，其声速为：$c = 20.1\sqrt{T} = 20.1 \times \sqrt{273 + 25} = 346\text{m/s}$，则其马赫数 Ma 为：

$$Ma = \frac{v}{c} = \frac{150}{346} = 0.43$$

马赫数是气体动力学中最重要的相似准数，根据它的大小，可将气体的流动分为：

$Ma < 1$，即 $v < c$，亚声速流动；

$Ma = 1$，即 $v = c$，声速流动（$Ma \approx 1$，为跨声速流动）；

$Ma > 1$，即 $v > c$，超声速流动。

$Ma < 1$ 的流场称为亚声速流场，$Ma > 1$ 的流场称为超声速流场，微弱扰动波在不同流场中的传播特点有所不同，下面分别讨论它在静止、亚声速、声速和超声速流场中的传播。

设流场中 o 点处有一固定的扰动源，每隔 1s 发出一次微弱扰动，现在分析前 4s 产生的微弱扰动波在各流场中的传播情况。

（1）静止流场（$v = 0$）

在静止流场中，微弱扰动波在 4s 末的传播情况如图 8-2（a）所示。由于气流速度 $v = 0$，微弱扰动波不受气流的影响，以声速 c 向四周传播，形成以 o 点为中心的同心球面波。

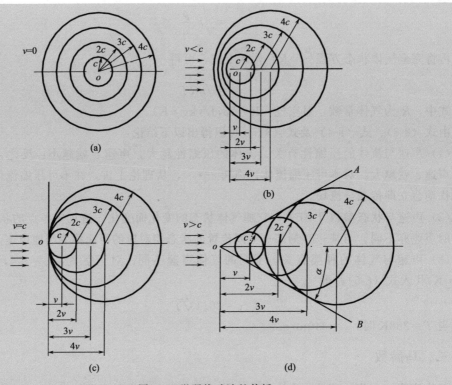

图 8-2　微弱扰动波的传播

如果不考虑扰动波在传播过程中的能量损失，随着时间的延续，扰动必将传遍整个流场。

（2）亚声速流场（$v < c$）

在亚声速流场中，微弱扰动波在 4s 末的传播情况如图 8-2（b）所示。由于气体以速度 v 运动，微弱扰动波受气流影响，在以声速 c 向四周传播的同时，随气流一同以速度 v 向右运动，因此，微弱扰动波在各个方向上传播的绝对速度不再是声速 c，而是这两个速度的矢量和。特殊地，微弱扰动波向下游（流动方向）传播的速度为 $c + v$，向上游传播的速度为 $c - v$，因 $v < c$，所以微弱扰动波仍能逆流向上游传播。如果不考虑微弱扰动波在传播过程中的能量损失，随着时间的延续，扰动波将传遍整个流场。

（3）声速流场（$v = c$）

在声速流场中，微弱扰动波在 4s 末的传播情况如图 8-2（c）所示。由于微弱扰动波向四周传播的速度 c 恰好等于气流速度 v，扰动波面是与扰动源相切的一系列球面，所以，无论时间怎么延续，扰动波都不可能逆流向上游传播，它只能在过 o 点且与来流垂直的平面的右半空间传播，永远不可能传播到平面的左半空间。

（4）超声速流场（$v > c$）

在超声速流场中，微弱扰动波在 4s 末的传播情况如图 8-2（d）所示。由于 $v > c$，所以扰动波不仅不能逆流向上游传播，反而被气流带向扰动源的下游传播，所有扰动波面是自 o 点出发的圆锥面内的一系列内切球面，这个圆锥面称为马赫锥。随着时间的延续，球面扰动波不断向外扩大，但也只能在马赫锥内传播，永远不可能传播到马赫锥以外的空间。

马赫锥的半顶角，即圆锥的母线与气流速度方向之间的夹角，称为马赫角，用 α 表示。由图 8-2（d）可以容易地看出，马赫角 α 与马赫数 Ma 之间存在关系

$$\sin\alpha = \frac{c}{v} = \frac{1}{Ma} \quad \text{或} \quad \alpha = \arcsin\left(\frac{1}{Ma}\right) \tag{8-7}$$

式（8-7）表明，Ma 越大，α 越小，Ma 越小，α 越大。当 $Ma=1$ 时，$\alpha=90°$，达到马赫锥的极限位置，即图 8-2（c）所示的垂直分界面。当 $Ma<1$ 时，不存在马赫角，所以马赫锥的概念只在超声速流场中才存在。

【例 8-2】 飞机在温度为 20℃ 的静止空气中飞行，测得飞机飞行的马赫角为 40.34°，空气的气体常数 $R=287\text{J}/(\text{kg}\cdot\text{K})$，等熵指数 $k=1.4$，试求飞机的飞行速度。

解 由式（8-7）计算飞机飞行的马赫数

$$Ma = \frac{1}{\sin\alpha} = \frac{1}{\sin 40.34°} = 1.54$$

由式（8-5）计算当地声速

$$c = \sqrt{kRT} = \sqrt{1.4 \times 287 \times (273+20)} = 343.11(\text{m/s})$$

由式（8-6）计算飞机的飞行速度

$$v = Ma \times c = 1.54 \times 343.11 = 528.39(\text{m/s})$$

第二节　一元气流的流动特征

气体在管道中做定常等熵流动时，取有效截面上流动参数的平均值代替截面上各点的参数值，这样的管道流动即可认为是一维定常等熵流动。

下面通过讨论一元气流的基本方程式研究流动特性。

一、可压缩气体总流的连续性方程

由质量守恒定律可知，气体运动的质量流量为常数，即

$$\rho v A = C \tag{8-8}$$

写成微分形式，得

$$\mathrm{d}(\rho v A) = \rho v \,\mathrm{d}A + v A \,\mathrm{d}\rho + \rho A \,\mathrm{d}v = 0$$

或

$$\frac{\mathrm{d}\rho}{\rho} + \frac{\mathrm{d}v}{v} + \frac{\mathrm{d}A}{A} = 0 \tag{8-9}$$

二、可压缩气体运动微分方程

引用理想流体元流能量方程（伯努利）方程推导得到的公式如下

$$\mathrm{d}W - \frac{1}{\rho}\mathrm{d}p - \mathrm{d}\left(\frac{u^2}{2}\right) = 0$$

由于气体的密度很小，可忽略质量力的影响，取力势函数 $W=0$。同时，用气流平均流速 v 代替点流速 u，则上式可简化为

$$\frac{\mathrm{d}p}{\rho} + \mathrm{d}\left(\frac{v^2}{2}\right) = 0$$

或

$$\frac{\mathrm{d}p}{\rho} + v\,\mathrm{d}v = 0 \tag{8-10}$$

三、可压缩气体能量方程

对运动微分方程式（8-10）积分，就可得到理想气体一元恒定流动的能量方程

$$\int \frac{\mathrm{d}p}{\rho} + \frac{v^2}{2} = C \tag{8-11}$$

通常气体的密度不是常数，而是压强和温度的函数，为求解积分式（8-11），需要补充热力过程方程和气体状态方程。热力学过程方程可分为以下几种类型对公式（8-11）进行求解。

1. 定容过程

定容过程是指比容 υ 保持不变的热力过程，过程方程：$\upsilon = C$。因 $\upsilon = \dfrac{1}{\rho}$，故定容过程密度不变。积分式（8-11），得定容过程能量方程

$$\frac{p}{\rho} + \frac{v^2}{2} = C \tag{8-12}$$

2. 等温过程

等温过程是指温度 T 保持不变的热力过程，过程方程：$T = C$。由气体状态方程 $\dfrac{p}{\rho} = RT$，得 $\rho = \dfrac{p}{RT}$，代入式（8-11）得等温过程能量方程

$$\frac{p}{\rho} \ln p + \frac{v^2}{2} = C \tag{8-13}$$

或

$$RT\ln p + \frac{v^2}{2} = C \tag{8-14}$$

3. 等熵过程

绝热过程是指与外界没有热交换的热力过程。可逆的绝热过程或理想气体的绝热过程是等熵过程，过程方程：$\dfrac{p}{\rho^k} = C$。将 $\rho = p^{\frac{1}{k}} C^{-\frac{1}{k}}$，代入积分式 $\int \dfrac{\mathrm{d}p}{\rho}$，得

$$\int \frac{\mathrm{d}p}{\rho} = C^{\frac{1}{k}} \int \frac{\mathrm{d}p}{p^{1/k}} = \frac{k}{k-1} \frac{p}{\rho}$$

将上式代入式（8-11），得等熵过程能量方程

$$\frac{k}{k-1} \frac{p}{\rho} + \frac{v^2}{2} = C \tag{8-15}$$

或

$$\frac{kRT}{k-1} + \frac{v^2}{2} = C \tag{8-16}$$

或

$$\frac{c^2}{k-1} + \frac{v^2}{2} = C \tag{8-17}$$

或

$$\frac{1}{k-1} \frac{p}{\rho} + \frac{p}{\rho} + \frac{v^2}{2} = C \tag{8-18}$$

式（8-15）～式（8-18）均为理想气体一元恒定等熵流动的能量方程。

在不可压缩流动中，单位质量理想流体具有的位能、压能和动能之和保持不变，即

$$gz + \frac{p}{\rho} + \frac{v^2}{2} = C$$

在可压缩等熵流动中，位能相对压能和动能来说很小，可略去。而考虑到能量转换中有

热能参与，故存在内能一项，即为式（8-18）中的 $\dfrac{1}{k-1}\dfrac{p}{\rho}$。上述表明可压缩气体做等熵流动，单位质量气体具有的内能、压能和动能之和保持不变。

需要注意的是，理想气体一元恒定等熵流动的能量方程不仅适用于可逆的绝热流动，也适用于不可逆的绝热流动。因为在绝热流动过程中，摩擦损失的存在只会导致气流中不同形式能量的重新分配，即一部分机械能不可逆地转化为热能，而绝热流动中的总能量始终保持不变，因而能量方程的形式不变。

【例 8-3】 空气在管道内做恒定等熵流动，已知进口状态参数：$t_1=62℃$，$p_1=650\text{kPa}$，$A_1=0.001\text{m}^2$；出口状态参数：$p_2=452\text{kPa}$，$A_2=5.12\times10^{-4}\text{m}^2$。试求空气的质量流量 Q_m。

解 由气体状态方程，得

$$\rho_1=\frac{p_1}{R_1T_1}=\frac{650\times10^3}{287\times(273+62)}=6.76(\text{kg/m}^3)$$

由等熵过程方程，得

$$\rho_2=\rho_1\left(\frac{p_2}{p_1}\right)^{1/k}=6.76\times\left(\frac{452\times10^3}{650\times10^3}\right)^{1/1.4}=5.21(\text{kg/m}^3)$$

由连续性方程，得

$$v_1=\frac{\rho_2A_2v_2}{\rho_1A_1}=\frac{5.21\times5.12\times10^{-4}}{6.76\times1\times10^{-3}}v_2=0.395v_2$$

由等熵过程能量方程，得

$$\frac{k}{k-1}\frac{p_1}{\rho_1}+\frac{v_1^2}{2}=\frac{k}{k-1}\frac{p_2}{\rho_2}+\frac{v_2^2}{2}$$

$$\frac{1.4}{1.4-1}\frac{650\times10^3}{6.76}+\frac{(0.395v_2)^2}{2}=\frac{1.4}{1.4-1}\frac{452\times10^3}{5.21}+\frac{v_2^2}{2}$$

解得 $\qquad\qquad\qquad v_2=279.19\text{m/s}$

质量流量 $\quad Q_m=\rho_2A_2v_2=5.21\times5.12\times10^{-4}\times279.19=0.74(\text{kg/s})$

第三节 等熵和绝热气流方程式

气体的质量力较小，在气体的流动过程中，位能一般可忽略不计。绝热气体一般分为两种：可逆的（称为等熵气流，实际上达不到理想过程）和不可逆的，实际气体的流动过程即使绝热，也是永远不可逆的。

当气体在绝热短管中做高速流动时，边界层的影响可以忽略不计，流动简化为等熵流。

一、一元气流的滞止参数

在研究气体流动问题时，常以滞止状态、临界状态和极限状态作为参考状态。以参考状态及相应参数来分析和计算气体流动问题往往比较方便。

1. 滞止状态

若气流速度按等熵过程滞止为零，则 $Ma=0$，此时的状态称为滞止状态，相应的参数称为滞止参数，用下标 0 标识。例如用 p_0、T_0、ρ_0、c_0 分别表示滞止压强（总压）、滞止温度（总温）、滞止密度和滞止声速。当气体从大容积气罐内流出时，气罐内的气体状态可视为滞止状态，相应参数为滞止参数。

按滞止参数的定义，由绝热过程能量方程式（8-15）～式（8-17），可得任意断面的参数与滞止参数之间的关系。

$$\frac{k}{k-1}\frac{p}{\rho}+\frac{v^2}{2}=\frac{k}{k-1}\frac{p_0}{\rho_0}=C \tag{8-19}$$

$$\frac{kRT}{k-1}+\frac{v^2}{2}=\frac{kRT_0}{k-1}=C \tag{8-20}$$

$$\frac{c^2}{k-1}+\frac{v^2}{2}=\frac{c_0^2}{k-1}=C \tag{8-21}$$

为便于分析计算，常将式（8-20）改写为

$$\frac{T_0}{T}=1+\frac{k-1}{2}Ma^2 \tag{8-22}$$

根据公式（8-5）以及 $c_0=\sqrt{kRT_0}$ 代入上式整理后，有

$$\frac{c_0}{c}=\left(\frac{T_0}{T}\right)^{\frac{1}{2}}=\left(1+\frac{k-1}{2}Ma^2\right)^{\frac{1}{2}} \tag{8-23}$$

根据等熵过程方程 $\frac{p}{\rho^k}=C$、状态方程 $\frac{p}{\rho}=RT$ 和式（8-22），不难得出

$$\frac{p_0}{p}=\left(\frac{T_0}{T}\right)^{\frac{k}{k-1}}=\left(1+\frac{k-1}{2}Ma^2\right)^{\frac{k}{k-1}} \tag{8-24}$$

$$\frac{\rho_0}{\rho}=\left(\frac{T_0}{T}\right)^{\frac{1}{k-1}}=\left(1+\frac{k-1}{2}Ma^2\right)^{\frac{1}{k-1}} \tag{8-25}$$

根据上述四个公式，在已知滞止参数和马赫数 Ma 时，可求得气流在任意状态下的各参数；在已知气流状态参数时，也可求得滞止参数。其中，式（8-22）和式（8-23）适用于绝热流动，而式（8-24）和式（8-25）仅适用于等熵过程。

2. 临界状态

将 $Ma=1$ 分别代入式（8-22）～式（8-25），可得

$$\frac{T_k}{T_0}=\frac{2}{k+1} \tag{8-26}$$

$$\frac{c_k}{c_0}=\left(\frac{2}{k+1}\right)^{\frac{1}{2}} \tag{8-27}$$

$$\frac{p_k}{p_0}=\left(\frac{2}{k+1}\right)^{\frac{k}{k-1}} \tag{8-28}$$

$$\frac{\rho_k}{\rho_0}=\left(\frac{2}{k+1}\right)^{\frac{1}{k-1}} \tag{8-29}$$

对于 $k=1.4$ 的气体，各临界参数与滞止参数的比值分别为

$$\frac{T_k}{T_0}=0.8333 \qquad \frac{c_k}{c_0}=0.9129$$

$$\frac{p_k}{p_0}=0.5283 \qquad \frac{\rho_k}{\rho_0}=0.6339$$

3. 极限状态

根据式（8-20）若气体热力学温度降为零，其能量全部转化为动能，则气流的速度将达到最大值 v_{max}，此时的状态称为极限状态。在式（8-21）中气体的绝热流动过程中，随着气流速度的增大，当地声速减小，当气流被加速到极限速度 v_{max} 时，当地声速下降到零，以上两种状态都可以得到下式。

$$\frac{v_{max}^2}{2}=\frac{c_0^2}{k-1}=C$$

即

$$v_{max}=c_0\sqrt{\frac{2}{k-1}} \tag{8-30}$$

最大速度 v_{max} 是气流所能达到的极限速度。它只是理论上的极限值，实际上是不可能达到的，因为真实气体在达到该速度之前就已经液化了。

二、一元气体等熵流动与马赫数

为了分析通道截面积的变化对一元定常等熵流动流速变化的影响，可以由连续性方程的微分形式与忽略重力作用的理想流体一维定常流动欧拉微分方程联立、推导出如下的微分方程式：

1. 气体流动密度速度与马赫数的关系

根据公式（8-10），气体流速与密度的关系如下

$$v\mathrm{d}v=-\frac{\mathrm{d}p}{\rho}=-\frac{\mathrm{d}p}{\mathrm{d}\rho}\frac{\mathrm{d}\rho}{\rho}=-c^2\frac{\mathrm{d}\rho}{\rho} \tag{8-31}$$

将马赫数 $Ma=\dfrac{v}{c}$ 代入上式，有

$$\frac{\mathrm{d}\rho}{\rho}=-Ma^2\frac{\mathrm{d}v}{v} \tag{8-32}$$

上式表明了密度相对变化量和速度相对变化量之间的关系。从该式可以看出，等式右侧有个负号，表示两者的相对变化量是相反的。即加速的气流，密度会减小，从而使压强降低、气体膨胀；反之，减速气流，密度增大，导致压强增大、气体压缩。马赫数 Ma 为两者相对变化量的系数。因此，当 $Ma>1$ 时，即超声速流动，密度的相对变化量大于速度的相对变化量；当 $Ma<1$ 时，即亚声速流动，密度的相对变化量小于速度的相对变化量。

2. 气体流动参数与通道截面积的关系

根据气体等熵流动的过程方程 $\dfrac{p}{\rho^k}=C$ 或 $p=C\rho^k$

对上式进行微分得

$$\frac{\mathrm{d}p}{\mathrm{d}\rho}=kC\rho^{k-1}=k\frac{p}{\rho^k}\rho^{k-1}=k\frac{p}{\rho}$$

$$\frac{\mathrm{d}p}{p} = k \frac{\mathrm{d}\rho}{\rho} \qquad (8\text{-}33)$$

将式（8-32）代入等熵过程方程的微分式式（8-33），得

$$\frac{\mathrm{d}p}{p} = k \frac{\mathrm{d}\rho}{\rho} = -k \times Ma^2 \frac{\mathrm{d}v}{v} \qquad (8\text{-}34)$$

将完全气体状态方程 $\frac{p}{\rho} = RT$ 或 $p = R\rho T$ 写成微分式，得

$$\mathrm{d}p = RT\mathrm{d}\rho + R\rho\mathrm{d}T，\quad \mathrm{d}p = \frac{p}{\rho}\mathrm{d}\rho + \frac{p}{T}\mathrm{d}T$$

$$\frac{\mathrm{d}p}{p} = \frac{\mathrm{d}\rho}{\rho} + \frac{\mathrm{d}T}{T}$$

再将式（8-32）、式（8-33）代入上式，整理得

$$\frac{\mathrm{d}T}{T} = \frac{\mathrm{d}p}{p} - \frac{\mathrm{d}\rho}{\rho} = -(k-1)Ma^2 \frac{\mathrm{d}v}{v} \qquad (8\text{-}35)$$

式（8-33）～式（8-35）表明：气流速度 v 的变化，总是与参数 ρ、p、T 的变化相反。v 沿程增大，ρ、p、T 必沿程减小，v 沿程减小，ρ、p、T 必沿程增大。

为分析流动参数随通道截面积 A 的变化关系，将式（8-32）代入连续性方程的微分式（8-9），整理得

$$\frac{\mathrm{d}A}{A} = -\frac{\mathrm{d}v}{v}(1 - Ma^2) \qquad (8\text{-}36)$$

$$\frac{\mathrm{d}A}{A} = \frac{\mathrm{d}\rho}{\rho}\left(\frac{1 - Ma^2}{Ma^2}\right) \qquad (8\text{-}37)$$

$$\frac{\mathrm{d}A}{A} = \frac{\mathrm{d}p}{p}\left(\frac{1 - Ma^2}{kMa^2}\right) \qquad (8\text{-}38)$$

$$\frac{\mathrm{d}A}{A} = \frac{\mathrm{d}T}{T}\left[\frac{1 - Ma^2}{(k-1)Ma^2}\right] \qquad (8\text{-}39)$$

由式（8-36）可得出以下结论：

（1）当 $Ma < 1$，即气流速度 $v < c$，气流做亚声速流动时，$\mathrm{d}A$ 与 $\mathrm{d}v$ 异号。

若要：气流加速（$\mathrm{d}v > 0$），须 $\mathrm{d}A < 0$，即通道截面积须沿流动方向变小。

若要：气流减速（$\mathrm{d}v < 0$），须 $\mathrm{d}A > 0$，即通道截面积须沿流动方向增大。

（2）当 $Ma > 1$，即气流速度 $v > c$，气流做超声速流动时，$\mathrm{d}A$ 与 $\mathrm{d}v$ 同号。

若要：气流加速（$\mathrm{d}v > 0$），须有 $\mathrm{d}A > 0$，即通道截面积须沿流动方向增大。

若要：气流减速（$\mathrm{d}v < 0$），须有 $\mathrm{d}A < 0$，即通道截面积须沿流动方向减小。

（3）当 $Ma = 1$，即气流速度 $v = c$，气流做声速流动，这时有：$\frac{\mathrm{d}A}{A} = 0$，这说明：通道截面积在此时有极值，最小断面才可能达到声速。实验证明，该极值是极小值。通道中截面积最小的部分称为喉部。因此可以说，$Ma = 1$ 的临界状态只能出现在通道的截面最小处，即喉部。

由以上讨论可知，亚声速气流通过收缩管段是不可能达到超声速的，要想获得超声速流动必须使亚声速气流先通过收缩管段并在最小断面处达到声速，然后再在扩张管道中继续加速到超声速。

前面定性地讨论了通道截面积对气流参数的影响，下面进一步考虑其定量关系。根据连续性方程，有

$$\rho v A = \rho_k v_k A_k$$

式中，A_k 是临界面积即喉部面积；ρ_k 是临界密度即喉部气流密度；v_k 是临界流速即喉部气流流速 $v_k = c_k$；c_k 为临界喉部声速。上式可改写为

$$\frac{A}{A_k} = \frac{\rho_k}{\rho} \times \frac{c_k}{v} = \frac{\rho_k}{\rho_0} \times \frac{\rho_0}{\rho} \times \frac{c_k}{c} \times \frac{c}{v}$$

因

$$\frac{\rho_k}{\rho_0} = \left(\frac{2}{k+1}\right)^{\frac{1}{k-1}}$$

$$\frac{\rho_0}{\rho} = \left(1 + \frac{k-1}{2} Ma^2\right)^{\frac{1}{k-1}}$$

$$\frac{c_k}{c} = \left(\frac{T_k}{T}\right)^{\frac{1}{2}} = \left(\frac{T_k}{T_0}\frac{T_0}{T}\right)^{\frac{1}{2}} = \left[\frac{2}{k+1}\left(1 + \frac{k-1}{2} Ma^2\right)\right]^{\frac{1}{2}}$$

$$\frac{c}{v} = \frac{1}{Ma}$$

代入前式，经整理后得

$$\frac{A}{A_k} = \frac{1}{Ma}\left[\frac{2}{k+1}\left(1 + \frac{k-1}{2} Ma^2\right)\right]^{\frac{k+1}{2(k-1)}} \tag{8-40}$$

对于空气，$k = 1.4$，代入上式，得

$$\frac{A}{A_k} = \frac{(1 + 0.2Ma^2)^3}{1.728Ma} \tag{8-41}$$

式（8-40）和式（8-41）为面积比与马赫数的关系式。由某断面的面积与临界面积的比值，可以确定出该断面的马赫数，从而确定出其他流动参数。

第四节　收缩喷管与拉瓦尔喷管

通过改变断面几何尺寸来加速气流的管道，称为喷管。工业上使用的喷管有两种：一种是可获得亚声速流或声速流的收缩喷管，另一种是能获得超声速流的拉瓦尔喷管。本节将以完全气体为研究对象，研究收缩喷管和拉瓦尔喷管在设计工况下的流动问题。

一、收缩喷管

假设气流从大容器经收缩喷管等熵流出，如图 8-3 所示。由于容器很大，可近似地把容器中的气体看作是静止的，即容器中的气体处于滞止状态，滞止参数分别为 ρ_0、p_0 和 T_0，喷管出口断面（在喷管内）的参数设为 ρ_e、p_e 和 T_e，喷管出口外的气体压强 p_b 称为背压（环境压强）。

对大容器内的 0—0 断面和喷管出口 1—1 断面列能量方程，得

$$\frac{kRT_0}{k-1}=\frac{kRT_e}{k-1}+\frac{v_e^2}{2}$$

$$v_e=\sqrt{\frac{2k}{k-1}RT_0\left(1-\frac{T_e}{T_0}\right)} \tag{8-42}$$

根据状态方程

$$RT_0=\frac{p_0}{\rho_0}$$

利用等熵条件

$$\frac{T_e}{T_0}=\left(\frac{p_e}{p_0}\right)^{\frac{k-1}{k}}$$

因此式（8-42）还可写成

$$v_e=\sqrt{\frac{2k}{k-1}\frac{p_0}{\rho_0}\left[1-\left(\frac{p_e}{p_0}\right)^{\frac{k-1}{k}}\right]} \tag{8-43}$$

则质量流量

$$Q_m=\rho_e v_e A_e=\rho_0\left(\frac{p_e}{p_0}\right)^{\frac{1}{k}}v_e A_e=\rho_0 A_e\sqrt{\frac{2k}{k-1}\frac{p_0}{\rho_0}\left[\left(\frac{p_e}{p_0}\right)^{\frac{2}{k}}-\left(\frac{p_e}{p_0}\right)^{\frac{k+1}{k}}\right]} \tag{8-44}$$

由式（8-44）可知，对于给定的气体，当滞止参数和喷管的出口断面积不变时，喷管的质量流量 Q_m 只随压强比 $\frac{p_e}{p_0}$ 变化。而实际上，Q_m 的变化取决于 $\frac{p_b}{p_0}$，其关系曲线为图8-4中的实线 abc（虚线部分线实际上达不到）。

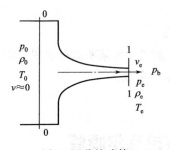

图 8-3 收缩喷管

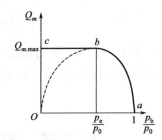

图 8-4 流量与压强比关系

下面分几种情况讨论质量流量 Q_m 随压强的变化规律：

（1）$p_0=p_b$：由于喷管两端无压差，气体不流动，$Q_m=0$，出口压强 $p_e=p_b$。

（2）$p_0>p_b>p_k$：气体经收缩喷管，压强沿程减小，出口压强 $p_e=p_b>p_k$。流速沿程增大，但在管出口处未能达到声速，$v_e<c$。喷管出口的流速和流量可按式（8-43）和式（8-44）计算。

（3）$p_0>p_b=p_k$：气体经收缩喷管加速后，在出口达到声速，$v_e<c_k$，即 $Ma=1$。此时，出口流速达最大值 $v_{e.max}$，流量达最大值 $Q_{m.max}$。出口压强 $p_e=p_b=p_k$。由式（8-28），得

$$\frac{p_e}{p_0}=\frac{p_k}{p_0}=\left(\frac{2}{k+1}\right)^{\frac{k}{k-1}}$$

将上式代入式（8-43）和式（8-44）中，可得收缩喷管出口断面的最大流速 $v_{e.max}$ 和喷管内的最大质量流量 $Q_{m.max}$，即

$$v_{e \cdot max} = c_k = \sqrt{\frac{2k}{k+1} \times \frac{p_0}{\rho_0}} \tag{8-45}$$

$$Q_{m \cdot max} = A_e \sqrt{k p_0 \rho_0} \left(\frac{2}{k+1}\right)^{\frac{k+1}{2(k-1)}} \tag{8-46}$$

（4）$p_0 > p_k > p_b$：由于亚声速气流经收缩喷管不可能达到超声速，故气流在喷管出口处的速度仍为声速，$v_{e \cdot max} = c_k$，出口处的压强仍为临界压强，$p_e = p_k > p_b$。此时，因收缩喷管出口断面处已达临界状态，出口断面外存在的压差扰动不可能向喷管内逆流传播，故气流从出口处的压强 p_k 降至背压 p_b 的过程只能在喷管外完成，这就是质量流量 Q_m 不完全按照式（8-44）变化的根本原因。

综上所述，当容器中的气体压强 p_0 一定时，随着背压的降低，收缩喷管内的质量流量将增大，当背压下降到临界压强时，喷管内的质量流量达最大值，若再降低背压，流量也不会增加。我们把这种背压小于临界压强时，管内质量流量不再增大的状态称为喷管的壅塞状态。

【例 8-4】 已知大容积空气罐内的压强 $p_0 = 200\text{kPa}$，温度 $T_0 = 300\text{K}$，空气经一个收缩喷管出流，喷管出口面积 $A_e = 50\text{cm}^2$，试求：环境背压 p_b 分别为 100kPa 和 150kPa 时，喷管的质量流量 Q_m。

解 （1）环境背压为 100kPa 时

$$\frac{p_b}{p_0} = \frac{100 \times 10^3}{200 \times 10^3} = 0.5 < \frac{P_k}{P_0} = 0.5283$$

收缩喷管出口处达到声速，即临界状态，$v_e = c_k$

$$T_k = 0.8333 T_0 = 0.8333 \times 300 = 249.99\text{K}$$

$$v_e = c_k = \sqrt{k R T_k} = \sqrt{1.4 \times 287 \times 249.99} = 316.93(\text{m/s})$$

$$\rho_e = \rho_k = \frac{p_k}{R T_k} = \frac{0.5283 \times 200 \times 10^3}{287 \times 249.99} = 1.47(\text{kg/m}^3)$$

$$Q_m = \rho_e v_e A_e = 1.47 \times 316.93 \times 50 \times 10^{-4} = 2.33(\text{kg/s})$$

（2）环境背压为 150kPa 时

$$\frac{p_b}{p_0} = \frac{150 \times 10^3}{200 \times 10^3} = 0.75 > \frac{P_k}{P_0} = 0.5283$$

收缩喷管出口处不可能达到声速，$v_e < c$，$p_e = p_b$。

$$\rho_0 = \frac{p_0}{R T_0} = \frac{200 \times 10^3}{287 \times 300} = 2.32(\text{kg/m}^3)$$

由等熵过程方程，得

$$\rho_e = \rho_0 \left(\frac{p_e}{p_0}\right)^{1/k} = 2.32 \times \left(\frac{150 \times 10^3}{200 \times 10^3}\right)^{1/1.4} = 1.89(\text{kg/m}^3)$$

由等熵过程能量方程

$$\frac{k}{k-1} \frac{p_0}{\rho_0} = \frac{k}{k-1} \frac{p_e}{\rho_e} + \frac{v_e^2}{2}$$

$$v_e = \sqrt{\frac{2k}{k-1}\left(\frac{p_0}{\rho_0} - \frac{p_e}{\rho_e}\right)} = \sqrt{\frac{2 \times 1.4}{1.4-1} \times \left(\frac{200 \times 10^3}{2.32} - \frac{150 \times 10^3}{1.89}\right)} = 218.84(\text{m/s})$$

$$Q_m = \rho_e v_e A_e = 1.89 \times 218.84 \times 50 \times 10^{-4} = 2.07(\text{kg/s})$$

二、拉瓦尔喷管

前已述及，要想得到超声速气流，必须使亚声速气流先经过收缩喷管加速，使其在最小断面处达到当地声速，再经扩张管道继续加速，才能得到超声速气流。我们把这种先收缩后扩张的喷管称为拉瓦尔喷管（缩放喷管），喷管的最小断面称为喉部，如图 8-5 所示。其作用是能使气流加速到超声速，拉瓦尔喷管广泛应用于蒸汽轮机、燃气轮机、超声速风洞、冲压式喷气发动机和火箭等动力装置中。拉瓦尔喷管是产生超声速流动的必要条件，对一给定的拉瓦尔喷管，若改变上下游压强比，喷管内的流动将发生相应的变化。下面讨论大容器内气流总压 p_0 不变，改变背压 p_b 时拉瓦尔喷管内的流动情况。

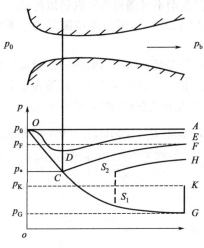

图 8-5　缩放喷管中的流动

（1）$p_0 = p_b$：喷管内无流动，喷管中各断面的压强均等于总压 p_0，如图 8-5 中直线 OA。此时的质量流量 $Q_m = 0$。

（2）$p_0 > p_b > p_F$：喷管中全部是亚声速气流，用于产生超声速气流的缩放喷管变成了普通的文丘里管，如图 8-5 中曲线 ODE 所示。此时的质量流量完全取决于背压 p_b，可利用式（8-44）计算。

（3）$p_F > p_b > p_K$：此时，在喉部下游的某一断面将出现正激波，气流经过正激波，超声速流动变为亚声速流动，压强发生突跃变化，如图 8-5 中曲线 OCS_1 和 S_2H 所示。

随着背压增大，扩张段中正激波向喉部移动。当 $p_b = p_F$ 时，正激波刚好移至喉部断面，但此时的激波已退化为一道微弱压缩波，喉部的声速气流受到微弱压缩后变为亚声速气流，除喉部以外其余管段均为亚声速流动，如图 8-5 中曲线 OCF 所示。

随着背压下降，扩张段中正激波向喷管出口移动。当 $p_b = p_K$ 时，正激波刚好移至出口断面，这时扩张段中全部为超声速流动。超声速气流通过激波后，压强由波前的 p_G 突跃为波后的 p_K，以适应高背压的环境条件，如图 8-5 中曲线 $OCGK$ 所示。

（4）$p_K > p_b > p_G$：喷管扩张段中全部为超声速流动，压强分布曲线如图 8-5 中的 OCG 所示。但在出口，压强为 p_G 的超声速气流进入压强大于 p_G 的环境背压中，将受到高背压压缩，在管外形成斜激波，超声速气流经过激波后压强增大，与环境压强相平衡。正激波和斜激波的知识已超过本书范围，在此不再详述。

（5）$p_b = p_G$：喷管扩张段内超声速气流连续地等熵膨胀，出口断面压强与背压相等，压强分布曲线如图 8-5 中的 OCG 所示。这正是用来产生超声速气流的理想情况，称为设计工况。

（6）$p_G > p_b > 0$：气流压强在缩放喷管中沿喷管轴向的变化规律，如图 8-5 中曲线 OCG 所示。但由于 $p_G > p_b$，喷管出口的超声速气流在出口外还需进一步降压膨胀。

以上（3）～（6）的质量流量均最大，按式（8-46）计算。

【例 8-5】　滞止温度 $T_0 = 773K$ 的过热蒸汽 $[k = 1.3，R = 462J/(kg·K)]$ 流经一个拉瓦尔喷管，喷管出口断面的设计参数为：压强 $p_e = 9.8 \times 10^5 Pa$，马赫数 $Ma_e = 1.39$，设

计质量流量 $Q_m=8.5\mathrm{kg/s}$，试求：出口断面的温度 T_e、速度 v_e、面积 A_e 以及喉部面积 A_k。

解 蒸汽出口断面温度

$$T_e = \frac{T_0}{1+\frac{k-1}{2}Ma_e^2} = \frac{773}{1+\frac{1.3-1}{2}\times 1.39^2} = 599.31(\mathrm{K})$$

蒸汽出口断面速度

$$v_e = Ma_e \times c_e = Ma_e \times \sqrt{kRT_e} = 1.39 \times \sqrt{1.3\times 462 \times 599.31} = 833.94(\mathrm{m/s})$$

蒸汽出口断面密度

$$\rho_e = \frac{p_e}{RT_e} = \frac{980\times 10^3}{462\times 599.31} = 3.54(\mathrm{kg/m^3})$$

蒸汽出口断面面积

$$A_e = \frac{Q_m}{\rho_e v_e} = \frac{8.5}{3.54\times 833.94} = 28.79(\mathrm{cm^2})$$

蒸汽的临界温度

$$T_k = \frac{2}{k+1}T_0 = \frac{2}{1.3+1}\times 773 = 672.17(\mathrm{K})$$

蒸汽的临界流速

$$v_k = c_k = \sqrt{kRT_k} = \sqrt{1.3\times 462\times 672.17} = 635.38(\mathrm{m/s})$$

蒸汽的临界密度

$$\rho_k = \rho_e \left(\frac{T_k}{T_e}\right)^{\frac{1}{k-1}} = 3.54 \times \left(\frac{672.17}{599.31}\right)^{\frac{1}{1.3-1}} = 5.19(\mathrm{kg/m^3})$$

喉部面积

$$A_k = \frac{Q_m}{\rho_k v_k} = \frac{8.5}{5.19\times 635.38} = 25.78(\mathrm{cm^2})$$

思考题与习题

8-1 大气温度 T 随海拔高度 Z 变化的关系式是 $T=T_0-0.0065Z$，$T_0=288\mathrm{K}$，一架飞机在 $10\mathrm{km}$ 高空以时速 $900\mathrm{km/h}$ 飞行，求其马赫数。答：$Ma=0.8352$。

8-2 空气管道某一断面上 $v=106\mathrm{m/s}$，$p=7\times 98100\mathrm{N/m^2}$（绝对压强），$t=16℃$，管径 $D=1.03\mathrm{m}$。试计算该断面上的马赫数及雷诺数。（提示：设动力黏性系数 μ 在通常压强下不变）答：马赫数为 $Ma=0.311$；雷诺数为 $Re=5\times 10^7$。

8-3 若要求 $\Delta p / \frac{\rho v^2}{2}$ 小于 0.05，对 $20℃$ 空气限定速度是多少？答：$v<153\mathrm{m/s}$，可按不压缩处理。

8-4 过热水蒸气 $k=1.33$，$R=462\mathrm{J/(kg \cdot K)}$，在管道中做等熵流动，在截面 1 上的参数为：$t_1=50℃$，$p_1=105\mathrm{Pa}$，$v_1=50\mathrm{m/s}$。如果截面 2 上的速度为 $v_2=100\mathrm{m/s}$，求该处的压强 p_2。答：$p_2=0.9753\times10^5\mathrm{Pa}$。

8-5 有一收缩型喷嘴，已知绝对压强 $p_1=140\mathrm{kPa}$，绝对压强 $p_2=100\mathrm{kPa}$，$v_1=80\mathrm{m/s}$，$T_1=293\mathrm{K}$，求 2—2 断面上的速度 v_2。答：$v_2=242\mathrm{m/s}$。

8-6 过热水蒸气 $k=1.33$，$R=462\mathrm{J/(kg \cdot K)}$ 的温度为 $t=430℃$，压强为 $p=5\times10^6\mathrm{Pa}$，速度为 $v=525\mathrm{m/s}$，求水蒸气的滞止参数 T_0、p_0、ρ_0。答：$T_0=770\mathrm{K}$，$p_0=7.4848\times10^6\mathrm{Pa}$，$\rho_0=21.04\mathrm{kg/m^3}$。

8-7 空气在直径为 $d=10.16\mathrm{cm}$ 的管道中流动，其质量流量是 $Q_m=1\mathrm{kg/s}$，滞止温度为 $t_0=38℃$，在管路某断面处的静压为 $p=41360\mathrm{N/m^2}$，试求该断面处的马赫数，速度及滞止压强。答：$Ma=0.717$，$v=241.4\mathrm{m/s}$，$p_0=58260\mathrm{N/m^2}$。

8-8 在管道中流动的空气，质量流量为 $Q_m=0.227\mathrm{kg/s}$。某处绝对压强为 $p=137900\mathrm{N/m^2}$，马赫数 $Ma=0.6$，断面面积为 $A=6.45\mathrm{cm^2}$。试求气流的滞止温度 T_0。答：$T_0=289.1\mathrm{K}$。

8-9 毕托管测得静压（表压）为 $35850\mathrm{N/m^2}$，驻点压强与静压差为 $65.861\mathrm{kPa}$，由气压计读得大气压为 $100.66\mathrm{kPa}$，而空气流的滞止温度为 $27℃$。分别按不可压缩和可压缩情况计算空气流的速度。答：按可压缩处理 $v=252.8\mathrm{m/s}$，按不可压缩处理 $v=236.2\mathrm{m/s}$。

8-10 已知煤气管路的直径为 $d=20\mathrm{cm}$，长度为 $l=3000\mathrm{m}$，气流绝对压强 $p_1=980\mathrm{kPa}$，$T_1=300\mathrm{K}$，阻力系数 $\lambda=0.012$，煤气的 $R=490\mathrm{J/(kg \cdot K)}$，绝对指数 $k=1.3$，当出口的外界压力为 $p_b=490\mathrm{kPa}$ 时，求质量流量 Q_m（煤气管路不保温）。答：按等温条件计算 $Q_m=5.22\mathrm{kg/s}$，需验算。

第**9**章
明渠流与堰流

第一节 明渠流的特点

明渠是一种具有自由表面水流的渠道。根据它的形成分为天然明渠（天然河道）和人工明渠（输水渠、排水渠、运河及未充满水流的管道等）。

明渠与有压管流不同，它具有自由表面，表面上受大气压强作用，相对压强为零，所以又称为无压流动。

明渠水流根据其运动要素是否随时间变化分为恒定流动与非恒定流动。其恒定流动又根据流线是否为平行直线分为均匀流动与非均匀流动两类。

明渠的分类如下。

（1）棱柱形渠道与非棱柱形渠道。凡是断面形状及尺寸沿程不变的长直渠道，称为棱柱形渠道，否则为非棱柱形渠道。前者的过水断面积 A 仅随水深 h 变化，后者过水断面积 A 既随水深 h 变化又随各断面沿程位置 S 而变化。

（2）顺坡、平坡和逆坡渠道。明渠底一般是个斜坡。在纵剖面上，渠底便成一条斜直线，这一斜线即渠底线的坡度，称作渠道底坡 i。

一般规定，渠底沿程降低的底坡为 $i>0$，称为顺坡；渠底水平时，$i=0$，称为平坡；渠底沿程升高时 $i<0$，称为逆坡。

渠道底坡 i 是指渠底的高差 Δz 与相应渠长 l 的比值，故有

$$i=\frac{\Delta z}{l}=\sin\theta \tag{9-1}$$

式中，θ 为渠底与水平线间的夹角，见图 9-1。

注意，通常土渠的底坡很小（$i\leqslant 0.01$），即 θ 角很小，渠道底线沿水流方向的长度 l，在实用上可以认为和它的水平投影长度 l_x 相等。即

$$i=\frac{\Delta z}{l_x}=\tan\theta \qquad (9\text{-}2)$$

另外，在渠底坡微小的情况下，水流的过水断面同在水流中所取的铅垂断面，在实用上可以认为没有差异。因此过水断面和水流深度可沿垂直方向量取。

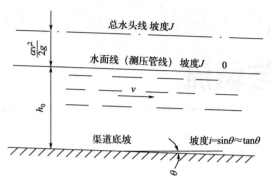

图 9-1　明渠均匀流特点

第二节　明渠均匀流的计算公式

明渠均匀流发生的条件：明渠均匀流是等速运动，根据静力平衡原理可知，重力在水流方向上的分力即水流运动的推力与阻碍水流运动的摩擦阻力相平衡。其条件是底坡 i 和粗糙率 n 必须沿程不变，而且还必须是顺坡。

明渠均匀流的水流具有如下特征：断面平均流速 v 沿程不变；水深 h 沿程不变；而且总水头线，水面线及渠底线互相平行。也就是说，其总水头线坡度（水力坡度）J，测压管水头线坡度（水面坡度）J_p 和渠道底坡 i 彼此相等

$$J=J_p=i \qquad (9\text{-}3)$$

例如，在长直的渠道和运河，以及在没有障碍的天然顺直河段中，其水流便近乎均匀流动。

一、谢才公式

1769 年，法国工程师谢才（Antoine Chezy）提出了明渠均匀流的计算公式，即谢才公式

$$v=C\sqrt{RJ} \qquad (9\text{-}4)$$

式中，v 为平均流速，m/s；R 为水力半径，m；J 为水力坡度；C 为水流流速系数，$m^{\frac{1}{2}}/s$，称为谢才系数。

由于在明渠均匀流中，$J=i$，故式（9-4）可写为

$$v=C\sqrt{Ri} \qquad (9\text{-}5)$$

则得流量的算式

$$Q=Av=AC\sqrt{Ri}=K\sqrt{i}=K\sqrt{J} \qquad (9\text{-}6)$$

式中，$K=AC\sqrt{R}$，它的单位与流量相同，称为流量模数；A 为相应明渠均匀流水深 h

的过水断面积。

相应 $K = \dfrac{Q}{\sqrt{i}}$ 的水深 h，是渠道做均匀流动时沿程不变的断面水深，称为正常水深，通常以 h_0 表示。

二、曼宁公式（曼宁系数）

1889 年，爱尔兰工程师曼宁（Robert Manning）亦提出了一个明渠均匀流公式

$$v = \frac{1}{n} R^{2/3} J^{1/2} \tag{9-7}$$

将谢才公式（9-4）与曼宁公式（9-7）相比较，便得

$$C = \frac{1}{n} R^{1/6} \tag{9-8}$$

此式表明了谢才系数 C 与粗糙系数 n 之间的重要关系，因此也称 C 为曼宁系数。各种不同粗糙面的粗糙系数 n，见表 9-1。

表 9-1　各种不同粗糙面的粗糙系数 n

等级	槽壁种类	n	$\dfrac{1}{n}$
1	涂覆珐琅釉质的表面，极精细刨光而拼合良好的木板	0.009	111.1
2	刨光的木板，纯粹水泥的粉饰面	0.010	100.0
3	水泥（含三分之一细砂）粉饰面，（新）的陶土、安装和接合良好的铸铁管和钢管	0.011	90.9
4	未刨的木板，而拼合良好；在正常情况下内无显著积垢的给水管；极好的混凝土面	0.012	83.3
5	琢石砌体；极好的砖砌体，正常情况下的排水管；略微污染的给水管；非完全精密拼合的，未刨的木板	0.013	76.9
6	"污染"的给水管和排水管，一般的砖砌体，一般情况下渠道的混凝土面	0.014	71.4
7	粗糙的砖砌体，未琢磨的石砌体，石块安置平整，极污垢的排水管	0.015	66.7
8	普通石块砌体，其状况满意的；旧破砖砌体；较粗糙的混凝土；光滑的开凿得极好的崖岸	0.017	58.8
9	覆有坚厚淤泥层的渠槽，用致密黄土和致密卵石做成而为整片淤泥薄层所覆盖的良好渠槽很粗糙的块石砌体；用大块石的干砌体，卵石铺筑面	0.018	55.6
10	纯在岩石中开筑的渠槽。由黄土、致密卵石和致密泥土做成而为淤泥薄层所覆盖的渠槽（正常情况）	0.020	50.0
11	尖角的大块乱石铺筑；表面经过普通处理的岩石渠槽；致密黏土渠槽。由黄土卵石和泥土做成而非为整片的（有些地方断裂的）淤泥薄层所覆盖的渠槽，大型渠槽受到中等以上的养护	0.0225	44.4
12	大型土渠受到中等养护的；小型土渠受到良好养护的。在有利条件下的小河和溪涧（自由流动无淤塞和显著水草等）	0.025	40.0
13	中等条件以下的大渠道，中等条件的小渠槽	0.0275	36.4
14	条件较坏的渠道和小河（例如有些地方有水草和乱石或显著的茂草，有局部的坍坡等）	0.030	33.3
15	条件很坏的渠道和小河，断面不规则，严重地受到石块和水草的阻塞等	0.035	28.6
16	条件特别坏的渠道和小河（沿河有崩崖的巨石、绵密的树根、深潭、坍岸等）	0.040	25.0

三、巴甫洛夫斯基公式

1925年俄罗斯水力学家巴甫洛夫斯基提出了一个带有变指数的公式，称巴甫洛夫斯基公式

$$C = \frac{1}{n} R^y \tag{9-9}$$

式中，$y = 2.5\sqrt{n} - 0.13 - 0.75\sqrt{R}(\sqrt{n} - 0.10)$。

此式是在下列数据范围内得到的：$0.1\text{m} \leqslant R \leqslant 3\text{m}$ 及 $0.011 < n < 0.040$。

【例 9-1】 有一段长为1km的顺直小河，河床有乱石及岸边有水草，这段河床的过水断面为梯形，其底部落差为 0.5m，底宽 3m，水深 0.8m，边坡系数 $m = \cot\alpha = 1.5\text{m}$ (图 9-2)。试用曼宁公式和巴甫洛夫斯基公式求流量模数 K 和流量 Q。

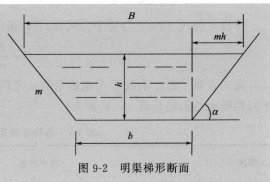

图 9-2 明渠梯形断面

解 根据基本关系式 $Q = AC\sqrt{Ri} = K\sqrt{i}$ 进行计算，先求渠底坡度

$$i = \frac{0.5}{1000} = 0.0005$$

求过水断面积 $A = (b + mh)h = (3 + 1.5 \times 0.8) \times 0.8 = 3.36(\text{m}^2)$

湿周 $\chi = b + 2h\sqrt{1 + m^2} = 3 + 2 \times 0.8 \times \sqrt{1 + 1.5^2} = 5.88(\text{m})$

水力半径 $R = \dfrac{A}{\chi} = \dfrac{3.36}{5.88} = 0.57(\text{m})$

粗糙系数由表 9-1 查得 $n = 0.03$

(1) 用曼宁公式求谢才系数

$$C = \frac{1}{n} R^{1/6} = \frac{1}{0.03} \times (0.57)^{1/6} = 30.35(\text{m}^{1/2}/\text{s})$$

流量模数 $K = AC\sqrt{R} = 3.36 \times 30.35 \times \sqrt{0.57} = 77.0(\text{m}^3/\text{s})$

流量 $Q = K\sqrt{i} = 77.0 \times \sqrt{0.0005} = 1.72(\text{m}^3/\text{s})$

[其中流速 $v = C\sqrt{Ri} = 30.35 \times \sqrt{0.57 \times 0.0005} = 0.51(\text{m/s})$]

(2) 用巴甫洛夫斯基公式求谢才系数

$$C = \frac{1}{n} R^y$$

式中，$y = 0.26$

则 $C = 28.8\text{m}^{\frac{1}{2}}/\text{s}$

流量模数 $K = AC\sqrt{R} = 3.36 \times 28.8 \times \sqrt{0.57} = 73.06(\text{m}^3/\text{s})$

流量 $Q = K\sqrt{i} = 73.06 \times \sqrt{0.0005} = 1.63(\text{m}^3/\text{s})$

[其中流量 $v = C\sqrt{Ri} = 28.8 \times \sqrt{0.57 \times 0.0005} = 0.486(\text{m/s})$]

第三节　明渠水力最优断面和允许流速

一、水力最优断面

从以上讨论可知，明渠均匀流输水能力的大小取决于渠道底坡、粗糙系数以及过水断面的形状和尺寸。在设计渠道时，底坡 i 一般随地形条件而定，粗糙系数 n 取决于渠壁的材料，于是，渠道输水能力 Q 只取决于断面大小和形状。当 i，n 及 A 大小一定，使渠道所通过的流量最大的那种断面形状称为水力最优断面。

从均匀流的基本关系式

$$Q = AC\sqrt{Ri} = A\left(\frac{1}{n}R^{1/6}\right)\sqrt{Ri} = \frac{A}{n}R^{2/3}i^{1/2} = \frac{\sqrt{i}}{n} \times \frac{A^{5/3}}{\chi^{2/3}}$$

从上式可以看出，当 i，n 及 A 给定，则水力半径 R 最大，即湿周 χ 最小的断面能通过最大的流量。

面积 A 为定值，边界最小的几何图形是圆形。因此管路断面形状通常为圆形。对于明渠则为半圆形，但半圆形施工困难，只在钢筋混凝土或钢丝网水泥材料管路中采用。土壤开挖的渠道，一般都用梯形断面，其中最接近水力最优断面半圆形的是一种半个正六边梯形断面。但这种梯形所要求的边坡系数

$$m = \cot\alpha = \cot60° = \frac{1}{\sqrt{3}} = 0.577$$

对于大多数种类的土壤来说，边坡系数 m 是不稳定的（见表 9-2）。实际上，常常先根据渠面土壤或护面性质来确定它的边坡系数 m，在这一前提下，算出水力最优的梯形过水断面。

表 9-2　梯形过水断面的边坡系数 m

土壤种类	边坡系数 m	土壤种类	边坡系数 m
细粒砂土	3.0～3.5	重土壤、密实黄土、普通黏土	1.0～1.5
砂壤土或松散土壤	2.0～2.5	密实重黏土	1.0
密实砂壤土、轻黏壤土	1.5～2.0	各种不同硬度的岩石	0.5～1.0
砾石、砂砾石土	1.5		

二、边坡系数已定前提下的梯形断面水力最优条件

设明渠梯形过水断面（图 9-2）的底宽为 b，水深为 h，边坡系数为 m，于是过水断面的大小为

$$A = (b + mh)h$$

解得

$$b = \frac{A}{h} - mh$$

湿周

$$\chi = b + 2h\sqrt{1+m^2} = \frac{A}{h} - mh + 2h\sqrt{1+m^2} \tag{9-10}$$

对式（9-10）求导数，并令其导数为零

$$\frac{\mathrm{d}\chi}{\mathrm{d}h} = -\frac{A}{h^2} - m + 2\sqrt{1+m^2} = 0 \tag{9-11}$$

再求二阶导数，得

$$\frac{\mathrm{d}^2\chi}{\mathrm{d}h^2} = 2\frac{A}{h^3} > 0$$

故有 χ_{min} 存在。现解式（9-11），并以 $A = (b+mh)h$ 代入，便得到以宽深比 $\beta = \dfrac{b}{h}$ 表示的梯形过水断面的水力最优条件

$$\beta = \frac{b}{h} = 2\left(\sqrt{1+m^2} - m\right) \tag{9-12}$$

由此可见，水力最优断面的宽深比 β 仅是边坡系数 m 的函数，根据式（9-12）可列出不同 m 时的 β 值，见表9-3。

表 9-3　水力最优断面的宽深比 β

$m = \cot\alpha$	0	0.25	0.50	0.75	1.00	1.25	1.50	1.75	2.00	3.00	3.5
$\beta = b/h$	2.00	1.56	1.24	1.00	0.83	0.70	0.61	0.53	0.47	0.32	0.28

从式（9-12）出发，还可以引出一个结论，在任何边坡系数 m 的情况下，水力最优梯形断面的水力半径 R 为水深 h 的一半。现推导如下：

$$R = \frac{A}{\chi} = \frac{(b+mh)h}{b + 2h\sqrt{1+m^2}}$$

代入水力最优断面条件式（9-12）$b = (2\sqrt{1+m^2} - 2m)h$　便得

$$R_{max} = \frac{h}{2} \tag{9-13}$$

当 $m = 0$ 时，式（9-12）变为

$$\beta = 2，即 b = 2h \tag{9-14}$$

说明水力最优矩形断面的底宽 b 为水深 h 的 2 倍。

对于小型渠道，它的水力最优断面和其经济合理断面比较接近。对于大型渠道，水力最优断面窄而深，不利于施工，因而不是最经济合理的断面。在做渠道设计时，需要综合各方面的因素来考虑，在这里所提出的水力最优条件，便是一种考虑因素。

三、渠道的允许流速

除考虑水力最优条件及经济因素外，还应使渠道设计流速不应大到使渠床受到冲刷，也不可小到使水中悬浮的泥沙发生淤积，而应当是不冲、不淤的流速。即 $v_{max} > v > v_{min}$，式中，v_{max} 为免受冲刷的最大允许流速，简称不冲允许流速；v_{min} 为免受淤积最小允许流速，简称不淤允许流速。

渠道中的不冲允许流速 v_{max} 取决于土质情况或渠道衬砌材料。表9-4给出了各种渠道免遭冲刷的最大允许流速，可供设计明渠时使用。

表 9-4 （a）坚硬岩石和人工护面渠道的不冲允许流速　　　　　单位：m/s

渠道流量/(m³/s)	<1	1～10	>10
软质水成岩(泥灰岩、页岩、软砾岩)	2.5	3.0	3.5
中等硬质水成岩(致密砾岩、石灰岩类)	3.5	4.25	5.0
硬质水成岩(白云砂岩、硬质石灰岩)	5.0	6.0	7.0
结晶岩、火成岩	8.0	9.0	10.0
单层块石铺砌	2.5	3.5	4.0
双层块石铺砌	3.5	4.5	5.0
混凝土护面(水流中水含砂和砾石)	6.0	8.0	10.0

表 9-4　（b）土质渠道的不冲允许流速　　　　　单位：m/s

黏土	中壤土	轻壤土	极细砂	细砂	中砂	粗砂	细砾石	中砾石	粗砾石	小卵石	中卵石
0.85	0.75	0.7	0.4	0.5	0.6	0.7	0.8	1.0	1.15	1.55	2.0

表中所列为水力半径 $R=1.0$ m 的情况，如 $R\neq 1.0$ m 时，则应将表中数值乘以 α 才得相应的不冲允许流速值。对于砂、砾石、卵石、疏松的壤土、黏土 $\alpha=1/4\sim 1/3$；对于密实的壤土黏土 $\alpha=1/4\sim 1/5$。渠道中的不淤允许流速 v_{min} 按以下标准选取：防止植物滋生 $v_{min}=0.6$ m/s；防止淤泥 $v_{min}=0.2$ m/s；防止沙的沉积 $v_{min}=0.4$ m/s。

第四节　明渠均匀流水力计算的基本问题

一、梯形断面渠道水力计算的基本问题

1. 验算渠道的输水能力

对已成渠道进行校核性水力计算，主要是验算过水能力。当渠道已定，已知渠道断面的形式及尺寸，并已知渠道的土壤或护面材料以及渠底坡度（即已知 m、b、h、n 和 i），求其输水能力 Q。

2. 决定渠道底坡

这类问题在渠道的设计中遇到，进行计算时，一般已知土壤或护面材料、设计流量以及断面的几何尺寸（即已知 n、Q 和 m、b、h 各量），求所需要的底坡 i。

在这种情况下，先算出流量模数 $K=AC\sqrt{R}$，再按式（9-6）直接求出渠道底坡 i。即

$$i=\frac{Q^2}{K^2}$$

3. 决定渠道断面尺寸

在设计一条新渠道时，一般已知流量 Q，渠道底坡 i，边坡系数 m 及粗糙系数 n，求渠道断面尺寸 b 和 h。

从基本算式 $Q=AC\sqrt{Ri}=f(m,b,h,n,i)$ 中 6 个变量已知 4 个，需求两个未知量 b 和

h。为了使这个问题能够解决，必须根据工程要求及经济条件，先定出渠底 b，或水深 h，或者宽深比 $\beta = \dfrac{b}{h}$，或者根据最大允许流速 $v_{\max}$ 进行求解。

（1）水深 h 已定，求相应的底宽 b。给底宽 b 以几个不同值，算出相应的 K，并做 $K = f(b)$ 曲线（图 9-3）。再从给定的 Q 和 i 算出 $K = \dfrac{Q}{\sqrt{i}}$。由图 9-3 找出对应于这个 K 值的 b 值，即为所求的底宽 b。

（2）底宽 b 已定，求相应的水深 h。仿照问题（1）中的解法，做 $K = f(h)$ 曲线（图 9-4），然后找出对应于 $K = \dfrac{Q}{\sqrt{i}}$ 的 h 值，即为所求的水深 h。

（3）给定宽深比 β 求相应的 b 和 h。与上述两种情况相似，此处给定 β 值这一补充条件后，问题的解是可以确定的。对于小型渠道，一般按水力最优设计，$\beta = 2(\sqrt{1+m^2} - m)$；对于大型土渠的计算，则要考虑经济条件，对通航渠道则按特殊要求设计。

（4）从最大允许流速 $v_{\max}$ 出发，求相应的 b 和 h。直接算出 $A = Q/v_{\max}$ 和 $R = (nv_{\max}/i^{\frac{1}{2}})^{\frac{3}{2}}$ 值，其中谢才系数 C 按曼宁公式计算。把 A 和 R 值代入以下两式后，便可求出过水断面的尺寸 b 和 h。两式如下

$$A = (b + mh)h$$

$$R = \frac{A}{\chi} = \frac{A}{b + 2h\sqrt{1+m^2}}$$

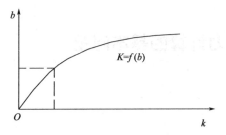

图 9-3　流量模数与底宽的曲线

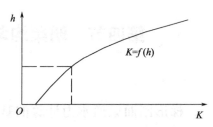

图 9-4　流量模数与水深的曲线

【例 9-2】　有一排水沟呈梯形断面，土质是细砂土，需要通过流量为 $Q = 3.5\mathrm{m^3/s}$。已知坡为 $i = 0.005$，边坡为 $m = 1.5$，要求设计此排水沟断面尺寸并考虑是否需要加固，并已知渠道的粗糙系数为 $n = 0.025$，免冲的最大允许流速为 $v_{\max} = 0.32\mathrm{m/s}$。

解　现分别就允许流速和水力最优条件两种方案进行设计与比较

第一方案　按允许流速 $v_{\max}$ 进行设计。从梯形过水断面中有

$$A = (b + mh)h \tag{a}$$

$$R = \frac{A}{\chi} = \frac{A}{b + 2h\sqrt{1+m^2}} \tag{b}$$

有 $v_{\max}$ 求 A，有

$$A = \frac{Q}{v_{\max}} = \frac{3.5}{0.32} = 10.9(\mathrm{m^2})$$

又从谢才公式 $R = \dfrac{v^2}{C^2 i}$，应用曼宁公式 $C = \dfrac{1}{n} R^{1/6}$ 及 $v = v_{\max}$ 代入，便有

$$R = \left(\frac{nv_{max}}{i^{1/2}}\right)^{3/2} = \left(\frac{0.025 \times 0.32}{0.005^{1/2}}\right)^{3/2} = 0.038$$

然后把上述 A，R 和 m 值代入式（a）和（b），解得 $h = 0.04\text{m}$，$b = 287\text{m}$；$h = 137\text{m}$，$b = -206\text{m}$。显然这两组答案都是没有意义的，说明此渠道水流不可能以 $v = v_{max}$ 通过。

第二方案 按水力最优断面进行设计。按式（9-12）算出水力最优断面的宽深比

$$\beta = 2\left(\sqrt{1+m^2} - m\right) = 2 \times \left(\sqrt{1+1.5^2} - 1.5\right) = 0.61$$

即 $b = 0.61h$，

又

$$A = (b+mh)h = (0.61h + 1.5h)h = 2.11h^2$$

此外，水力最优时，有 [见式（9-13）]

$$R = 0.5h$$

代入基本算式

$$Q = AC\sqrt{Ri} = A\left(\frac{1}{n}R^{1/6}\right)R^{1/2}i^{1/2} = \frac{A}{n}R^{2/3}i^{1/2} = \frac{2.11h^2}{0.025}(0.5h)^{2/3}(0.005)^{1/2} = 3.77h^{8/3}$$

$$h = \left(\frac{Q}{3.77}\right)^{3/8} = \left(\frac{3.5}{3.77}\right)^{3/8} = \frac{1.6}{1.64} = 0.98(\text{m})$$

$$b = 0.61h = 0.61 \times 0.98 = 0.6(\text{m})$$

断面尺寸算出后，还须检验 v 是否在许可范围内。为此，有

$$v = C\sqrt{Ri} = \frac{1}{n}R^{1/6}\sqrt{Ri} = \frac{1}{n}R^{2/3}i^{1/2}$$

$$= \frac{1}{n}(0.5h)^{2/3}i^{1/2} = \frac{1}{0.025} \times (0.5 \times 0.98)^{2/3} \times (0.005)^{1/2}$$

$$= 1.75(\text{m/s})$$

这一流速，比允许流速 $v_{max} = 0.32\text{m/s}$ 大很多，说明渠床需要加固。加固后 n 值已变，v 不再是 1.75m/s，故需要根据加固后的材料重新计算渠道断面尺寸。

二、无压圆管均匀流的水力计算

1. 无压圆管水力最优状况计算

水流在无压圆管中的充满度可用水深对直径的比值，即 $\alpha = h/d$ 来表示。无压圆管水力最优状况计算，就是求其输水性能最优时的水流充满度 α，可根据水力最优条件导出。通过分析可知，当水深 h 超过半径 $\frac{d}{2}$ 时，过水能力最强，其计算参数如图 9-5 所示。根据均匀流的计算公式（9-6）有：

$$Q = AC\sqrt{Ri} = A\left(\frac{1}{n}R^{1/6}\right)(Ri)^{1/2} = i^{1/2}n^{-1}A^{5/3}\chi^{-2/3}$$

从图 9-5 中得无压管流过水断面积 A 及湿周 χ 为

$$\left. \begin{array}{l} A = \dfrac{d^2}{8}(\theta - \sin\theta) \\[2mm] \chi = \dfrac{d}{2}\theta \end{array} \right\}$$

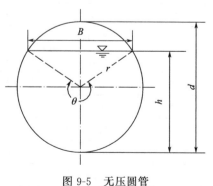

图 9-5 无压圆管

将 A 和 χ 代入上式，当 i、n 及 d 一定时，得对上式的导数，
并令该导数为零，则

$$\frac{\mathrm{d}Q}{\mathrm{d}\theta}=\frac{\mathrm{d}}{\mathrm{d}\theta}\left(\frac{i^{1/2}}{n}\times\frac{A^{5/3}}{\chi^{2/3}}\right)=0$$

即

$$\frac{\mathrm{d}}{\mathrm{d}\theta}\left(\frac{A^{5/3}}{\chi^{2/3}}\right)=0,\ 或\frac{\mathrm{d}}{\mathrm{d}\theta}\left[\frac{(\theta-\sin\theta)^{5/3}}{\theta^{2/3}}\right]=0$$

将上式展开并整理后得

$$1-\frac{5}{3}\cos\theta+\frac{2\sin\theta}{3\theta}=0$$

式中的 θ 是水力最优过水断面时的充满角，称为水力最优充满角，解得

$$\alpha=\frac{h}{d}=\sin^2\frac{\theta}{4}=\left(\sin\frac{308°}{4}\right)^2=0.95$$

可见，在无压圆管均匀流中，水深 $h=0.95d$（$\alpha=0.95$）时 $Q=Q_{\max}$ 其输水能力最优。依照上述类似的分析方法，当 i、n 及 d 一定，求水力半径 R 的最大值，从而得到无压圆管均匀流的平均流速最大值 $v_{\max}$ 发生在 $\theta=257.5°$ 处，相应的水深 $h=0.81d$（即充满度 $\alpha=0.81$）。

2. 无压管道的计算问题

无压管道均匀流的基本算式仍为式（9-6）。对于圆管内不满流时各水力要素计算可按下列各式或表 9-5 进行，式中符号如图 9-5 所示。

过水断面

$$A=\frac{d^2}{8}(\theta-\sin\theta)$$

湿周

$$\chi=\frac{d}{2}\theta$$

水力半径

$$R=\frac{d}{4}\left(1-\frac{\sin\theta}{\theta}\right)$$

表 9-5　不同充满度时圆形管道的水力要素（d 以 m 计）

充满度 α	过水断面面积 A/m^2	水力半径 R/m	充满度 α	过水断面面积 A/m^2	水力半径 R/m
0.05	$0.0147d^2$	$0.0326d$	0.55	$0.4426d^2$	$0.2649d$
0.10	$0.0400d^2$	$0.0635d$	0.60	$0.4920d^2$	$0.2776d$
0.15	$0.0739d^2$	$0.0929d$	0.65	$0.5404d^2$	$0.2881d$
0.20	$0.1118d^2$	$0.1206d$	0.70	$0.5872d^2$	$0.2962d$
0.25	$0.1535d^2$	$0.1466d$	0.75	$0.6319d^2$	$0.3017d$
0.30	$0.1982d^2$	$0.1709d$	0.80	$0.6736d^2$	$0.3042d$
0.35	$0.2450d^2$	$0.1935d$	0.85	$0.7115d^2$	$0.3033d$
0.40	$0.2934d^2$	$0.2142d$	0.90	$0.7445d^2$	$0.2980d$
0.45	$0.3428d^2$	$0.2331d$	0.95	$0.7707d^2$	$0.2865d$
0.50	$0.3927d^2$	$0.2500d$	1.00	$0.7854d^2$	$0.2500d$

流速
$$v = \sqrt{Ri} = \frac{C}{2}\sqrt{d\left(1 - \frac{\sin\theta}{\theta}\right)i}$$

流量
$$Q = AC\sqrt{Ri} = \frac{C}{16}d^{5/2}i^{1/2}\left[\frac{(\theta - \sin\theta)^3}{\theta}\right]^{1/2}$$

充满度
$$\alpha = \frac{h}{d} = \sin^2\frac{\theta}{4}$$

在进行上述无压管道的水力计算时，还要考虑如下有关规定：

（1）污水管道应按不满流计算，其最大设计充满度按表 9-6 采用。

表 9-6　最大设计充满度

管径 d 或暗渠高 H/mm	最大设计充满度 $\left(\alpha = \dfrac{h}{d}$ 或 $\dfrac{h}{H}\right)$
150～300	0.60
350～450	0.70
500～900	0.75
≥1000	0.80

（2）雨水管道和综合流管道应按满流计算。

（3）排水管的最大设计流速：金属管为 10m/s；非金属管为 6m/s。

（4）排水管的最小设计流速：对污水管（在设计充满度下），当管径≤500mm 时，为 0.7m/s；当管径＞500mm 时，为 0.8m/s。

另外，对最小管径和最小设计坡度等也有规定，在实际工作中可参阅有关设计手册与规范。

【例 9-3】　钢筋混凝土圆形污水管，管径为 $d = 1000$mm，管壁粗糙系数为 $n = 0.014$，管道坡度为 $i = 0.001$，求最大设计充满度时的流速及流量。

解　从表 9-6 查得管径 $d = 1000$mm 污水管最大设计充满度为 $\alpha = \dfrac{h}{d} = 0.8$。

再从表 9-5 查得 $\alpha = \dfrac{h}{d} = 0.8$ 时，过水断面上的水力要素值为

$$A = 0.6736d^2 = 0.6736 \times 1^2 = 0.6736 \text{（m}^2\text{）}$$
$$R = 0.3042d = 0.3042 \times 1 = 0.3042 \text{（m）}$$
$$C = \frac{1}{n}R^{1/6} = \frac{1}{0.014} \times (0.3042)^{1/6} = 58.6 \text{（m}^{1/2}\text{/s）}$$
$$v = C\sqrt{Ri} = 58.6 \times \sqrt{0.3042 \times 0.001} = 1.02 \text{（m/s）}$$
$$Q = Av = 0.6736 \times 1.02 = 0.685 \text{（m}^3\text{/s）}$$

在实际工作中，还需检验流速 v 是否满足允许流速要求，即满足 $v_{max} > v > v_{min}$。本题为钢筋混凝凝土管，其 $v_{max} = 6$m/s，$v_{min} = 0.8$m/s，故所得的计算流速 $v = 1.02$m/s，在允许范围之内。

第五节　明渠恒定非均匀渐变流的基本微分方程

对于铁道、道路和给排水等工程，常需在河渠上架桥、设涵、筑坝、建闸。这些水工建

筑物的兴建，破坏了河渠均匀流发生的条件，造成了流速、水深沿程变化，从而产生了非均匀流动。

在明渠非均匀流中，水流重力在流动方向上的分力与阻力不平衡，流速和水深沿程都发生变化，水面线一般为曲线（称为水面曲线）。这时其水力坡度 J，水面坡度 J_p 与渠道底坡 i 互不相等。

在明渠非均匀流的水力计算中，需要对各断面水深或水面曲线进行计算。例如，在桥墩勘测设计时，为了预计建桥后墩台对河流的影响，便需要计算出桥址附近的水位标高。

设有一明渠水流，如图 9-6 所示。在某起始断面 $0'—0'$ 的下游 S 处，取断面 1—1 和 2—2，两者相隔一无限短的距离 dS。沿程 S 的正方向与流向相同。

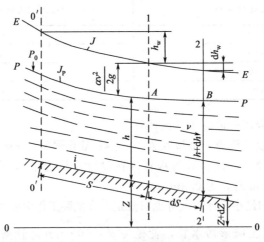

图 9-6　明渠非均匀渐变流

两断面间水流的能量变化关系可引用总流的能量方程来表达。为此取 0—0 作为基准面，在断面 1—1 和 2—2 间建立能量方程，得

$$Z+h+\frac{\alpha v^2}{2g}=(Z+\mathrm{d}Z)+(h+\mathrm{d}h)+\frac{\alpha(v+\mathrm{d}v)^2}{2g}+\mathrm{d}h_f \qquad (9\text{-}15)$$

式中，$\mathrm{d}h_f$ 为两断面间沿程水头损失，局部水头损失 $\mathrm{d}h_m$ 可忽略不计。

将上式展开并略去二阶微量 $(\mathrm{d}v)^2$ 后，得

$$\mathrm{d}Z+\mathrm{d}h+\mathrm{d}\left(\frac{\alpha v^2}{2g}\right)+\mathrm{d}h_f=0 \qquad (9\text{-}16)$$

各项除以 $\mathrm{d}S$ 后，则上式为

$$\frac{\mathrm{d}Z}{\mathrm{d}S}+\frac{\mathrm{d}h}{\mathrm{d}S}+\frac{\mathrm{d}}{\mathrm{d}S}\left(\frac{\alpha v^2}{2g}\right)+\frac{\mathrm{d}h_f}{\mathrm{d}S}=0 \qquad (9\text{-}17)$$

式中，$\dfrac{\mathrm{d}Z}{\mathrm{d}S}=-i,i$ 为渠底坡度。

$$\frac{\mathrm{d}}{\mathrm{d}S}\left(\frac{\mathrm{d}v^2}{2g}\right)=\frac{\mathrm{d}}{\mathrm{d}S}\left(\frac{\alpha Q^2}{2gA^2}\right)=-\frac{\alpha Q^2}{gA^3}\frac{\mathrm{d}A}{\mathrm{d}S}$$

$$=-\frac{\alpha Q^2}{gA^3}\left(\frac{\partial A}{\partial h}\frac{\mathrm{d}h}{\mathrm{d}S}+\frac{\partial A}{\partial S}\right)=-\frac{\alpha Q^2}{gA^3}\left(B\frac{\mathrm{d}h}{\mathrm{d}S}+\frac{\partial A}{\partial S}\right);$$

$$\frac{\mathrm{d}h_f}{\mathrm{d}S}=J=\frac{Q^2}{K^2}=\frac{Q^2}{A^2C^2R}$$

式中 h_f 作均匀流情况处理。

将以上各式代入式（9-17）后，得到非棱柱形渠道中水深沿程变化规律的基本微分方程。

$$\frac{\mathrm{d}h}{\mathrm{d}S} = \frac{i - \dfrac{Q^2}{K^2}\left(1 - \dfrac{\alpha C^2 R}{gA} \times \dfrac{\partial A}{\partial S}\right)}{1 - \dfrac{\alpha Q^2}{g} \times \dfrac{B}{A^3}} \tag{9-18}$$

对于棱柱形渠道，$\dfrac{\partial A}{\partial S} = 0$ 从而上式简化为

$$\frac{\mathrm{d}h}{\mathrm{d}S} = \frac{i - \dfrac{Q^2}{K^2}}{1 - \dfrac{\alpha Q^2}{g} \times \dfrac{B}{A^3}} \tag{9-19}$$

第六节　断面单位能量与临界水深

一、断面单位能量

在明渠渐变流的任一过水断面中，任意一点的单位重力液体对某一基准面 0—0（图 9-7）的总机械能 E 为

$$E = Z + \frac{p}{\gamma} + \frac{\alpha v^2}{2g}$$

如果把基准面 0—0 设在断面最低点，则水面一点的单位重力液体对新基准面 0_1—0_1 的机械能 e 为

$$e = E - Z_1 = h + \frac{\alpha v^2}{2g} \tag{9-20}$$

在水力学中把 e 称为断面单位能量或断面比能。将式（9-20）表达如下

$$e = h + \frac{\alpha Q^2}{2gA^2} \tag{9-21}$$

上式 e 为水深 h 的函数，经过一系列分析，当 $h \to 0$ 时，$A \to 0$，此时 $e \to \infty$；当 $h \to \infty$ 时，$A \to \infty$ 此时 $e \to \infty$。因此曲线 $e = f(h)$ 如图 9-8 所示对应于 $e_{\min}$ 处有一水深，称为临界水深 h_k。

二、临界水深

临界水深是指在断面形式和流量给定的条件下，相应于断面单位能量为最小值时的水深。临界水深 h_k 的计算可根据上述定义得出。对式（9-21）求 e 对 h 的导数得

$$\frac{\mathrm{d}e}{\mathrm{d}h} = 1 - \frac{\alpha Q^2}{gA^3} \frac{\mathrm{d}A}{\mathrm{d}h} = 1 - \frac{\alpha Q^2 B}{gA^3} \tag{9-22}$$

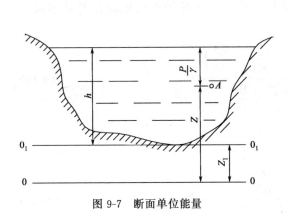

图 9-7　断面单位能量

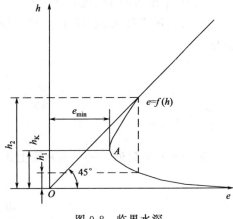

图 9-8　临界水深

令 $\dfrac{\mathrm{d}e}{\mathrm{d}h}=0$ 得 $e=e_{\min}$ 时之临界水深 h_k 的普遍表达式

$$\frac{\alpha Q^2}{g}=\frac{A_k^3}{B_k} \tag{9-23}$$

式中，A_k，B_k 为临界水深的函数，故可确定 h_k。读者可以用 h 为纵坐标，$\dfrac{A^3}{B}$ 为横坐标，设不同 h 值，依次求得 $\dfrac{A^3}{B}$，绘出曲线，图中 $\dfrac{A^3}{B}$ 等于 $\dfrac{\alpha Q^2}{g}$ 时的水深 h 便是 h_k。

对于矩形断面明渠，用下式求临界水深 h_k：

$$\frac{\alpha Q^2}{g}=\frac{(bh_k)^3}{b} \tag{9-24}$$

$$h_k=\sqrt[3]{\frac{\alpha Q^2}{gb^2}}=\sqrt[3]{\frac{\alpha q^2}{g}}$$

式中，$q=\dfrac{Q}{b}$，称为单宽流量。

在棱柱形渠道中，断面形状、尺寸和流量一定时，若水流的正常水深 h_0 恰等于临界水深 h_k 时，则其渠底坡称为临界坡度 i_k。

三、缓流急流临界流及其判别准则

明渠水流在临界水深时的流速称为临界流速，以 v_k 表示。这样的明渠水流状态称为临界流。当明渠水流流速小于临界流速时，称为缓流；大于临界流速时，称为急流。用断面单位能量也可判别缓流和急流，当 $\dfrac{\mathrm{d}e}{\mathrm{d}h}>0$ 时，为缓流；当 $\dfrac{\mathrm{d}e}{\mathrm{d}h}<0$ 时，为急流。

缓流与急流的判别在明渠非均匀流的分析计算上具有重要意义。除了可用临界流速、临界水深、断面单位能量的变化作为判别外，还可用更简单的判别准则——弗劳德数 Fr（Froude number）来判别。

从式（9-22）中 $\dfrac{\alpha Q^2 B}{gA^3}$ 项分析，它是一个无量纲组合数，在水力学中称它为弗劳德数，

以 Fr 表示，式（9-22）变为

$$\frac{\mathrm{d}e}{\mathrm{d}h}=1-Fr \qquad (9\text{-}25)$$

式中，$Fr=\dfrac{\alpha Q^2 B}{gA^3}$，令 $\dfrac{A}{B}=h_{\mathrm{m}}$ 表示过水断面上的平均水深，则弗劳德数 Fr 写为

$$Fr=\frac{\alpha Q^2}{gA^2 h_{\mathrm{m}}}=\frac{\alpha v^2}{gh_{\mathrm{m}}}=2\frac{\dfrac{\alpha v^2}{2g}}{h_{\mathrm{m}}} \qquad (9\text{-}26)$$

由式（9-26）可知，弗劳德数 Fr 代表能量比值，它为水流中单位重力液体的动能对其平均势能比值的 2 倍。由式（9-25）可得 $\dfrac{\mathrm{d}e}{\mathrm{d}h}<0$，$Fr>1$ 为急流；$\dfrac{\mathrm{d}e}{\mathrm{d}h}>0$，$Fr<1$ 为缓流；$\dfrac{\mathrm{d}e}{\mathrm{d}h}=0$，$Fr=1$ 为临界流。

第七节　水　跃

水跃是明渠水流从急流状态过渡到缓流状态时水面骤然跃起的局部水力现象（图 9-9）。

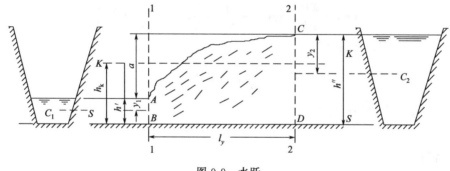

图 9-9　水跃

一、水跃的基本方程

这里仅讨论平坡（$i=0$）渠道中完整的水跃。假设如下：

（1）水跃段长度不大，渠床摩擦力可忽略不计。

（2）跃前、跃后两过水断面上水流为渐变流，断面动水压强按静水压强分布。

（3）跃前、跃后两过水断面的动量修正系数相等即 $\beta_1=\beta_2=\beta_0$。

根据图 9-9 所示建立动量方程置投影轴 S—S 于渠底线，指向水流方向。作用在控制面 $ABDCA$ 液体上的力只有 $\sum F$，则

$$\sum F=\gamma y_1 A_1-\gamma y_2 A_2$$

式中，y_1，y_2 为跃前 1—1、跃后 2—2 断面形心的水深。

在单位时间内，控制面 $ABDCA$ 内的液体动量增量为

$$\frac{\beta \gamma Q}{g}(v_2 - v_1)$$

按恒定总流的动量方程，则有

$$\frac{\beta \gamma Q}{g}(v_2 - v_1) = \gamma(y_1 A_1 - y_2 A_2) \tag{9-27}$$

整理后得

$$\frac{\beta Q^2}{g A_1} + y_1 A_1 = \frac{\beta Q^2}{g A_2} + y_2 A_2 \tag{9-28}$$

式（9-27）为棱柱形平坡渠道中完整水跃的基本方程。令

$$\theta(h) = \frac{\beta Q^2}{g A} + y A \tag{9-29}$$

式中，$\theta(h)$ 称为水跃函数。可将式（9-28）写为

$$\theta(h') = \theta(h'') \tag{9-30}$$

式中，h'、h'' 为跃前、跃后水深，称为共轭水深。

二、共轭水深与水跃长度计算

对于矩形断面的棱柱形渠道，有 $A = bh$，$y = \dfrac{h}{2}$，$q = \dfrac{Q}{b}$ 和 $\dfrac{\alpha q^2}{g} = h_k^3$ 等关系，令 $\beta = \alpha$，其水跃函数为

$$\theta(h) = \frac{\beta Q^2}{g A} + y A = \frac{\alpha b^2 q^2}{g b h} + \frac{h}{2} b h = b\left(\frac{h_k^3}{h} + \frac{h^2}{2}\right)$$

因 $\theta(h') = \theta(h'')$，故有

$$b\left(\frac{h_k^3}{h'} + \frac{h'^2}{2}\right) = b\left(\frac{h_k^3}{h''} + \frac{h''^2}{2}\right)$$

于是得 $h'h''(h' + h'') = 2h_k^3$

或

$$h'^2 h'' + h' h''^2 - 2h_k^3 = 0 \tag{9-31}$$

从而解得

$$h' = \frac{h''}{2}\left[\sqrt{1 + 8\left(\frac{h_k}{h''}\right)^3} - 1\right]$$

或

$$h'' = \frac{h'}{2}\left[\sqrt{1 + 8\left(\frac{h_k}{h'}\right)^3} - 1\right] \tag{9-32}$$

上式又可写为如下形式：

$$h' = \frac{h''}{2}(\sqrt{1 + 8Fr_2} - 1)$$

$$h'' = \frac{h'}{2}(\sqrt{1 + 8Fr_1} - 1) \tag{9-33}$$

对于梯形断面的棱柱形渠道，其共轭水深的计算可根据水跃基本方程试算确定。

水跃现象不仅改变了水流的外形，也引起了水流内部结构的剧烈变化。可以想象，这种变化会引起大量的能量损失，有时可达跃前断面急流能量的 70%，因此，水跃具有消能的作用。该消能段沿流向的长度称为水跃长度。

水跃长度 l 应理解为水跃段长度 l_y 和跃后段长度 l_0 之和。

$$l = l_y + l_0 \tag{9-34}$$

水跃长度决定着有关河段应加固的长短，所以跃长的决定具有重要的实际意义。水跃运动复杂，目前水跃长度仍只是根据经验公式计算

$$l_y = 4.5h'' \tag{9-35}$$

$$l_0 = (2.5 \sim 3.0)l_y \tag{9-36}$$

上述经验式仅适用于底坡较小的矩形渠道，可在工程上用于估算。其准确数值，尚需通过水流模型试验来确定。

第八节　棱柱形渠道恒定非均匀渐变流水面曲线

一、渐变流水面曲线变化分析

水工实践中一般遇到的明渠流，常常由一些水流的局部现象和均匀流段或非均匀流段组成。如图 9-10 所示，图中除渐变流和均匀流段外，其他如闸下出流、水跃、堰顶溢流和跌水等均为局部水流现象。这些局部现象中最具有典型意义的是水跃与跌水。跌水是从缓流变到急流的一种过渡现象。

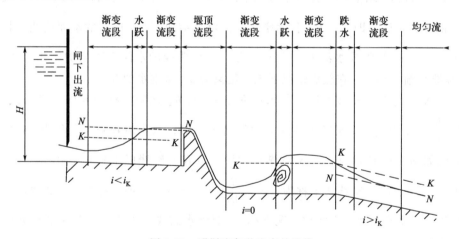

图 9-10　明渠流各种流态的连接

式（9-19）是反映渐变流水面曲线变化规律的基本方程。为了便于利用该方程去分析各种水面曲线的变化，尚需引入均匀流（在 $i > 0$ 时）对应于正常水深 h_0 的流量模数 K_0。

$$Q = A_0 C_0 \sqrt{R_0 i} = K_0 \sqrt{i}$$

并引入弗劳德数得到式（9-19）的变化形式如下

$$\frac{dh}{dS} = i \frac{1 - \left(\dfrac{K_0}{K}\right)^2}{1 - Fr} \tag{9-37}$$

式中，K 是相应于非均匀流水深 h 的流量模数。

为了便于区分水面曲线沿程变化，一般在水面曲线的分析图（图 9-11，图 9-12）上作出两根平行于渠底的直线。其中一根距渠底为 h_0，为正常水深 $N—N$；而另一根距渠底为 h_k，为临界水深线 $K—K$。这样，在渠底以上画出的两根辅助线（$N—N$ 与 $K—K$）把渠道水流划分为 abc 三个不同的区域，其特点如下：a 区的水面曲线，其水深 h 大于 h_0、h_k；b 区的水面曲线，其水深 h 介于 h_0 和 h_k 之间；c 区的水面曲线，其水深 h 小于 h_0、h_k。

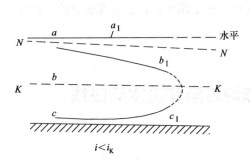
图 9-11　底坡为缓坡的水面曲线

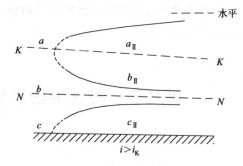
图 9-12　底坡为陡坡的水面曲线

由于工程中的明渠大多是顺坡（$i>0$）情况，故这里只对顺坡棱柱形渠道中水面曲线变化的情形进行讨论。顺坡情况有下面三种坡度的分类，即缓坡（$i<i_k$，$h_0>h_k$）、急坡（$i>i_k$，$h_0<h_k$）、临界坡（$i=i_k$，$h_0=h_k$），分述如下。

（1）缓坡渠道，如图 9-11 所示分为三个区，根据式（9-37）分析，在 $N—N$ 线、$K—K$ 线以上的称为 a 区，即 $\dfrac{dh}{dS}>0$，称为壅水区。可总结如下：a 区中的水面曲线，其水深 h 均大于正常水深 h_0 和临界水深 h_k，这就是说，a 型曲线的水深沿程增加，并与 $N—N$ 线（正常水深线）渐近相切，在缓坡情况下该线定义为 a_I 型壅水曲线。

在 $N—N$ 线与 $K—K$ 线之间，其水深介于 h_0 与 h_k 之间，称为 b 区。经公式（9-37）分析可得 $\dfrac{dh}{dS}<0$。就是说，b 区内的水面曲线沿程下降，水深沿程减小，称为 b_I 型降水曲线，该曲线如图 9-11 所示与 $N—N$ 线渐近相切，与 $K—K$ 线以正交方式相交。

在 $K—K$ 线、$N—N$ 线之下称为 c 区，$\dfrac{dh}{dS}>0$。该区水面曲线称为 c 型曲线，水深沿程增加，亦称 c 型壅水曲线，在缓坡情况下称 c_I 型壅水曲线。该曲线与渠底呈渐近相切，与 $K—K$ 线正交。

（2）急坡（陡坡）渠道，如图 9-12 所示，也分为三个区，但 $h_k>h_0$，所以 $K—K$ 线在 $N—N$ 线之上。从上至下依次分为 a、b、c 三区。三个区的水面曲线同样根据式（9-37）分析可知，a 区内 a_{II} 型壅水曲线，该曲线渐趋近于水平线 $\left(\dfrac{dh}{ds}\to i\right)$，与 $K—K$ 线正交 $\left(\dfrac{dh}{ds}\to\pm\infty\right)$。同理可分析出 $N—N$ 与 $K—K$ 线之间的 b_{II} 型曲线具有与 $K—K$ 线正交与 $N—N$ 线渐近相切的规律，而 c_{II} 线与渠底正交与 $N—N$ 线渐近相切。

（3）临界坡，在 $i=i_k$ 时的临界坡，$h_k=h_0$，故 $K—K$ 线与 $N—N$ 线互相重合，b 区不复存在，只有 a_{III} 型与 c_{III} 型两种壅水曲线，如图 9-13 所示。

综上所述，可总结为无论何种坡度上的何种线型，都与 N—N 线渐近相切，与 K—K 线正交，或趋近于一条线。顺坡上共有三种情况 8 条不同类型曲线，角标Ⅰ、Ⅱ、Ⅲ分别代表缓坡、急坡和临界坡。对于逆坡、平坡也可以得到与顺坡情况相类似的各种水面曲线，不再赘述。

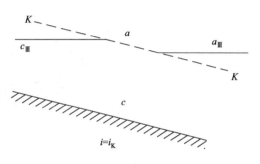

图 9-13　底坡为临界坡的水面曲线

二、渠道底坡变化时水面曲线的连接

为适应地面自然坡度以节省土石方，或其他工程需要，一条较长的渠道常以不同的底坡分段修建，这时需考虑渠道变坡处水面连接问题。

以顺坡情形为例变坡前的上游段和变坡后的下游段的断面尺寸和粗糙系数 n 完全相同；两段在连接处的上、下游均处在均匀流状态。令 A—A 为变坡处的断面；i_1 与 i_2 分别为上、下游段的底坡；h_1 与 h_2 分别为上、下游段的正常水深。讨论这两种情形如下。

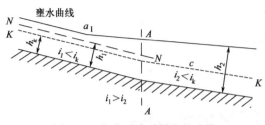

图 9-14　急流过渡到缓流的连接

（1）没有水跃的变坡水面连接。以图 9-14（$i_2 < i_1 < i_k$）为例进行讨论。这里上、下游均为缓流，没有从急流过渡到缓流的问题，故无水跃发生，又因 $i_1 > i_2$ 故 $h_1 < h_2$。可见连接段的水深应当沿程增加，这看来必须是上游段为 a_1 型水面曲线和下游段为均匀流才有可能。

（2）发生水跃的变坡水面连接。如图 9-15（a）、（b）、（c）所示，（$i_1 > i_k > i_2$），即 $h_1 < h_k$，$h_2 > h_k$，这是急流过渡到缓流的连接，必须发生水跃，但究竟在何处发生，应进一步作具体分析。求出与 h_1 共轭的跃后水深 h_t''，并与 h_2 比较，有以下三种可能：

$h_2 < h_t''$——远驱水跃式的连接［图 9-15（a）］。这说明下游段的水深 h_2，挡不住上游段急流而被冲向下游。水面连接由 c_1 型壅水曲线及其后面的水跃组成，称为远驱水跃式的连接。跃前水深 h_t'' 与 h_2 共轭。

$h_2 = h_t''$——临界水跃式的连接，如图 9-15（b）所示。临界水跃指水跃发生在交界面 A—A 处。

$h_2 > h_t''$——淹没水跃式的连接，如图 9-15（c）所示。这里水跃发生在上游段，淹没水跃指水跃把交界面 A—A 淹没。

三、棱柱形渠道中恒定非均匀渐变流水面曲线的计算

非均匀流水面曲线计算的主要内容是确定任意两断面的水深及其距离，然后进行曲线绘制。对非均匀流水面曲线进行定量计算，就需对反映水面曲线变化规律的基本微分方程式（9-19）进行积分。目前常用方法有两种，即数值积分法和分段求和法。这里只介绍常用的分段求和法计算水面曲线。

分段求和法是明渠水面曲线计算的基本方法。它将整个流程 l 分成若干流段 Δl 来考虑，并以有限差来代替原来的微分方程式，然后根据有限差分式求得所需要的水力要素。

设有一明渠恒定渐变流如图 9-16 所示，取某流段 Δl 的两过水断面，建立两断面的单位能量表达式：

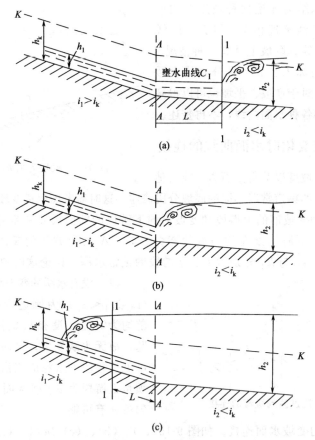

图 9-15 几种水跃的连接形式

$$e_1 = h_1 + \frac{\alpha_1 v_1^2}{2g}, e_2 = h_2 + \frac{\alpha_2 v_2^2}{2g} \quad (9\text{-}38)$$

则两断面单位能量差

$$\Delta e = e_2 - e_1 = \left(h_2 + \frac{\alpha_2 v_2^2}{2g}\right) - \left(h_1 + \frac{\alpha_1 v_1^2}{2g}\right) \quad (9\text{-}39)$$

并可将两渠底位置高度差表示为

$$\Delta Z = Z_1 - Z_2 = i\,\Delta l \quad (9\text{-}40)$$

把基本微分方程式（9-19）及断面单位能

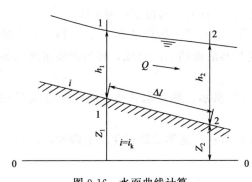

图 9-16 水面曲线计算

量对水深的导数表达式（9-22）结合起来表达如

$$\frac{\mathrm{d}h}{\mathrm{d}S} = \frac{i - \dfrac{Q^2}{K^2}}{1 - \dfrac{\alpha Q^2}{g} \times \dfrac{B}{A^3}} = \frac{i - \dfrac{Q^2}{K^2}}{\dfrac{\mathrm{d}e}{\mathrm{d}h}}$$

则

$$\frac{\mathrm{d}e}{\mathrm{d}S} = i - \frac{Q^2}{k^2} \quad (9\text{-}41)$$

对于渐变流，水头损失只考虑沿程水头损失；并且认为在流程的各个分段内，其沿程水头损失按均匀流规律计算，即

$$\Delta h_{\mathrm{f}} = \frac{Q^2}{K^2} \Delta S = \bar{J} \Delta S, \ 则 \ \bar{J} = \frac{Q^2}{K^2}$$

以有限差分代替式（9-41），便得

$$\frac{\Delta e}{\Delta S} = i - \bar{J}$$

或

$$\Delta S = \Delta l = \frac{\Delta e}{i - \bar{J}} \tag{9-42}$$

式中 Δe 可用式（9-39）计算。

利用分段计算式式（9-42），便可逐步算出非均匀流中明渠各个断面的水深及它们相隔的距离，从而整个流程 $l = \sum \Delta l$ 上的水面曲线便可定量地确定与绘出。分段求和法对棱柱形渠道和非棱柱形渠道的恒定渐变流均适用。在电子计算机被日益广泛应用的今天，上述方法可编制程序后进行电算，使运算变得迅速准确。

【例 9-4】 现要设计一土渠，因地形较陡峭，故设立跌坎，如图 9-17 所示。因此，渠道产生非均匀流及局部水力现象，其中包括跌水现象。试问在跌坎前的土渠会不会受到冲刷？若发生冲刷，问渠道的防冲铺砌长度 Δl 需要多长？

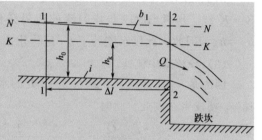

图 9-17　跌坎上铺砌长度计算

水力计算依据：明渠输水量 $Q = 3.5 \mathrm{m}^3/\mathrm{s}$，沿程过水断面均为梯形，断面边坡系数 $m = 1.5$，渠底粗糙系数 $n = 0.025$，底宽 $b = 1.2\mathrm{m}$，允许流速 $v_{\max} = 1.2\mathrm{m/s}$，明渠底坡 i 按允许流速确定。

解 因设跌坎，渠道中产生非均匀流，故首先分析水面曲线的变化，然后再校核流速是否超过了允许流速，最后决定防冲长度。

（1）计算正常水深 h_0，标出 $N—N$ 线，并决定渠道底坡 i。

从允许流速 $v_{\max}$ 出发，有

$$A = \frac{Q}{v_{\max}} = \frac{3.5}{1.2} = 2.92 (\mathrm{m}^2)$$

$$A = (b + mh_0)h_0 = (1.2 + 1.5h_0)h_0 = 2.92 (\mathrm{m}^2)$$

得 $h_0 = 1.05\mathrm{m}$，从

$$R = \frac{A}{\chi} = \frac{A}{b + 2h_0 \sqrt{1 + m^2}} = \frac{2.92}{1.2 + 2 \times 1.05 \times \sqrt{1 + 1.5^2}} = 0.585 (\mathrm{m})$$

得 $i = \dfrac{v^2}{C^2 R} = \dfrac{v^2}{\left(\dfrac{1}{n} R^{1/6}\right)^2 R} = \dfrac{n^2 v_{\max}^2}{R^{4/3}} = \dfrac{(0.025)^2 \times 1.2^2}{(0.585)^{4/3}} = 0.00184$

（2）计算临界水深 h_{k}，标出 $K—K$ 线。

根据 h_{k} 的计算公式（9-23）：

$$\frac{\alpha Q^2}{g} = \frac{A_{\mathrm{k}}^3}{B_{\mathrm{k}}}$$

$$\frac{\alpha Q^2}{g} = \frac{1 \times 3.5^2}{9.8} = 1.25 (\text{m}^5)$$

$$\frac{A_k^3}{B_k} = \frac{[(b+mh_k)h_k]^3}{b+2mh_k} = \frac{[(1.2+1.5 \times h_k)h_k]^3}{1.2+2 \times 1.5h_k}$$

用试算法解上式，列表 9-7 如下：

表 9-7 试算法计算结果

h_k/m	1.0	0.70	0.75	0.71
$\dfrac{A_k^3}{B_k}/\text{m}^5$	4.66	1.19	1.54	1.25

可见，当 $\dfrac{A_k^3}{B_k} = \dfrac{\alpha Q^2}{g} = 1.25\text{m}^5$ 时得 $h_k = 0.71\text{m}$。

由上述结果得：$h_0 = 1.05\text{m} > h_k = 0.71\text{m}$，故 $i < i_k$（缓坡渠道），便可标出 $N—N$ 与 $K—K$ 线。再考虑此段非均匀流的边界条件，起始断面水深 $h_1 < h_0$，末端跌坎上的水深 $h_2 = h_k$。因此，此段水流处于 b_{I} 区，水面曲线为 b_{I} 型降水曲线，如图 9-17 所示。

（3）校核渠中流速。

因为是 b_{I} 型曲线，在跌坎 2—2 处的水深为 $h_2 = h_k = 0.71\text{m}$，渠中非均匀流的最大流速 v_k 便发生在该处。此时

$$v_k = \frac{Q}{A_k} = \frac{3.5}{(1.2+1.5 \times 0.71) \times 0.71} = 2.18 (\text{m/s}) > v_{max}$$

可见，v_k 远超过了允许流速 v_{max}，水流对渠底将产生巨大的冲刷。

（4）计算防冲铺砌长度 Δl。

现决定在 $v \geqslant 1.5\text{m/s}$（比允许流速稍大的）一段渠道上铺砌防冲层，为此可根据分段求和法计算公式确定长度 Δl。

$$\Delta l = \frac{\Delta e}{i - \bar{J}}, \quad \text{而} \quad \Delta e = \left(h_2 + \frac{\alpha_2 v_2^2}{2g}\right) - \left(h_1 + \frac{\alpha_1 v_1^2}{2g}\right)$$

现 $h_2 = h_k = 0.71\text{m}$，$v_2 = v_k = 2.18\text{m/s}$，在上式中设 $\alpha_1 = \alpha_2 = 1.0$，$h_1$ 可根据 $v_1 = 1.5\text{m/s}$ 计算。

$$\frac{Q}{v_1} = (b + mh_1)h_1$$

$$\frac{3.5}{1.5} = (1.2 + 1.5h_1)h_1$$

解得防冲起始断面 1—1 的水深 $h_1 = 0.91\text{m}$。

水力坡度的平均值

$$\bar{J} = \frac{\bar{v}^2}{C^2 \bar{R}} = \frac{n^2 \bar{v}^2}{\bar{R}^{4/3}}$$

而

$$\bar{v} = \frac{v_1 + v_2}{2} = 1.84\text{m/s}, \quad n = 0.025$$

$$\bar{R} = \frac{\bar{A}}{\bar{\chi}} = 0.475\text{m}$$

$$\overline{J}=\frac{(0.025\times1.84)^2}{(0.475)^{4/3}}=\frac{0.00212}{0.371}=0.00572$$

将上述数据代入分段法算式后，便得到防冲铺砌长度。

$$\Delta l=\frac{\Delta e}{i-\overline{J}}=\frac{(0.71+0.051\times2.18^2)-(0.91+0.051\times1.5^2)}{0.00184-0.00572}=\frac{-0.073}{-0.00388}=18.8(\text{m})$$

第九节　堰流的定义、分类和基本公式

堰流在工程实际中应用较广，桥梁工程中的桥孔过流、给排水工程中的蓄水、排水建筑的过流、水利工程中的溢流坝过流等，是常遇到的堰流类型。堰流的特点是在堰面附近较短的距离内流线急剧弯曲，属明渠中的急变流，过堰水流由势能转化为动能，在重力的作用下自由跃落。

一、堰流的定义

无压缓流经障碍壁面溢流时，上游发生壅水，然后水面降落，这一水流现象称为堰流。（见图9-18）。障碍壁面称为堰。障碍壁面对水流的作用，或者是侧向收缩，或者是底坎的约束，前者如桥涵等，后者如闸坝等水工建筑物。

研究堰流的目的在于探讨流经堰的流量 Q 与堰流其他特征量的关系，分析堰的上、下游水流流态，探求堰的过流能力，从而解决工程中提出的有关水力学问题。

如图9-18所示，表征堰流的特征量有：堰宽 b，即水流漫过堰顶的宽度；堰前水头 H，即堰上游水位在堰顶上的最大超高；堰壁厚度 δ 和它的剖面形状；下游水深 h 及下游水位高出底坎的高度 Δ；堰上、下游坎高 p 及 p'；行近流速 v_0 等。

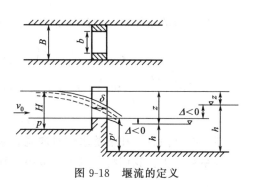

图9-18　堰流的定义

二、堰流的分类

根据堰流的水力特点，首先可用 $\dfrac{\delta}{H}$ 的大小来进行如下分类：薄壁堰 $\dfrac{\delta}{H}<0.67$，水流越过堰顶时，堰顶厚度 δ 不影响水流的特性，薄壁堰根据堰上的形状，有矩形堰、三角堰和梯形堰等；实用堰（也称实用断面堰）$0.67<\dfrac{\delta}{H}<2.5$，堰顶厚度 δ 影响水舌的形状；宽顶堰 $2.5<\dfrac{\delta}{H}<10$，堰顶厚度 δ 对水流的影响比较明显。

此外，当下游水深足够小，不影响堰流性质（如堰的过水能力）时称为自由式堰流；当下游水深足够大时，下游水位影响堰流性质，称为淹没式堰流，开始影响堰流性质的下游水深，称为淹没标准。

当上游渠道宽度 B 大于堰宽 b 时，称为侧收缩堰；当 B 等于 b 时称为无侧收缩堰。

三、堰流的基本公式

薄壁堰，实用堰和宽顶堰的水流特点，由于 $\dfrac{\delta}{H}$ 的不同是有差别的。同时，它们也有共性，即都是不计或无沿程水头损失的明渠缓流的溢流。因此可以理解，堰流具有同一结构形式的基本公式，而差异仅表现在某些系数值的不同上。

通过对水舌下通风的自由式堰流进行试验研究得知，影响堰流流量 Q 的因素有以下几个。

（1）几何量：堰宽 b，上游渠宽 B，上游坝高 p，水头 H 等，见图 9-18。

（2）液体的力学特性：密度 ρ，黏性系数 μ，表面张力系数 σ。由于上游渠道的雷诺数一般是相当大的，黏性 μ 的影响可以忽略。

（3）重力：以单位质量的重力即重力加速度 g 表示。

因此有如下函数关系

$$Q=f_1(H,b,B,p,\rho,\sigma,g)$$

利用 π 定理，选用 ρ、g、H 为独立变数，可得

$$\frac{Q}{\sqrt{g}H^{2.5}}=f\left(\frac{b}{H},\frac{b}{B},\frac{H}{p},We\right)$$

式中，We 为韦伯数，$We=\dfrac{\rho g H^2}{\sigma}$。

在矩形堰的条件下，通过实验得知流量 Q 与 b 成正比，则

$$Q=\varphi\left(\frac{H}{p},\frac{b}{B},We\right)\times\sqrt{2g}bH^{1.5}$$

令 $m_0=\varphi\left(\dfrac{H}{p},\dfrac{b}{B},We\right)$，称为堰流流量系数，则

$$Q=m_0 b\sqrt{2g}H^{1.5} \tag{9-43}$$

对于有侧向收缩和下游水位对堰流有影响的淹没堰流的表达式，其变化体现在系数 m_0 和淹没系数 σ 上。我们将在以下各节中分别加以介绍。

第十节 薄壁堰

一、完全堰

无侧收缩、自由式、水舌下通风的矩形薄壁正堰（与水流方向正交的堰），叫作完全堰。由于它的溢流情况稳定，在实用上主要作为一种测量流量的设备。

图 9-19 是经完全堰的溢流，根据巴赞（Bazin）的实测数据用水头 H 作为参数绘制的。由图 9-19 可见，当 $\dfrac{\delta}{H}<0.67$ 时，堰顶的厚薄不影响堰流性质，这正是薄壁堰的特点。

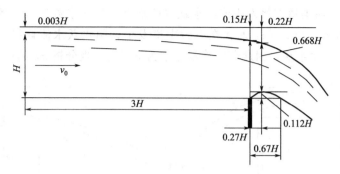

图 9-19 薄壁堰

由于薄壁堰主要作为测量的工具，故用式（9-43）较为方便，在堰板上游大于 $3H$ 的地方，测出水头 H，再决定流量系数 m_0 之后，即可计算出流量 Q。

法国人巴赞于 1889 年得到如下经验公式

$$m_0 = \left(0.405 + \frac{0.0027}{H}\right)\left[1 + 0.55\left(\frac{H}{H+p}\right)^2\right] \tag{9-44}$$

式中的方括号表示行近流速的影响。其应用范围为：

$$0.2\text{m} < b < 2\text{m}, \ 0.1\text{m} < H < 0.6\text{m} \ \text{及} \ H/p \leqslant 2$$

德国人雷布克（Rehbock）于 1912 年在变量变化范围很大的条件下进行了实验，得到如下经验公式

$$m_0 = 0.403 + 0.053\frac{H}{p} + \frac{0.0007}{H} \tag{9-45}$$

式中，H 以 m 计，p 的单位与 H 相同。式中第二项表示行近流速的影响，当 $\dfrac{H}{p}$ 较小时，该影响可以忽略；第三项表示表面张力的影响，当水头 H 大时，表面张力的影响可以忽略。

实验证明，式（9-45）在 $0.10\text{m} < p < 1.0\text{m}$，$2.4\text{cm} < H < 60\text{cm}$，而且 $\dfrac{H}{p} < 1$ 的条件下，误差在 0.5% 以内。在初步设计中，可取 $m_0 = 0.42$。

二、淹没堰

当堰下游水位高于某一数值时，会影响到堰流的工作情况，如果具备下列条件，就会发生淹没堰流情况。

当堰下游水位高于堰顶标高，且堰顶下游发生淹没水跃，使下游高于堰顶的水位逼近堰顶，使堰流以另一种工作方式流动，即形成潜堰，造成淹没堰流，如图 9-20 所示。

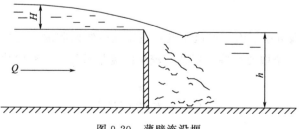

图 9-20 薄壁淹没堰

设 z_k 表示堰下游渠道即将发生淹没水跃（即临界水跃式水流连接）的堰上、下游水位差。（如图 9-21 所示，当 $z > z_k$ 时，在下游渠道发生远驱水跃水流连接，为自由堰流；当 $z < z_k$ 时，即发生淹没水跃。因此薄壁淹没标准为 $z \leqslant z_k$。现分析 z_k 的计算方法。

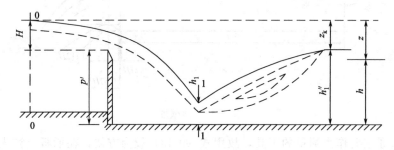

图 9-21　薄壁自由堰

堰流流至下游渠道，形成急流，其跃前水深为 $h_1 = h_1'$，若立即形成水跃，跃后水深为 h_1''，可见

$$z_k = H + p' - h_1'' \tag{9-46}$$

式中

$$h_1'' = \frac{h_1}{2} \left[\sqrt{1 + 8\left(\frac{h_k}{h_1}\right)^3} - 1 \right] \tag{9-47}$$

$$h_k = \sqrt[3]{\frac{Q^2}{b^2 g}} = \sqrt[3]{\frac{m_0^2 b^2 2g H^3}{b^2 g}} = \sqrt[3]{2m_0^2}\, H \tag{9-48}$$

至于 h_1 可用图 9-21 中 0—0 及 1—1 断面写出能量方程求出。为简化分析，忽略堰的行近流速和流经堰的水头损失，有

$$H + p' = h_1 + \frac{v_1^2}{2g} = h_1 + \frac{Q^2}{b^2 h_1^2 2g} = h_1 + \frac{m_0^2 H^3}{h_1^2} \tag{9-49}$$

所以可从式（9-49）中求出 h_1，从式（9-48）中求出 h_k，将 h_1，h_k 代入式（9-47）求出 h_1''，便可求出 z_k，最后将 z_k 与 z 比较确定是否为淹没式堰流。

淹没式堰流（潜堰）的流量公式为

$$Q = \sigma m_0 b \sqrt{2g}\, H^{1.5} \tag{9-50}$$

式中，淹没系数可用巴赞的经验公式

$$\sigma = 1.05\left(1 + 0.2\,\frac{z_k}{p'}\right)\left(\frac{z}{H}\right)^{1/3} \tag{9-51}$$

式中，z 为下游水面超过堰顶的距离。

三、侧收缩堰

当 $b < B$ 时，即堰宽小于引水渠道宽度，堰流发生侧向收缩。这样，在相同 b，p 和 H 的条件下，其流量比完全堰要小些。用某一较小的流量系数 m_c 来代替 m_0 的计算溢流流量公式如下

$$Q = m_c b \sqrt{2g}\, H^{1.5} \tag{9-52}$$

式中

$$m_c = \left(0.405 + \frac{0.0027}{H} - 0.03\frac{B-b}{B}\right)\left[1 + 0.55\left(\frac{b}{B}\right)^2\left(\frac{H}{H+p}\right)^2\right] \qquad (9\text{-}53)$$

式中的 H，B，b，p 以 m 计。

四、三角堰

堰的缺口形状为三角形，称为三角堰，如图 9-22 所示。

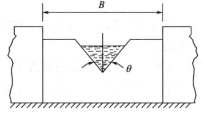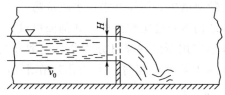

图 9-22　三角堰

若量测的流量较小（例如 $Q < 0.1 \mathrm{m}^3/\mathrm{s}$ 时，$k = \dfrac{h_1}{H_0} = \dfrac{2\varphi^2}{1+2\varphi^2}$ 时），采用矩形薄壁堰则水头过小，测量水头的相对误差增大，一般改为三角堰。三角堰的流量公式为

$$Q = MH^{2.5} \qquad (9\text{-}54)$$

式中

$$M = \sqrt{2g}\, m_0$$

此式可从式（9-43）中由 $b = 2H\tan\dfrac{\theta}{2}$ 得到。当 $\theta = 90°$，$H = 0.05 \sim 0.25\mathrm{m}$ 时，可用下列公式计算

$$Q = 1.86 H^{2.5}\,(\mathrm{L/s})$$

式中，H 为水头，以 cm 计。

当流量大于三角堰所测量的流量（$0.1\mathrm{m}^3/\mathrm{s} < Q < 0.15\mathrm{m}^3/\mathrm{s}$）而又不能用无侧收缩矩形薄壁堰时，可采用梯形薄壁堰。

五、梯形薄壁堰

梯形薄壁堰如图 9-23 所示。经梯形薄壁堰的流量是中间矩形薄壁堰的流量和两侧合成的三角堰的流量之和，即

$$Q = m_0 b\sqrt{2g}\,H^{1.5} + MH^{2.5} = \left(m_0 + \frac{MH}{\sqrt{2g}\,b}\right)b\sqrt{2g}\,H^{1.5}$$

令 $m_t = m_0 + \dfrac{MH}{\sqrt{2g}\,b}$，得

$$Q = m_t b\sqrt{2g}\,H^{1.5} \qquad (9\text{-}55)$$

1897 年意大利人西波利地（Cipoletti）研究得出：当 $\tan\theta_1 = 0.25$，即 $\theta_1 = 14°$ 时，m_t 不随 H 及 b 而变化，且流量系数 m_t 约为 0.42，则得西波利地堰流公式

$$Q = 0.42 b\sqrt{2g}\,H^{1.5} = 1.86 b H^{1.5}\,(\mathrm{m}^3/\mathrm{s})$$

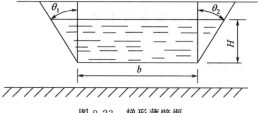

图 9-23　梯形薄壁堰

第十一节　实用断面堰

一、实用断面堰及其分类

实用断面堰主要用作蓄水挡水建筑物——水坝，或净水建筑物的溢流设备。根据堰的专门用途和结构本身稳定性要求，其剖面可设计成曲线形或折线形。

曲线形实用断面堰又可分为非真空堰和真空堰两大类。如果坝的剖面曲线基本上与薄壁堰的水舌下缘外形相符，水流作用在堰面上的压强仍近似为大气压强，称为非真空堰 ［图 9-24（a）］。

若堰面的剖面曲线低于薄壁堰的水舌的下缘，溢流水舌脱离堰面，脱离处空气被水流带走而形成真空区，这种堰称为真空堰 ［图 9-24（b）］。

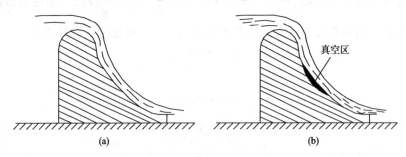

图 9-24　曲线形实用堰

真空堰由于堰面上真空区的存在，与管嘴的水力性质相似，增加了堰的过水能力，即增大了流量系数。但是，由于真空区的存在，水流不稳定会引起建筑物的振动，且在堰面发生空蚀现象，可能使坝过早地破坏。

当有些建坝材料不适合加工成曲线时，常采用折线多边形，如图 9-25 所示。

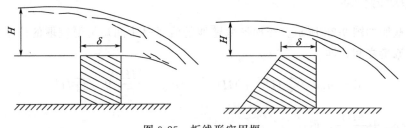

图 9-25　折线形实用堰

二、实用断面堰的计算

实用断面堰的流量公式同前，即

自由式

$$Q = m\varepsilon b \sqrt{2g} H_0^{1.5} \tag{9-56}$$

淹没式

$$Q = \sigma m \varepsilon b \sqrt{2g} H_0^{1.5} \tag{9-57}$$

由于实用断面堰堰面对水舌有影响，所以堰壁的形状及其尺寸对流量系数有影响，其精确数值应由模型试验决定。在初步估算中，真空堰 $m \approx 0.50$，非真空堰 $m \approx 0.45$，折线多边形堰 $m = 0.35 \sim 0.42$。

侧收缩系数 ε 可用下式计算

$$\varepsilon = 1 - a \frac{H_0}{b + H_0} \tag{9-58}$$

式中，a 为考虑坝墩形状影响的系数，矩形坝墩 $a = 0.20$，半圆形或尖形坝墩 $a = 0.11$，曲线形尖墩 $a = 0.06$；H_0 为包括行近水头的堰上水头。

非真空堰淹没系数 σ 可由表 9-8 确定。

表 9-8　非真空堰淹没系数 σ

$\dfrac{\Delta}{H}$	0.05	0.20	0.30	0.40	0.50	0.60	0.70	0.80	0.90	0.95	0.975	0.995
σ	0.997	0.985	0.972	0.957	0.935	0.906	0.856	0.776	0.621	0.470	0.319	0.100

第十二节　宽顶堰

从水力学的观点看，许多水工建筑物的过流性质属于宽顶堰。例如小桥桥孔的过水，无压短涵管的过水，水利工程中的节制闸、分洪闸、泄水闸，灌溉工程中的进水闸等，当闸门全开时也具有宽顶堰的水力性质。在实际工程中，宽顶堰堰口形状一般为矩形。

一、自由式无侧收缩宽顶堰

宽顶堰的主要特点是在进口不远处形成一收缩水深 h_1。这里，讨论堰顶水流（如图 9-26 所示）是急变流的过流情况。

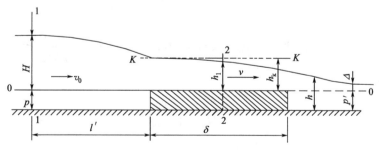

图 9-26　自由式无侧收缩宽顶堰

图 9-26 中的 1—1 及 2—2 断面为渐变流，可列能量方程建立宽顶堰过流公式。以水平堰顶为基准面写 1—1 及 2—2 断面的能量方程

$$H + \frac{\alpha_0 v_0^2}{2g} = h_1 + \frac{\alpha v^2}{2g} + \zeta \frac{v^2}{2g}$$

式中，H 为宽顶堰水头，在堰进口上游 $l' = (3 \sim 5)H$ 处；v_0 为 1—1 断面的平均流速，即宽顶堰的行近流速；v 为堰顶上呈等水深流段的平均流速；ζ 为堰进口引起的局部阻力系数。

令
$$H_0 = H + \frac{\alpha_0 v_0^2}{2g}, \quad \varphi = \frac{1}{\sqrt{\alpha + \zeta}}$$

得
$$v = \varphi \sqrt{2g(H_0 - h_1)} \tag{9-59}$$

设 $K = \dfrac{h_1}{H_0}$，则式（9-59）可写成

$$v = \varphi \sqrt{1-k} \sqrt{2gH_0}$$
$$Q = Av = bh_1 v = \varphi k \sqrt{1-k}\, b \sqrt{2g}\, H_0^{1.5} \tag{9-60}$$

令
$$m = \varphi k \sqrt{1-k}$$

则
$$Q = mb \sqrt{2g}\, H_0^{1.5} \tag{9-61}$$

式（9-61）为宽顶堰的基本公式。

通过实验资料建立宽顶堰流量系数经验公式如下：

当 $\dfrac{p}{H} > 3$ 时，直角边缘进口 $m = 0.32$；圆进口 $m = 0.36$；

当 $0 \leqslant \dfrac{p}{H} \leqslant 3$ 时，对直角边缘进口

$$m = 0.32 + 0.01 \frac{3 - \dfrac{p}{H}}{0.46 + 0.75 \dfrac{p}{H}} \tag{9-62a}$$

对堰顶进口为圆角（$\dfrac{r}{H} \geqslant 0.2$，$r$ 为圆进口圆弧半径）

$$m = 0.36 + 0.01 \frac{3 - \dfrac{p}{H}}{1.2 + 1.5 \dfrac{p}{H}} \tag{9-62b}$$

当 $h_1 = h_k$ 时可得到宽顶堰最大流量系数 m 值，将 $h_1 = h_k = \sqrt[3]{\dfrac{\alpha Q^2}{b^2 g}}$ 代入式（9-60），令 $\alpha = 1.0$ 化简得

$$k = \frac{h_1}{H_0} = \frac{2\varphi^2}{1 + 2\varphi^2} \tag{9-63}$$

相应地

$$m = \varphi k \sqrt{1-k} = \frac{2\varphi^3}{1+2\varphi^2} \sqrt{\frac{1}{1+2\varphi^2}} \tag{9-64}$$

如果考虑到理想液体经宽顶堰流动，$\varphi = 1$，$k = \dfrac{2}{3}$，则 $m = \dfrac{2}{3} \times \sqrt{\dfrac{1}{3}} = 0.385$，以上数据应小于宽顶堰理论上最大流量系数 $m = 0.385$。

二、淹没标准和无侧收缩淹没式宽顶堰

从图 9-27 可见，形成淹没式宽顶堰的充分条件是堰顶上水流由急流因下游水位影响而转变为缓流。表达如下：

$$\Delta = h - p' \geqslant 0.8H \tag{9-65}$$

与式（9-61）相似，得淹没式宽顶堰流量公式

$$Q = \sigma m b \sqrt{2g} H_0^{1.5} \tag{9-66}$$

式中，m 值的计算与非淹没流相同；淹没系数 σ 是 $\dfrac{\Delta}{H}$ 的系数，其实验结果见表 9-9。

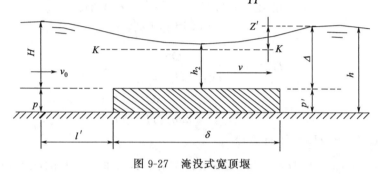

图 9-27　淹没式宽顶堰

表 9-9　淹没系数表

$\dfrac{\Delta}{H}$	0.80	0.82	0.84	0.86	0.88	0.90	0.92	0.94	0.96	0.98
σ	1.00	0.99	0.97	0.95	0.90	0.84	0.78	0.70	0.59	0.40

三、侧收缩宽顶堰

如堰前引水渠道宽度 B 大于堰宽 b，则水流流进堰后，在侧壁发生分离，使堰流的过水断面宽度实际上小于堰宽，同时也增加了局部水头损失。用收缩系数 ε 考虑上述影响，则自由式宽顶堰的流量公式为

$$Q = \varepsilon b m \sqrt{2g} H_0^{1.5} \tag{9-67}$$

$$Q = \sigma \varepsilon b m \sqrt{2g} H_0^{1.5} \tag{9-68}$$

式（9-68）也是堰流公式中最具代表性的公式，系数 σ、ε 和 m 根据堰的淹没状况、侧收缩状况、堰的型式而具体确定。

侧收缩系数 ε 由实验资料得经验公式：

$$\varepsilon = 1 - \frac{a}{\sqrt[3]{0.2 + \dfrac{p}{H}}} \sqrt[4]{\frac{b}{B}} \left(1 - \frac{b}{B}\right) \tag{9-69}$$

式中，a 为墩型系数，矩形边缘 $a = 0.19$，圆形边缘 $a = 0.1$。

【例 9-5】　求流经直角进口无侧收缩宽顶堰的流量 Q。已知堰顶水头 $H = 0.85\text{m}$，坎高 $p = p' = 0.50\text{m}$，堰下有水深 $h = 1.12\text{m}$，堰宽 $b = 1.28\text{m}$。

解　（1）首先判明此堰是自由式或淹没式过流。

$$\Delta = h - p' = 1.12 - 0.5 = 0.62(\text{m}) > 0$$

故淹没式的必要条件满足。但

$$0.8H = 0.8 \times 0.85 = 0.68(\text{m}) > 0.62(\text{m})$$

即

$$0.8H_0 > \Delta$$

则淹没式的充分条件不满足，故是自由式宽顶堰。

（2）计算流量系数 m，$\dfrac{p}{H} = \dfrac{0.50}{0.85} = 0.588$，则

$$m = 0.32 + 0.01 \frac{3 - \dfrac{p}{H}}{0.46 + 0.75 \dfrac{p}{H}} = 0.347$$

（3）试算 H_0 及 Q。由于 $H_0 = H + \dfrac{\alpha Q^2}{2g[b(H+p)]^2}$，故

$$Q = mb\sqrt{2g}\left[H + \frac{\alpha Q^2}{2gb^2(H+p)^2}\right]^{1.5}$$

第一次近似值可用 $H_0 = H$ 计算 $Q_{(1)}$

$$Q_{(1)} = mb\sqrt{2g}H^{1.5} = 0.347 \times 1.28 \times 4.43 \times 0.85^{1.5} = 1.54(\text{m}^3/\text{s})$$

$$v_{0(1)} = \frac{Q_{(1)}}{b(H+p)} = \frac{1.54}{1.28 \times (0.85 + 0.5)} = 0.891(\text{m}/\text{s})$$

$$\frac{v_{0(1)}^2}{2g} = \frac{0.891^2}{19.6} = 0.0405(\text{m})$$

$$H_{0(2)} = H + \frac{v_{0(1)}^2}{2g} = 0.85 + 0.04 = 0.89(\text{m})$$

$$Q_{(2)} = mbH_{0(2)}^{1.5} = 1.97 \times 0.89^{1.5} = 1.65(\text{m}^3/\text{s})$$

$$v_{0(2)} = \frac{Q_{(2)}}{1.73} = \frac{1.65}{1.73} = 0.95(\text{m}/\text{s})$$

$$\frac{v_{0(2)}^2}{2g} = \frac{0.95^2}{19.6} = 0.046(\text{m})$$

$$H_{0(3)} = 0.85 + 0.046 = 0.896(\text{m})$$

再以 $H_{0(3)}$ 求第三次近似值 $Q_{(3)}$：

$$Q_{(3)} = mb\sqrt{2g}H_{0(3)}^{1.5} = 1.97 \times 0.896^{1.5} = 1.67(\text{m}^3/\text{s})$$

$$\left|\frac{Q_{(3)} - Q_{(2)}}{Q_{(3)}}\right| = \frac{0.02}{1.67} \approx 0.01$$

若此计算误差小于要求误差，则 $Q \approx Q_{(3)} = 1.67\text{m}^3/\text{s}$。

（4）校核堰上游是否是缓流。取 $v_0 = \dfrac{Q_{(3)}}{1.73} = \dfrac{1.67}{1.73} = 0.97(\text{m}/\text{s})$，计算弗劳德数 Fr

$$Fr = \frac{v_0^2}{g(H+p)} = \frac{0.97^2}{9.8 \times 1.35} = 0.071 < 1$$

故上游水流确为缓流，缓流流经障碍墙壁形成堰流。

第十三节　桥孔过流水力计算

桥、无压短涵管、节制阀等孔径水力计算，基本上是利用宽顶堰理论。

一、小桥孔径的水力计算公式

小桥过水情况与宽顶堰相同，一般发生在缓流河道中，由于路基及墩台约束了河道过水断面面积而引起侧收缩，故可将坎高设计成 $p = p' = 0$。

如图 9-28 所示，小桥过水也分为自由式和淹没式两种情况。当桥下游水深 $h < 1.3h_k$ 时，为自由式小桥过流。当桥下游水深 $h \geqslant 1.3h_k$ 时，为淹没式小桥过流。h_k 是桥孔中水流的临界水深。

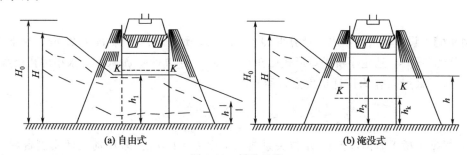

(a) 自由式　　　　　　　　　　　　(b) 淹没式

图 9-28　桥孔过流

自由式桥孔中水流的水深 $h_1 < h_k$，令 $h_1 = \psi h_k$（宽顶堰理论中用 $h_1 = k H_0$ 表示），$\psi < 1$，视小桥进口形状决定其数值。

淹没式桥孔中水流的水深 $h_2 = h$，此时忽略小桥出口的动能恢复 z'。

自由式桥孔过流的流速流量计算公式如下。令式（9-59）中 $h_1 = \psi h_k$，则

$$v = \varphi \sqrt{2g(H_0 - \psi h_k)} \qquad (9\text{-}70)$$

$$Q = Av = \varepsilon b \psi h_k \varphi \sqrt{2g(H_0 - \psi h_k)} \qquad (9\text{-}71)$$

淹没式时

$$v = \varphi \sqrt{2g(H_0 - h)} \qquad (9\text{-}72)$$

$$Q = \varepsilon b h \varphi \sqrt{2g(H_0 - h)} \qquad (9\text{-}73)$$

二、小桥孔径水力计算原则

由水文计算决定设计流量 Q，当此流量流经桥下时，应保证桥下不发生冲刷，即桥孔流速 v 不超过桥下铺砌材料或天然土壤的不冲刷允许流速 v_{max}；同时，桥前壅水水位不大于规范允许值，该值由路肩标高及桥梁梁底标高决定。

桥下矩形过水断面的临界水深 h_k 的计算如下

$$h_k = \sqrt[3]{\frac{\alpha Q^2}{(\varepsilon b)^2 g}} \qquad (9\text{-}74)$$

再将 $Q = m \varepsilon b \sqrt{2g} H_0^{1.5}$ 代入式（9-74）得

$$h_k = \sqrt[3]{2\alpha m^2} H_0 \qquad\qquad (9\text{-}75)$$

当取 $m = 0.34$，$\alpha = 1.0$ 时，$h_k = 0.614 H_0 \approx \dfrac{0.8}{1.3} H_0$。由此可见，宽顶堰的淹没标准 $\Delta \geqslant 0.8 H_0$ 与小桥过水的淹没标准 $h \geqslant 1.3 h_k$ 基本上是一致的。

当进行设计时，需要根据小桥进口形式，选用有关系数 ε 和 φ，其实验值列于表 9-10 中。

表 9-10　小桥的收缩系数和流速系数

桥台形状	收缩系数 ε	流速系数 φ
单孔、有锥体填土(护坡)	0.90	0.90
单孔、有八字翼墙	0.85	0.90
多孔、无锥体填土、桥台在锥体之外	0.80	0.85
拱脚浸水的拱桥	0.75	0.80

对于非平滑进口，$\psi = 0.75 \sim 0.80$；对于平滑进口，$\psi = 0.80 \sim 0.85$。有的设计方法认为 $\psi = 1.0$。

【例 9-6】　设计流量根据水文计算得 $Q = 30\text{m}^3/\text{s}$，允许壅水水深 $H' = 2.0\text{m}$，桥下铺砌允许流速 $v' = 3.5\text{m/s}$，选定小桥进口形式后知 $\varepsilon = 0.85$，$\varphi = 0.90$，$\psi = 0.8$，求小桥孔径宽度 B。

解：(1) 采用 v' 作为设计出发点，则有：

$$h_k = \frac{\alpha \psi^2 v'^2}{g} = \frac{1 \times 0.8^2 \times 3.5^2}{9.8} = 0.80\text{m}$$

(2) 根据小桥下游河段流量-水位关系曲线求得 $h = 1.0\text{m}$。若小河无此实测资料，可用明渠均匀流公式算出下游河段的正常水深 h_0 代替 h。

现 $1.3 h_k = 1.3 \times 0.80 = 1.04\text{m} > h = 1.0\text{m}$，故此小桥过水为自由式。

由 $Q = Av = \varepsilon b \psi h_k v'$

得

$$b = \frac{Q}{\varepsilon b \psi h_k v'} = \frac{30}{0.85 \times 0.80 \times 0.80 \times 3.5} = 15.8(\text{m})$$

取标准孔径 $B = 16\text{m} > 15.8\text{m}$。

(3) 由于 $B > b$，原自由式可能转变为淹没式，需再利用式 (9-74) 计算孔径为 B 时临界水深 h_k'：

$$h_k' = \sqrt[3]{\frac{\alpha Q^2}{(\varepsilon B)^2 g}} = \sqrt[3]{\frac{1 \times 30^2}{(0.85 \times 16)^2 \times 9.8}} = 0.792(\text{m})$$

$$1.3 h_k' = 1.03\text{m} > h = 1.0\text{m}$$

可见，此时仍为自由式。若 B 再增大，则可形成淹没式。

(4) 再核算孔径 B 时的桥下流速和桥前壅水水深。

$$v = \frac{Q}{\varepsilon B \psi h_k'} = \frac{30}{0.85 \times 16 \times 0.80 \times 0.792} = 3.48(\text{m/s})$$

$$H \approx H_0 = \psi h_k' + \frac{v^2}{2g\varphi^2} = 0.8 \times 0.792 + \frac{3.48^2}{2 \times 9.8 \times 0.9^2}$$

$$= 0.634 + 0.763 = 1.397(\text{m}) < H' = 2.0\text{m}$$

计算结果表明，采用标准孔径 $B = 16\text{m}$ 时，对允许流速和允许壅水水深皆可满足要求。

第十四节　闸下出流

闸下出流的水流特点与堰流相似，所以在本章一并介绍闸下出流的计算方法。闸门主要用来控制和调节河流及水库的流量。闸门的过水能力受闸门形式、闸门前水头和下游水位等因素影响。

与孔口出流类似，水流自闸下出流，在闸门下游约等于闸门开启高度 e 的二倍至三倍距离处形成垂直方向收缩，其收缩水深 $h_c < e$，用 $h_c = \varepsilon' e$ 表示，ε' 称为垂直收缩系数。

收缩断面的水深 h_c 一般小于下游渠道中的临界水深 h_k。闸门下游为缓流，即水深 $h > h_k$ 时，则闸下出流必然以水跃形式与下游水位衔接。当 h 大于 h_c 的共轭水深 h_c'' 时，将在收缩断面上游发生水跃，此水跃受闸门的限制，称为淹没水跃，此时闸门下出流为淹没式。否则，形成自由式闸下出流。

一、自由式闸下出流

在图 9-29 的 H_0 断面及收缩断面应用能量方程，可得矩形闸孔的流量公式：

$$Q = b h_c \varphi \sqrt{2g(H_0 - h_c)} = b\varepsilon' e \varphi \sqrt{2g(H_0 - \varepsilon' e)} \qquad (9-76)$$

式中，b 为矩形闸孔宽度；H_0 为包括行进流速水头在内的闸前水头；φ 为流速系数，当闸门底板与水渠道齐平时，$\varphi \geqslant 0.95$，当闸门底板高于水渠道底时，形成宽顶堰堰坎，$\varphi = 0.85 \sim 0.95$；ε' 为垂直收缩系数，它与闸门相对开启高度 $\dfrac{e}{H}$ 有关，可由表 9-11 查得。

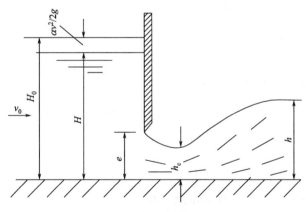

图 9-29　自由式闸下出流

表 9-11　垂直收缩系数 ε'

e/H	0.10	0.20	0.30	0.40	0.50	0.60	0.70	0.75
ε'	0.615	0.620	0.625	0.630	0.645	0.660	0.690	0.705

注：表中最大 $\dfrac{e}{H}$ 为 0.75，表明当 $\dfrac{e}{H} > 0.75$ 时，闸下出流变成堰流。

二、淹没式闸下出流

如图 9-30 所示，此时在闸门后发生了淹没水跃，收缩水深 h_c 被淹没，水深为 h_y。对闸前过水断面和收缩断面写能量方程得

$$Q=b\varepsilon'e\varphi\sqrt{2g(H_0-h_y)}$$
$$Q=\mu be\sqrt{2g(H_0-h_y)} \tag{9-77}$$

式中，$\mu=\varepsilon'\varphi$，可参照自由式闸下出流中给出的 ε'、φ 值进行计算。

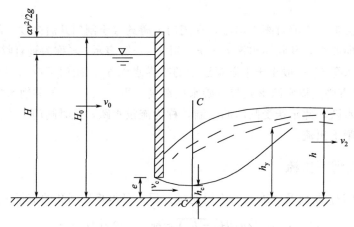

图 9-30 淹没式闸下出流

关于 h_y 的计算，可取水深 h_y 及水深为 h 的两个断面及渠底和水面形成的控制面，假设两过水断面上的压强为静水压强分布，忽略渠底切应力写动量方程

$$\frac{\gamma Q}{g}(v_2-v_c)=\frac{\gamma b h_y^2}{2}-\frac{\gamma b h^2}{2} \tag{9-78}$$

其中

$$v_2=\frac{Q}{bh}, \quad v_c=\frac{Q}{bh_c}。$$

联立式（9-77）和式（9-78），可得

$$h_y=\sqrt{h^2-M\left(H_0-\frac{M}{4}\right)}+\frac{M}{2} \tag{9-79}$$

式中

$$M=4\mu^2 e^2\frac{h-h_c}{hh_c}$$

根据式（9-77）和式（9-78）可求出流量 Q。

思考题与习题

9-1 什么是明渠均匀流？

9-2 什么是水力最优断面？在工程实践中怎样考虑水力最优断面？根据不同的渠道材质，工程实际中的水力最优断面是否有可能接近理论水力最优断面？

9-3 明渠非均匀流有何特点？

9-4 断面单位能量与临界水深有何关系？

9-5 宽浅型渠道的水力半径和湿周有何近似计算关系？

9-6 薄壁堰、宽顶堰、实用堰有何共同点？有何区别？

9-7 综合考虑侧收缩系数、淹没系数、流量系数后，可否给出一个统一的堰流流量计算公式？

9-8 用能量方程推导堰流公式时，考虑了哪些特殊处理方法？与管流出流公式相比，其过流能力与水头之间的关系有何不同？可否比较堰流与管流的过流能力？

9-9 有一矩形断面的混凝土明渠（$n=0.014$），养护情况一般，断面宽度 $b=4\text{m}$，底坡 $i=0.002$，当水深 $h=2\text{m}$ 时，问按曼宁公式和巴甫洛夫斯基公式所算出的断面平均流速 v 为多少？答：$v=3.2\text{m/s}$。

9-10 有一顺直的梯形断面土渠，平日管理养护一般，渠道的底坡 $i=0.004$，底宽 $b=4\text{m}$，断面的边坡系数 $m=2$，当水深 $h=2\text{m}$ 时，按曼宁公式计算该渠道能通过多少流量？答：$Q=14.72\text{m}^3/\text{s}$。

9-11 在我国铁路现场中，路基排水沟的最小梯形断面尺寸一般规定如下：其底宽为 $b=0.4\text{m}$，过水深度按 $h=0.6\text{m}$ 考虑，沟底规定坡度最小值 $i=0.002$，现有一段梯形排水沟在土层开挖（$n=0.025$），边坡系数 $m=1$，b、h 和 i 均采用上述规定的最小值，问此段排水沟按曼宁公式计算能通过多大流量？答：$Q=0.25\text{m}^3/\text{s}$。

9-12 一梯形断面土渠 $b=3\text{m}$，$m=2$，$i=1/5000$，$h=1.2\text{m}$，$n=0.025$。分别用曼宁公式和巴甫洛夫斯基公式求流量。答：（1）使用曼宁公式得流量 $Q=3.059\text{m}^3/\text{s}$；（2）使用巴甫洛夫斯基公式得流量 $Q=2.988\text{m}^3/\text{s}$。

9-13 有一条长直的矩形断面明渠，过水断面宽 $b=2\text{m}$，水深 $h=0.5\text{m}$。若流量变为原来的两倍，水深变为多少？假定流速系数 c 不变。

9-14 有一梯形渠道，在土层开挖（$n=0.025$），$i=0.005$，$m=1.5$，设计流量 $Q=1.5\text{m}^3/\text{s}$。按水力最优条件设计断面尺寸。答：$h=1.1\text{m}$，$b=0.67\text{m}$。

9-15 在直径为 d 的无压管道中，水深为 h，求证当 $h=0.81d$ 时，管中流速 v 达到其最大值（用谢才公式）。

9-16 已知混凝土圆形排水道（$n=0.014$）的污水流量 $Q=0.2\text{m}^3/\text{s}$，底坡 $i=0.005$，$\dfrac{h}{d}=0.7$，试确定管道的直径 d。答：$d=500\text{mm}$。

9-17 有一钢筋混凝土圆形排水管（$n=0.014$），$d=1000\text{mm}$，$i=0.002$，试验算此无压管道通过能力 Q 的大小。答：$Q=0.92\text{m}^3/\text{s}$。

9-18 矩形断面的明渠均匀流在临界流状态下，水深与断面单位能量之间有何关系？水深与流速水头有何关系？

9-19 一矩形渠道，断面宽度 $b=5\text{m}$，通过流量 $Q=17.25\text{m}^3/\text{s}$，求此渠道水流的临界水深 h_k（α 以 1.0 计）。答：$h_k=1.07\text{m}$。

9-20 有一梯形土渠，底宽 $b=12\text{m}$，断面边坡系数 $m=1.5$，粗糙系数 $n=0.025$，通过流量 $Q=18\text{m}^3/\text{s}$，求临界水深及临界坡度（α 以 1.1 计）。答：$h_k=0.6\text{m}$，$i=0.007$。

9-21 有一段顺直小河，断面近似矩形，$b=10\text{m}$，$n=0.040$，$i=0.03$，$\alpha=1.0$，$Q=10\text{m}^3/\text{s}$。试判别在均匀流情况下的水流状态是急流还是缓流。答：$h_k=0.467\text{m}$，$h_0=4.3\text{m}$，急流。

9-22 有一条运河，过水断面为梯形，已知 $b=45$m，$m=2.0$，$n=0.025$，$i=0.333/1000$，$\alpha=1.0$，$Q=500$m³/s，试判断在均匀流情况下的水流状态是急流还是缓流。求题中运河的临界坡度 i_k 并与所给出的渠底坡度 i 相比较后判断水流状态。

9-23 在一矩形断面平坡明渠中，有一水跃发生，当跃前断面的 $Fr=3$ 时，问跃后水深 h'' 为跃前水深 h' 的几倍？答：$h''/h'=2$。

9-24 一平坡梯形渠道，底宽 $b=7$m，边坡系数 $m=1.0$，流量 $Q=54.3$m³/s，渠中有水跃发生。试绘制水跃函数 $\theta(h)$ 曲线（要求在 $h=0.5\sim4.0$m 中列表算出 8 个点），并从曲线中确定 h_k 和 $h'=0.8$m 时的 h''（其中 β 以 1.0 计）。

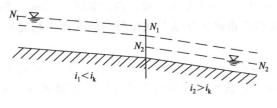

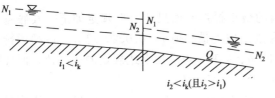

图 9-31 习题 9-25 图

9-25 试分析图 9-31 棱柱形渠道中水面曲线连接的可能形式。

9-26 一土质梯形明渠，底宽 $b=12$m，底坡 $i=0.0002$，边坡系数 $m=1.5$，粗糙系数 $n=0.025$，渠长 $l=8$km，流量 $Q=47.7$m³/s，渠末水深 $h_2=4$m。要求用分段求和法（分成五段以上）计算并绘出该水面曲线；并要求根据上述计算给出渠首水深 h_1。

9-27 一无侧收缩矩形薄壁堰，堰宽 $b=0.5$，堰高 $p=p'=0.35$m，水头 $H=0.40$m，当下游水深各为 0.15m、0.40m、0.55m 时，求通过的流量各为若干？答：$Q_1=Q_2=0.27$m³/s，$Q_3=0.25$m³/s。

9-28 设计最大流量 $Q=0.30$m³/s，水头 H 限制在 0.20m 以下，堰高 $p=0.50$m，试设计完全堰的堰宽 b。答：$b=1.73$m。

9-29 已知完全堰的堰宽 $b=1.5$m，堰高 $p=0.70$m，流量 $Q=0.50$m³/s，求水头 H（提示：先设 $m=0.42$）答：$H=0.31$m。

9-30 一直角进口无侧收缩宽顶堰，堰宽 $b=4.00$m，堰高 $p=p'=0.60$m，水头 $H=1.20$m，下游水深 $h=0.80$m，求通过的流量 Q。答：$Q=11.0$m³/s。

9-31 设上题下游水深 $h=1.70$m，求流量 Q。答：$Q=7.33$m³/s。

9-32 一圆进口无侧收缩宽顶堰，流量 $Q=12$m³/s，堰宽 $b=4.80$m，堰高 $p=p'=0.80$m，下游水深 $h=1.73$m，求堰顶水头 H。答：$H=1.33$m。

9-33 一圆进口无侧收缩宽顶堰，堰高 $p=p'=3.40$m，堰顶水头 H 限制为 0.86m，通过流量 $Q=22$m³/s，求堰宽 b 及不使堰流淹没下游最大水深。答：$b=14$m。

9-34 证明自由式小桥孔径 $b=\dfrac{gQ}{\varepsilon\alpha\varphi^3 v'^3}$，此式说明提高桥下允许流速可大大缩小孔径。

9-35 选用定型设计小桥孔径 B。已知设计流量 $Q=15$m³/s，取碎石单层铺砌加固河床，其允许流速 $v'=3.5$m/s，桥下游水深 $h=1.3$m，取 $\varepsilon=0.90$，$\varphi=0.90$，$\psi=1$，允许壅水高度 $H=2.00$m。答：$B=3.8$m。

9-36 某平底水闸，采用平板闸门。已知：水头 H 为 4m，闸孔宽 b 为 5m，闸门开度 e 为 1m，行近流速 v_0 为 1.2m/s。试求下游为自由出流时的流量。答：$Q=24.3$m³/s。

第 10 章
渗　流

第一节　渗流运动

一、渗流理论的应用

流体在多孔介质中的流动称为渗流。渗流理论除了应用于水利、化工、地质等生产建设部门外，在土建方面有以下应用。

（1）在给水工程中，有水井和集水廊道等集水建筑物的设计计算问题。

（2）在排灌工程中，有地下水位的变动、渠道的渗漏损失以及堰坝和渠道侧坡的稳定等方面的问题。

（3）在建筑施工工程中，需确定围堰或基坑的排水量和水位降落等方面的问题。

（4）抽取地下水用于水源热泵或地源热泵换热水量计算以及热泵循环水回灌渗流的地下水资源平衡与恢复问题。

二、地下水的状态

水在岩石或土壤空隙中的流动，简称地下水运动。地下水是人类的一项重要水资源。岩土孔隙中的地下水处于各种不同的状态，可分为气态水、附着水、薄膜水、毛细水和重力水。气态水以水蒸气的状态混合在空气中而存在于岩土孔隙内，数量很少，一般不考虑。附着水以分子层吸附在固体颗粒周围，呈现出固态水性质。薄膜水以厚度不超过分子作用半径的膜层包围着颗粒，其性质和液态水近似。附着水和薄膜水因其数量很少，很难移动，在渗流中一般也不考虑。毛细水由于毛细管作用而保持在岩土毛管孔隙中，除特殊情况外，往往也可忽略。当岩土含水量很大时，除少量液体吸附于固体颗粒四周及毛细区外，大部分液体将在重力作用下运动，称为重力水。本章研究的是重力水的运动规律。

第二节　渗流基本定律

一、渗流模型

自然土壤的颗粒，在形状和大小上相差悬殊，颗粒间孔隙形成的通道，在形状、大小和分布上也很不规则。渗流在土壤间的通道中的运动是很复杂的，但在工程中常用平均值来描述渗流，即以理想的、简化了的渗流来代替实际的、复杂的渗流，作为研究的对象。

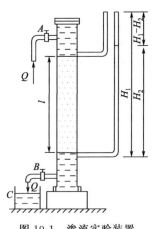

图 10-1 为一渗流试验装置。竖直圆筒内充填沙粒，圆筒横断面为 A，沙层厚度为 l。沙层底部有细网支撑。水由稳压箱经水管流入圆筒中，再经沙层由出水管 B 流出，其流量由量筒 C 测量。在沙层的上下两端侧面处装测压管以测量渗流的水头损失，由于渗流的动能很小，可以忽略不计，因此测压管水头差 $H_1 - H_2$，即为渗流在两断面间的水头损失。

在土壤中取一与主流方向正交的微小面积 ΔA，但其中包含了足够多的孔隙，重力水流量 ΔQ 流过的孔隙面积为 $m \Delta A$，m 为表示孔隙大小的孔隙率，即孔隙面积与微小面积 ΔA 之比。则渗流在足够多空隙中的统计平均速度定义为

图 10-1　渗流实验装置

$$u' = \frac{\Delta Q}{m \Delta A} \tag{10-1}$$

再假设渗流连续充满全部圆筒包括土壤孔隙和骨架在内的空间，以便引用研究管渠连续流的方法，引入与孔隙大小和形状无直接关系的参数表示渗流，定义渗流速度为

$$u = m u' = \frac{\Delta Q}{\Delta A} \tag{10-2}$$

式（10-2）表示渗流主流方向的连续水流速度，它是一个比实际渗流速度小的虚拟速度，是现今通用的渗流模型。

二、达西渗流定律

法国工程师达西（Henri Darcy）在 1852 至 1855 年利用砂质土壤进行了大量的试验，得到线性渗流定律。

渗流流量 Q 和相距为 l 的两断面间的水头损失 $H_1 - H_2 = h_w$。经大量试验后发现以下规律，即达西定律

$$Q = kA \frac{h_w}{l} \qquad 或$$

$$v = k \frac{h_w}{l} = kJ \tag{10-3}$$

式中，$v = \dfrac{Q}{A}$ 是渗流模型的断面平均流速；k 是渗透系数，它是土壤性质和流体性质综

合影响渗流的一个系数，具有流速的量纲；J 是流程范围内的平均测压管坡度，即水力坡度。

为了今后分析问题的需要，将式（10-3）中平均流速 v 的表达式推广至用渗流流速 u 来表达。即

$$u = kJ \tag{10-4}$$

达西定律式（10-3）、式（10-4）表明，在某一均质介质的孔隙中，渗流的水力坡度与渗流流速的一次方成比例，因此也称为渗流线性定律。

三、渗透系数

渗透系数 k 的数值大小对渗流计算的结果影响很大。以下简述其测算方法，并给出常见土壤渗透系数的参考数值。

（1）经验公式法，这一方法是根据土壤粒径大小、形状、结构、孔隙率和影响水运动属性的温度等参数所组成的经验公式来估算渗透系数 k。

（2）实验室方法，这一方法是在实验室利用类似图 10-1 所示的渗流测定装置，并通过式（10-3）来计算 k 值。此法施测简易，但不易取得未经扰动的土样。

（3）现场方法，在现场利用钻井或原有井做抽水或灌水试验，根据井的公式（见第四节）计算 k 值。

在无其他资料时，也可参考表 10-1 中 k 值进行计算。

表 10-1 水在土壤中渗透系数的参考数值

土壤种类	渗透系数 $k/(\mathrm{cm/s})$
黏土	6×10^{-6}
亚黏土	$6 \times 10^{-6} \sim 1 \times 10^{-4}$
黄土	$3 \times 10^{-4} \sim 6 \times 10^{-4}$
卵石	$1 \times 10^{-1} \sim 6 \times 10^{-1}$
细砂	$1 \times 10^{-3} \sim 6 \times 10^{-3}$
粗砂	$2 \times 10^{-3} \sim 6 \times 10^{-2}$

第三节 地下水的均匀流和非均匀流

一、恒定均匀流和非均匀渐变流流速沿断面均匀分布

（1）恒定均匀渗流，任一断面的测压管坡度（水力坡度）都是相同的，由于断面上的压强为静压强分布，则断面内任一点的测压管坡度也是相同的。根据达西定律，均匀流区域中任一点的渗流流速 u 都是相等的。

（2）恒定非均匀渗流，如图 10-2 所示，任取两断面 1—1 和 2—2。渐变流某一断面中的

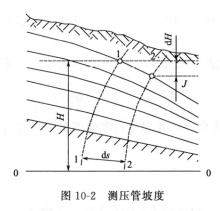

图 10-2 测压管坡度

压强符合静压强分布。设 1—1 断面各点的测压管水头皆为 H；沿底部流线相距 $\mathrm{d}s$ 的 2—2 断面上各点的测压管水头为 $H+\mathrm{d}H$。流线几乎平行，可以认为两断面间流线距离均近似为 $\mathrm{d}s$，从而任一过水断面上各点的测压管坡度

$$J=-\frac{\mathrm{d}H}{\mathrm{d}s}=常数$$

根据达西定律，过水断面各点渗流流速 u 都相等，即 $v=u$，则

$$v=u=kJ \tag{10-5}$$

此式称为裘皮幼（Dupuit）公式。

二、渐变渗流的基本微分方程和浸润曲线

在无压渗流中，重力水的自由表面称为浸润面。在平面问题中，浸润面为浸润曲线。从裘皮幼公式出发，即可建立非均匀渐变渗流的微分方程，积分可得浸润曲线。

如图 10-3 所示取断面 $x—x$，距起始断面 $O—O$ 沿底坡的距离为 S，其水深为 h。由裘皮幼公式得

$$v=kJ=-k\frac{\mathrm{d}H}{\mathrm{d}s}=k\left(i-\frac{\mathrm{d}h}{\mathrm{d}s}\right) \tag{10-6}$$

式（10-6）就是适用于各种底坡渐变渗流的基本微分方程。

在讨论达西渗流定律适用的渗流问题中，由于 $Re=\dfrac{vd}{\nu}<1\sim10$，一般 v 是很小的，流速水头和水深相比可以忽略不计，所以断面单位能量实际上就等于水深 h，临界水深失去了意义，故浸润曲线及其分区比明渠水面曲线少，在三种坡度情况下共有四条浸润曲线。

（1）顺坡 $i>0$ 的浸润曲线分析。由渗流的均匀流，可得平面问题正常水深 h_0，则

$$Q=bh_0ki=bhk\left(i-\frac{\mathrm{d}h}{\mathrm{d}s}\right)$$

得

$$\frac{\mathrm{d}h}{\mathrm{d}s}=i\left(1-\frac{1}{\eta}\right) \tag{10-7}$$

式中，$\eta=\dfrac{h}{h_0}$。

在顺坡渗流中分为 a、b 两区，见图 10-4。

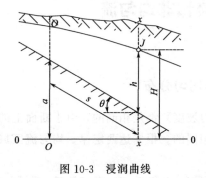

图 10-3　浸润曲线　　　　　　图 10-4　顺坡渗流曲线线型

在正常水深 N—N 之上 a 区的浸润曲线，$h>h_0$，即 $\eta>1$，由式（10-7）可见 $\dfrac{\mathrm{d}h}{\mathrm{d}s}>0$，浸润曲线的水深是沿流向增加的，为壅水曲线。

在正常水深 N—N 以下 b 区的浸润曲线，$h<h_0$，即 $\eta<1$，由式（10-7）可见 $\dfrac{\mathrm{d}h}{\mathrm{d}s}<0$，浸润曲线的水深是沿流程减小的，为降水曲线。浸润曲线的发展趋势可通过式（10-7）自行分析。

现讨论浸润曲线计算式式（10-7）的积分。如图 10-3 中将断面 O—O 及断面 x—x 改为断面 1—1 和断面 2—2，水深为 h_1 及 h_2，距起始断面沿坡底方向距离为 s_1 及 s_2，两断面相距 $l=s_2-s_1$，由式（10-7）得

$$\frac{i\,\mathrm{d}s}{h_0}=\mathrm{d}\eta+\frac{\mathrm{d}\eta}{\eta+1}$$

在断面 1—1 及 2—2 间积分，得

$$\frac{il}{h_0}=\eta_2-\eta_1+2.3\lg\frac{\eta_2-1}{\eta_1-1} \tag{10-8}$$

此即顺坡平面渗流浸润线方程。

（2）逆坡 $i<0$ 的浸润曲线分析。如图 10-5，浸润线方程为

$$\frac{i'l}{h_0'}=\zeta_1-\zeta_2+2.3\lg\frac{1+\zeta_2}{1+\zeta_1} \tag{10-9}$$

式中，$i'=-i$；h_0' 为 i' 坡度上的正常水深；$\zeta=\dfrac{h}{h_0'}$。

（3）平坡 $i=0$ 的浸润曲线分析。如图 10-6 所示，该浸润曲线方程为

$$\frac{2q}{K}l=h_1^2-h_2^2 \tag{10-10}$$

式中，$q=\dfrac{Q}{b}$，即单宽渗流流量。

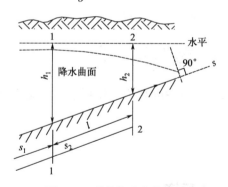

图 10-5　逆坡渗流曲线线型

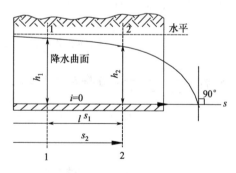

图 10-6　平坡渗流曲线线型

【例 10-1】　一渠道位于河道上方，渠水沿岸的一侧下渗入河（图 10-7）。假设为平面问题，求单位渠长的渗流量并作出浸润线。已知：不透水层坡度 $i=0.02$，土壤渗流系数 $k=0.005\mathrm{cm/s}$，渠道与河床相距 $l=180\mathrm{m}$，渠水在渠岸处的深度 $h_1=1.0\mathrm{m}$，渗流在河岸出流处的深度 $h_2=1.9\mathrm{m}$。

解　因 $h_1<h_2$，故渗流的浸润曲线为壅水曲线，具体计算分两步。

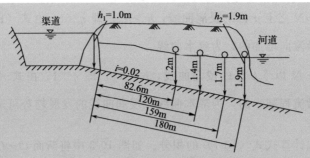

图 10-7 【例 10-1】渠道向河道渗流计算

（1）计算渠岸渗流量

由式（10-8）得

$$il - h_2 + h_1 = 2.3h_0 \lg \frac{h_2 - h_0}{h_1 - h_0}$$

即 $h_0 \lg \dfrac{1.9 - h_0}{1.0 - h_0} = \dfrac{1}{2.3} \times (0.02 \times 180 - 1.9 + 1.0) = 1.174$

试算得 $h_0 = 0.945$m，从而

$$q = h_0 v_0 = K i h_0 = 0.005 \times 0.02 \times 0.945 \times 100$$
$$= 0.00945 \left[\mathrm{cm}^3 / (\mathrm{s \cdot cm}) \right]$$

（2）计算浸润曲线

从渠岸往下游算至河岸为止，上游水深 $h_1 = 1.0$m，依次给出 $1.0\text{m} < h_2 < 1.9\text{m}$ 的几种渐增值，分别算出各个 h_2 处距上游的距离 l。由式（10-8）得，

$$l = \frac{h_0}{i} \left(\eta_2 - \eta_1 + 2.3 \lg \frac{\eta_2 - 1}{\eta_1 - 1} \right)$$

式中 $\dfrac{h_0}{i} = \dfrac{0.945}{0.02} = 47.25$，$\eta_1 = \dfrac{h_1}{h_0} = \dfrac{1}{0.945} = 1.058$，则

$$l = 47.25 \left(\eta_2 - 1.058 + 2.3 \lg \frac{\eta_2 - 1}{1.058 - 1} \right)$$

又 $\eta_2 = \dfrac{h_2}{h_0} = \dfrac{h_2}{0.945}$，并将 $h_2 = 1.2$m、1.4m、1.7m、1.9m 代入，便可求得相应的 $l = 82.6\text{m}$、120m、159m、180m。其结果绘于图 10-7 上。

第四节　井和集水廊道

井和集水廊道，是吸取地下水源的建筑物，从这些建筑物抽水，会使附近的天然地下水位降落，也起着排除该处地下水的作用。

一、集水廊道

某集水廊道，横断面为矩形，廊道底位于水平不透水层上，见图 10-8，现底坡 $i = 0$，

由式 (10-6) 得

$$Q = bhk\left(0 - \frac{\mathrm{d}h}{\mathrm{d}s}\right)$$

设 q 为集水廊道单位长度上自一侧渗入的单宽流量，上式可写成

$$\frac{q}{k}\mathrm{d}s = -h\,\mathrm{d}h$$

从集水廊道边 $(0, h)$ 至 (x, z) 积分 $(\mathrm{d}x = -\mathrm{d}s)$，得浸润曲线方程

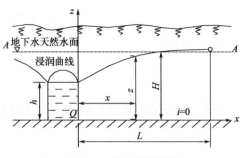

图 10-8　集水廊道计算

$$z^2 - h^2 = \frac{2q}{k}x \tag{10-11}$$

在 $x \geqslant L$ 的区域，天然地下水位不受影响，则称 L 是集水廊道的影响范围。将 $x = L$，$z = H$ 代入式 (10-11)，可得集水廊道自一侧单位长度的渗流量 (产水量) 为

$$q = \frac{k(H^2 - h^2)}{2L} \tag{10-12}$$

引入浸润曲线平均坡度的概念

$$\bar{J} = \frac{H - h}{L}$$

则上式可改写为

$$q = \frac{k}{2}(H + h)\bar{J} \tag{10-13}$$

式 (10-13) 可用来初步估算 q，$\bar{J}$ 可根据以下数值选取：对于粗砂及卵石，J 为 $0.003 \sim 0.005$，砂土为 $0.005 \sim 0.015$，亚砂土为 0.03，亚黏土为 $0.05 \sim 0.10$，黏土为 0.15。

二、潜水井（无压井）

具有自由水面的地下水称为无压地下水或潜水。在潜水中修建的井称为潜水井或无压井。井的断面通常为圆形，水由透水的井壁进入井中，其运动状态为平面点汇流动。

依潜水井与底部不透水层的关系可分为完全井和不完全井两大类。

凡井底深达不透水层的井称为完全井，如图 10-9 所示。井底未达到不透水层的称不完全井。本节主要介绍潜水井中完全井的出水量计算。

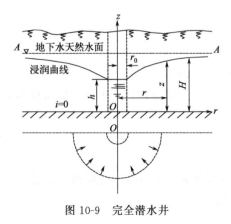

图 10-9　完全潜水井

设完全井底位于水平不透水层上，其含水层厚度为 H，井的半径为 r_0。

假定含水层体积很大，可供连续抽水，抽水量不变，含水层厚度不变，形成对于井中心垂直轴线对称的恒定渗流浸润漏斗面。

取半径为 r 并与井同心的圆柱面，圆柱面的面积 $A = 2\pi rz$。又设地下水为渐变流，则此圆柱面上各点的水力坡度皆为 $J = \dfrac{\mathrm{d}z}{\mathrm{d}r}$，则应用裴皮幼公式经此渐变流圆柱面的渗流量

$$Q = Av = 2\pi rzk \frac{\mathrm{d}z}{\mathrm{d}r}$$

分离变量得

$$2\pi z\,\mathrm{d}z = \frac{Q}{k}\frac{\mathrm{d}r}{r}$$

由于经过所有同心圆柱面的渗流量 Q 皆相等，从 (r,z) 积分到井边 (r_0,h)，得浸润漏斗方程

$$z^2 - h^2 = \frac{Q}{\pi k}\ln\frac{r}{r_0} = \frac{0.732Q}{k}\lg\frac{r}{r_0} \tag{10-14}$$

该式可用以绘制沿井直径方向剖面的浸润线曲线。

为了计算井的产水量 Q，引入井的影响半径 R 的概念：在浸润漏斗上，有半径 $r = R$ 的圆，在 R 以外，浸润漏斗的下降 $H - z$ 趋于零，即天然地下水位不受影响，令 $z = H$ 的距离 R 即称为井的影响半径。并将此关系代入式（10-14）得

$$Q = 1.366\frac{k(H^2 - h^2)}{\lg\dfrac{R}{r_0}} \tag{10-15}$$

此式为潜水产水量 Q 的公式。

在一定产水量 Q 时，地下水面的最大降落 $S = H - h$ 称为水位降深。可将式（10-15）化为

$$Q = 2.732\frac{kHS}{\lg\dfrac{R}{r_0}}\left(1 - \frac{S}{2H}\right) \tag{10-16}$$

当 $\dfrac{S}{2H} \ll 1$ 时，可简化为

$$Q = 2.732\frac{kHS}{\lg\dfrac{R}{r_0}} \tag{10-17}$$

由此可见，上述理论分析认为井的产水量与渗透系数 k，含水层厚度 H 和水位降深 S 成正比；影响半径 R 和井的半径 r_0 在对数符号内，对产水量 Q 的影响微弱。

式中影响半径最好用抽水试验测定。在估算时，常根据经验数据选取。对于中砂 $R = 250 \sim 500\text{m}$；粗砂 $R = 700 \sim 1000\text{m}$。

也可用经验公式计算：

$$R = 3000S\sqrt{k} \tag{10-18}$$

式中，抽水深度 S 以 m 计；渗透系数以 m/s 计；R 以 m 计。

不完全井的产水量不仅来自井壁四周，而且来自井底。不完全井的产水量一般由经验公式确定，此处从略。

三、自流井

如含水层位于两不透水层之间，其中渗流所承受的压强大于大气压。这样的含水层称为自流层，由自流层供水的井称为自流井，如图 10-10 所示。

此处仅考虑这一问题的最简单情况，即底层与覆盖层均为水平，两层间的距离 t 为一定，且井为完全井。凿穿覆盖层，地下水位将升到高度 H（图 10-10 中 A—A 平面）。若从井中抽水，井中水深由 H 降至 h，在井外的测压管水头线将下降形成轴对称的漏斗形降落曲面。

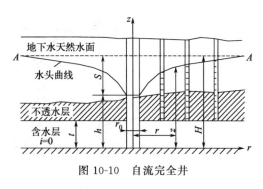

图 10-10　自流完全井

对半径为 r、高为 t 的圆柱面过水断面建立平坡渗流微分方程

$$Q = Av = 2\pi rtk \frac{\mathrm{d}z}{\mathrm{d}r}$$

式中，z 为相应于 r 点的测压管水头。

分离变量，从 (r, z) 断面到井壁积分得

$$z - h = 0.366 \frac{Q}{kt} \lg \frac{r}{r_0} \tag{10-19}$$

此即自流井的测压管水头曲线方程。自流井产水量 Q 的公式，可在式（10-19）中以 $z = H, r = R$ 得

$$Q = 2.73 \frac{kt(H - h)}{\lg \frac{R}{r_0}} = 2.73 \frac{ktS}{\lg \frac{R}{r_0}} \tag{10-20}$$

或

$$S = \frac{Q \lg \frac{R}{r_0}}{2.73kt}$$

式中，R 为影响半径。

上述公式是在 $h > t$ 的情况下导出的。$h < t$ 的情况，请读者分析。

四、大口井与基坑排水

大口井是集取浅层地下水的一种井，井径较大，大致为 $2 \sim 10\mathrm{m}$ 或更大些。大口井一般是不完全井，井底产水量是总产水量的一个组成部分。

由于大口井与基坑排水时的性质近似，其计算方法基本相同。

设有一大口井，井壁四周为不透水层，井底为半球形，与下层深度为无穷大的含水层紧接，供水仅能通过井底（图 10-11）。

由于半球底大口井的渗流流线是径向的，过水断面是与井底同心的半球面，则

$$Q = Av = 2\pi r^2 k \frac{\mathrm{d}z}{\mathrm{d}r}$$

分离变量积分有

$$Q \int_{r_0}^{r} \frac{\mathrm{d}r}{r} = 2\pi k \int_{H-S}^{z} \mathrm{d}z$$

注意到 $r = R$，$z = H$，$R \gg r_0$，则

$$Q = 2\pi k r_0 S \tag{10-21}$$

这就是半球底大口井的产水量公式。

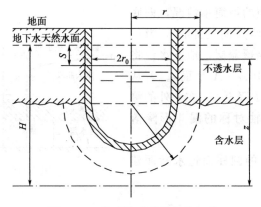

图 10-11　井底为半球形的大口井

对于平底的大口井，福希海梅认为过水断面是椭球面（图 10-12），流线是双曲线，而产水量公式是

$$Q = 4kr_0S \tag{10-22}$$

在条件许可时，应利用实测的 $Q\text{-}S$ 关系求产水量。实践证明，当含水层比井的半径大 $8 \sim 10$ 倍时，式（10-21）计算结果与实际符合较好。大口井的这两个公式只考虑了底部进水的计算，如果完全潜水井和完全自流井的侧面进水计算与这部分大口井底部进水计算相结合，可得到不完全潜水井和不完全自流井产水量计算方法。

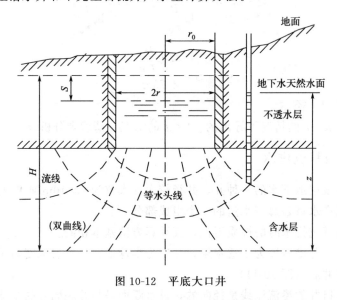

图 10-12　平底大口井

五、井群

在土木工程和市政工程中，常需建筑井群，它们彼此间的相互位置，一般依具体情况而定，如图 10-13 所示的平面图。井群的计算较单井复杂得多，因为井群中的任一井工作，对其余的所有井都会有一定的影响。所以井群区地下水流比较复杂，其浸润面也非常复杂。

如果在井的渗流场中存在某一函数 Φ，满足某一线性方程，则函数 Φ 可以叠加，一般称为"叠加原理"。根据这一思路，先研究完全潜水的井群问题。

将坐标轴 xyz 的 xOy 面取在潜水层的水平不透水底层上，如图 10-14 所示。设浸润面方程为 $z=f(x,y)$ 从含水层中取一微小柱体，其底面的边长为 $\mathrm{d}x$ 及 $\mathrm{d}y$，柱体的高为 z，其浸润面为 $cdhg$。

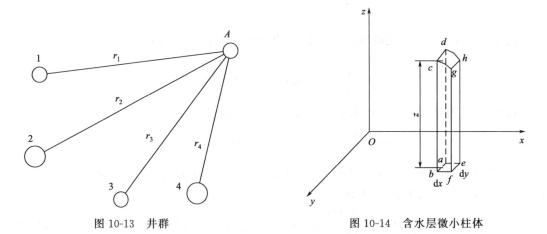

图 10-13　井群　　　　　　　　　　　　图 10-14　含水层微小柱体

现根据渗流的达西定律，考虑渗流流经此微小柱体的质量守恒关系。

从 $abcd$ 面流入柱体的质量流量为

$$\rho Q_x = \rho A_x v_x = \rho z\,\mathrm{d}y \times k\,\frac{\partial z}{\partial x} = \frac{\rho k}{2} \times \frac{\partial(z^2)}{\partial x}\mathrm{d}y$$

从 $efgh$ 面流出柱体的质量流量为

$$\rho Q_x + \frac{\partial(\rho Q_x)}{\partial x}\mathrm{d}x = \frac{\rho k}{2} \times \frac{\partial(z^2)}{\partial x}\mathrm{d}y + \frac{\rho k}{2} \times \frac{\partial^2(z^2)}{\partial x^2}\mathrm{d}x\,\mathrm{d}y$$

从 $bcgf$ 面流入柱体的质量流量为

$$\rho Q_y = \rho A_y v_y = \rho z\,\mathrm{d}x \times k\,\frac{\partial z}{\partial y} = \frac{\rho k}{2} \times \frac{\partial(z^2)}{\partial y}\mathrm{d}x$$

从 $adhe$ 面流出柱体的质量流量为

$$\rho Q_y + \frac{\partial(\rho Q_y)}{\partial y}\mathrm{d}y = \frac{\rho k}{2} \times \frac{\partial(z^2)}{\partial y}\mathrm{d}x + \frac{\rho k}{2} \times \frac{\partial^2(z^2)}{\partial y^2}\mathrm{d}x\,\mathrm{d}y$$

根据质量守恒原理得

$$\left(\rho Q_x + \frac{\partial(\rho Q_x)}{\partial x}\mathrm{d}x - \rho Q_x\right) + \left(\rho Q_y + \frac{\partial(\rho Q_y)}{\partial y}\mathrm{d}y - \rho Q_y\right) = 0$$

在不可压缩流体的条件下（$\rho=$ 常数）有

$$\frac{\partial^2(z^2)}{\partial x^2} + \frac{\partial^2(z^2)}{\partial y^2} = 0 \tag{10-23}$$

由式（10-23）可见，潜水井 z^2 是满足线性主程（拉普拉斯方程）的函数，根据平面势流理论，达西渗流是无旋流或势流，因此，可称 z^2 是一个可以叠加的函数。如井群中的某一井 i，从中抽出流量 Q_i，井中水深为 h_i，井的半径为 r_{0i}，由式（10-14）有

$$z_i^2 = \frac{0.732Q_i}{k}\lg\frac{r_i}{r_{0i}} + h_i^2 \tag{10-24}$$

式中，z_i 及 r_i 为图 10-13 任一给定点 A 的水深和距第 i 井的距离。

当各井同时作用时，则形成一公共浸润面，任一给定点 A 的 z^2 为几个井形成井群中各井单独作用的 z_i^2 的叠加，即

$$z^2 = \sum_{i=1}^{n} z_i^2 = \sum_{i=1}^{n} \left(\frac{0.732 Q_i}{k} \lg \frac{r_i}{r_{0i}} + h_i^2 \right) \tag{10-25}$$

现考虑各井产水量相同的情况，即 $Q_1 = Q_2 = \cdots = Q_n = \dfrac{Q_0}{n} = Q$ 即

$$\sum_{i=1}^{n} Q_i = nQ = Q_0, \quad h_i = h$$

式中，Q_0 为 n 个井的总产水量。则式（10-25）为

$$z^2 = \frac{0.732 Q}{k} [\lg(r_1 r_2 \cdots r_n) - \lg(r_{01} r_{02} \cdots r_{0n})] + nh \tag{10-26}$$

设井群也具有影响半径，在影响半径上取一点 A，点 A 距各井很远，即 $r_1 \approx r_2 \approx \cdots \approx r_n = R$，而 $z = H$，代入式（10-26）得

$$H^2 = \frac{0.732 Q}{k} [n \lg R - \lg(r_{01} r_{02} \cdots r_{0n})] + nh \tag{10-27}$$

式（10-26）与式（10-27）比较，得

$$z^2 - \frac{0.732 Q}{k} \lg(r_1 r_2 \cdots r_n) = H^2 - \frac{0.732 nQ}{k} \lg R$$

即

$$z^2 = H^2 - \frac{0.732 Q_0}{k} \left[\lg R - \frac{1}{n} \lg(r_1 r_2 \cdots r_n) \right] \tag{10-28}$$

式（10-28）即为完全潜水井井群的浸润曲面方程。式中的井群影响半径 R，可采用

$$R = 575 S \sqrt{Hk} \tag{10-29}$$

式中，S 为井群中心或形心的水位降深，m；H 为含水层厚度，m；k 为渗透系数，m/s。

至于含水层为常数 t 的自流井井群，用上述潜水井井群的分析方法，与式（10-23）相对应的是

$$\frac{\partial^2 z}{\partial x^2} + \frac{\partial^2 z}{\partial y^2} = 0 \tag{10-30}$$

自流井的测压管水头方程类似于式（10-28），可化为

$$z = H - \frac{0.366 Q_0}{kt} \left[\lg R - \frac{1}{n} \lg(r_1 r_2 \cdots r_n) \right] \tag{10-31}$$

可得

$$S = H - Z = \sum_{i=1}^{n} S_i \tag{10-32}$$

式（10-32）称为自流井井群水位降深叠加原理，它说明自流井群同时均匀抽水时，点 A 的水位降深等于各井单位抽水时点 A 水位降深的总和。

六、渗水井与河边井

渗水井是从地面灌水到含水层中去的井。用于人工补给地下水和防止抽取地下水过多所引起的地面沉降。与前述从含水层抽水的井不同，井中水深 h 将大于含水层厚度或天然地下水测压管水面，其浸润曲线或测压管线是凸形的，形状如倒置漏斗，如图 10-15 所示，也可看作平面点源流动。

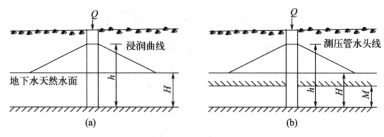

图 10-15　渗水井

用分析抽水井同样的方法，可得潜水渗水井的流量公式 ［图 10-15（a）］

$$Q = 1.366 \frac{k(h^2 - H^2)}{\lg \frac{R}{r_0}} \tag{10-33}$$

自流渗水井的流量公式 ［图 10-15（b）］

$$Q = 2.73 \frac{kt(h - H)}{\lg \frac{R}{r_0}} \tag{10-34}$$

河边井是指紧靠河岸边的取水井。如图 10-16 所示，距河岸点 A 右边距离为 d 的地方，有一潜水井，井的半径为 r_0，潜水层厚度为 H。由于河流的存在，河岸水面限制了河边点 A 浸润曲线，而在该处不能降低，使之不同于普通的潜水井。

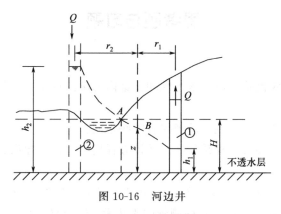

图 10-16　河边井

设想对河岸点 A 而言，与抽水井①对称有低渗水井②二者的井径皆为 r_0，抽、吸的流量皆为 Q。当井①抽水时，在点 A 处地下水位下降；当井②灌水时，在点 A 处地下水位上升；二井同时工作，且抽水量等于渗水量时，在点 A 处的水位可能保持为 H。这样，河边井受河流的影响正等于吸水井和抽水井组成的井群。

对距井① r_1，距井② r_2 的一点 B 而言，当井①单独抽水在 B 点形成水深 z_1

$$z_1^2 = \frac{0.732Q}{k} \lg \frac{r_1}{r_0} + h_1^2 \tag{10-35}$$

当井②单独工作时，在点 B 形成水深 z_2

$$z_2^2 = h_2^2 - \frac{0.732Q}{k} \lg \frac{r_2}{r_0} \tag{10-36}$$

由叠加原理得井①，井②共同作用时，在点 B 形成水深 z

$$z^2 = z_1^2 + z_2^2 = h_1^2 + h_2^2 + \frac{0.732Q}{k}\lg\frac{r_1}{r_2}$$

当点 B 与点 A 重合时，$z-H$，$r_1=r_2=d$ 即

$$H^2 = h_1^2 + h_2^2 + \frac{0.732Q}{k}\lg\frac{d}{d} = h_1^2 + h_2^2$$

以此代入上式，得

$$z^2 = H^2 + \frac{0.732Q}{k}\lg\frac{r_1}{r_2} \qquad (10\text{-}37)$$

此式是河边井的浸润线方程。

当 $r_1=r_0$，$r_2=2d$，$z=h_1$ 时，上式为

$$h_1^2 = H^2 + \frac{0.732Q}{k}\lg\frac{r_0}{2d}$$

即

$$Q = \frac{k(H^2-h_1^2)}{0.732\lg\dfrac{2d}{r_0}} \qquad (10\text{-}38)$$

此式是河边井的产水量公式，与式（10-15）比较，式（10-38）中的 $2d$ 相当于普通井的影响半径 R。

思考题与习题

10-1 本书介绍的渗流状态属于含水饱和土壤内的渗流规律，还是非饱和土壤内的渗流规律？

10-2 渗流运动规律与明渠流运动规律有哪些不同？

10-3 各种井的基本渗透方程是什么？从该方程出发怎样推导出各种不同类型渗井的计算公式？

10-4 在实验室中用达西实验装置（图 10-1）测定土样的渗透系数 k。已知圆管直径 $D=20\text{cm}$，两测压管间距 $l=40\text{cm}$，两测管的水头差 $H_1-H_2=20\text{cm}$，测得渗流流量 $Q=100\text{mL/min}$。答：$k=0.011\text{cm/s}$。

10-5 如图 10-17 所示，柱形滤水器，其直径 $d=1.2\text{m}$，滤层高 1.2m，渗透系数 $k=0.01\text{cm/s}$，求 $H=0.6\text{m}$ 时的渗流流量 Q。答：$Q=565.2\text{mL/s}$。

10-6 如图 10-18 所示，在地下水渗流方向布置两钻井 1 和 2，相距 800m。测得钻井 1 水面高程 19.62m，井底高程 15.80m；井 2 水面高程 9.40m，井底高程 7.60m，渗透系数 $k=0.009\text{cm/s}$，求单宽渗流流量 q。答：$q=5.8\text{mL/s}$。

10-7 某水平不透水层上的渗流层，宽 800m，渗流系数为 0.0003m/s，在沿渗流方向相距 1000m 的两个观测井中，分别测得水深为 8m 及 6m，求渗流流量 Q。答：$Q=3.36\text{L/s}$。

10-8 某铁路路堑为了降低地下水位，在路堑侧边埋置集水廊道（称为渗沟），排泄地下水。已知含水层厚度 $H=3\text{m}$，渗沟中水深 $h=0.3\text{m}$，含水层渗流系数 $k=0.0025\text{cm/s}$，平均水力坡度 $J=0.02$，试计算流入长度 100m 渗沟的单侧流量。答：$Q=82.5\text{mL/s}$。

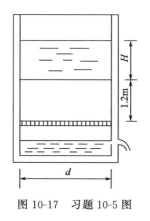

图 10-17 习题 10-5 图

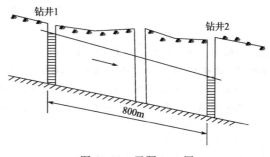

图 10-18 习题 10-6 图

10-9 某工地以潜水为给水水源，钻探测知含水层为沙夹卵石层，含水层厚度 $H=6\mathrm{m}$，渗透系数 $k=0.0012\mathrm{m/s}$，现打一完全井，井的半径 $r_0=0.15\mathrm{m}$，影响半径 $R=300\mathrm{m}$，求井中水位降深 $S=3\mathrm{m}$ 时的产水量。答：$Q=0.0134\mathrm{m^3/s}$。

10-10 一完全自流井的半径 $r_0=0.1\mathrm{m}$，含水层厚度 $t=5\mathrm{m}$，在离井中心 10m 处钻一观测孔。在未抽水前，测得地下水的水深 $H=12\mathrm{m}$。现抽水流量 $Q=36\mathrm{m^3/h}$，井中水位降深 $S_0=2\mathrm{m}$，观测孔中水位降深 $S_1=1\mathrm{m}$，试求含水层的渗透系数 k 及影响半径 R。答：$k=0.00146\mathrm{m/s}$；$R=992.5\mathrm{m/s}$。

10-11 如图 10-19 所示，井群沿圆周分布，求证圆周中心的水深

$$z_0^2=H^2-0.73\frac{Q_0}{k}\lg\frac{R}{r}$$

10-12 为降低基坑中的地下水位，在长方形基坑的周围布置完全井群，在基坑周围长 60m，宽 40m 的周线上布置 8 个完全潜井，如图 10-20 所示，各井抽水量相同，总抽水量为 $Q_0=100\mathrm{L/s}$，各井的半径为 0.1m，潜水层厚度 $H=10\mathrm{m}$，渗透系数 $k=0.001\mathrm{m/s}$，井群的影响半径为 300m，求基坑中心点 O 的地下水位降深。

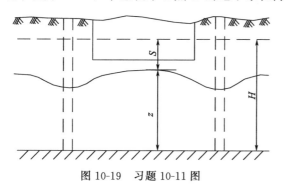

图 10-19 习题 10-11 图

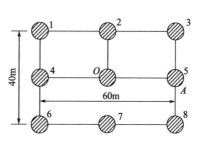

图 10-20 习题 10-12 图

参考文献

［1］ 张兆顺. 流体力学［M］.北京：清华大学出版社，1999.

［2］ 童秉纲. 涡运动理论［M］.合肥：中国科技大学出版社，1994.

［3］ 屠大燕. 流体力学与流体机械［M］.北京：中国建筑工业出版社，1994.

［4］ 周谟仁. 流体力学泵与风机［M］.北京：中国建筑工业出版社，1994.

［5］ 张也影. 流体力学［M］.北京：高等教育出版社，1986.

［6］ 吕文舫. 水力学［M］.上海：同济大学出版社，1996.

［7］ 王致清. 流体动力学基础［M］.北京：高等教育出版社，1987.

［8］ 西南交通大学. 水力学［M］.北京：高等教育出版社，1987.

［9］ 清华大学水力学教研室. 水力学［M］.北京：高等教育出版社，1981.

［10］ 吴望一. 流体力学：上、下册［M］.北京：北京大学出版社，1989.

［11］ 周亨达. 工程流体力学［M］.2 版.北京：冶金工业出版社，1988.

［12］ 詹德新，王家楣. 工程流体力学［M］.武汉：湖北科技出版社，2001.

［13］ STREETER V L，WYLIE E B. Fluid Mechanics［M］.7th ed. New York：McGraw-Hill Book Company，1979.

［14］ CITRINI D，NOSEDA G. Idraulica［M］.2nd ed. Milano：Casa Editrice Ambrosiana，1987.

［15］ 段文义，郭仁东，李亚峰. 流体力学［M］.沈阳：东北大学出版社，2001.

［16］ 郭仁东，吴慧芳，李刚. 水力学［M］.北京：人民交通出版社，2012.

［17］ 龙天渝，蔡增基. 流体力学［M］.北京：中国建筑工业出版社，2019.

［18］ DOUGLAS J F，GASIOREK J M，SWAFFIED J A. Fluid Mechanics［M］.London：Pearson Education Limited，2001.

［19］ 魏丰君，温志梅，王雅静，等.基于回归分析的水密度与温度函数研究［J］.盐城工学院学报（自然科学版），2021，34（03）：75-78.